# 图解动物园设计（第二版）

张恩权　李晓阳　张敬　著

U0167620

中国建筑工业出版社

**图书在版编目（CIP）数据**

图解动物园设计 / 张恩权，李晓阳，张敬著 . —2 版 .
北京：中国建筑工业出版社，2019.11（2024.4 重印）
　ISBN 978-7-112-24377-8

　Ⅰ . ①图… 　Ⅱ . ①张… 　②李… 　③张… 　Ⅲ . ①动物
园 – 建筑设计 – 图解 　Ⅳ . ① TU242.6-64

中国版本图书馆 CIP 数据核字（2019）第 233347 号

责任编辑：郑淮兵 　毋婷娴
责任校对：党 　蕾

**图解动物园设计（第二版）**

张恩权 　李晓阳 　张敬 　著
＊
中国建筑工业出版社出版、发行（北京海淀三里河路 9 号）
各地新华书店、建筑书店经销
北京方舟正佳图文设计有限公司制版
建工社（河北）印刷有限公司印刷
＊
开本：787×1092 毫米 　1/16 　印张：22¼ 字数：472 千字
2020 年 1 月第二版 　2024 年 4 月第七次印刷
定价：90.00 元
ISBN 978-7-112-24377-8
　（42482）

# *再版前言*

　　2012 至 2014 年，几乎用了 3 年的时间，在中国动物园协会（CAZG）的组织下，我们完成了第一版《图解动物园设计》，并在 2015 年出版。当时的初衷，是为了在动物园从业者和动物园设计团队之间搭建一座沟通的桥梁。因为在中国还没有任何一家有资质的设计院专门从事动物园设计，普遍的局面是设计院接到动物园的设计任务后，兴奋期很快就会被"交流方面存在的障碍"挤兑得无影无踪。

　　动物园从业者和动物园设计师之间的交流，好像在各自使用不同的语言。在笔者经历过的多次动物园规划、设计工作中，对这一点深有体会。由于"语言不通"，致使动物园的设计工作进程缓慢、低效反复，甚至漏洞频出。更可怕的是动物园项目建成之后，会发现更多交流过程中的误解所导致的缺陷，但此时受各种因素制约，也只能寄希望于日后的改造了。此番种种尽管非常令人痛心，却普遍存在。编写《图解动物园设计》的目的，就是希望通过简要的图示来弥合动物园方和设计方之间的"专业鸿沟"，呈现动物园设计过程中的基本要点，并特别强调了方案设计的重要性。但非常遗憾，在近几年大量涌现的新建动物园中，我们几乎看不到动物园设计方面的进步，也看不到方案设计阶段在整个动物园的设计过程中得到重视，甚至在一些"航母级"的新建动物园中看到明显的倒退。我们认为这不是设计方的问题，而是动物园行业自身的问题。

　　2015 年，对整个动物园行业来说都是特别重要的一年，在这一年世界动物园和水族馆协会（WAZA）颁布了最新的《致力于物种保护——世界动物园和水族馆保护策略》和《关爱野生动物——世界动物园和水族馆动物福利策略》，同年 5 月，国际丰容大会（ICEE）在北京召开。这几个重要事件，似乎在国内动物园中没有造成什么明显的影响，但却对全世界的动物园行业起到了巨大的促进作用，并为整个行业指明了前进方向——"动物园的核心目标是物种保护，但其核心行动是实现积极的动物福利"。

随着越来越多的自媒体力量对动物园的关注，证明"动物福利，是动物园一切运营活动的基础"这句话不再仅仅是动物园行业内少数人的自说自话，而是全社会的共识。2018年，中国动物园协会组织编写了《动物园野生动物行为管理》，旨在促进各个动物园提高圈养野生动物个体的福利状况，在这一背景下，我们认为有必要对第一版《图解动物园设计》进行修订。高水平的展示设计是动物园实现高水平展示效果的必要手段，但设计只是前提，健康活跃的野生动物表达的自然行为才是最具吸引力的展示内容。实现野生动物在圈养条件下的自然行为展示，必须通过行为管理所包括的展示设计、设施设备保障、丰容、行为训练、展示种群社群构成和日常操作规程等各方面的协同作用——由此可见，改善动物园展示设计水平的前提，是动物园从业人员自身专业水平的提高。

在这次修订过程中，我们基本保留了第一版前九章的内容，再次论述了方案设计阶段的重要性，并特别强调了动物园展示设计的两个主要依据：动物自然史信息和行为管理需求；原书第十章动物园改造设计替换为"现代动物园设计现状"，总结了近几年来我们在欧美多家动物园参观学习后的体会，我们相信这些总结就是未来国内动物园展示设计的发展趋势。尽管对第一版内容进行了补充和修订，但仍然有必要提醒各位参与动物园设计的读者：仅靠一两本书不可能产生符合现代动物园标准的设计成果，对设计人员如此，对动物园从业者更是如此。提高动物园的设计水平的前提，是动物园人自身的学习提高。只有称职的动物园管理团队，才真正了解动物园自身的行业追求，并能够将这一追求落实到对设计细节的明确要求。

正是由于现代动物园展示主题的包罗万象，使得动物园设计逐渐吸取各个专业领域的知识和思维方式，不断扩增自身的知识结构，当保护心理学开始应用于动物园展示设计时，也标志着动物园设计成为一项专门的学问。

动物园设计是个年轻的学科，也是最需要学习、实践和积累的领域。我们希望新版《图解动物园设计》不再是"需要的时候拿来翻阅一下"的图画书，而是成为鼓励更多的人关注动物园设计、关注动物园行业的参考书。因为，动物园和每个人都有关：动物园收集展示野生动物，通过行为管理保障动物福利，使游客感受到野生动物是神奇、可爱的；通过保护教育，使游客感受到这些可爱的动物与其野外生活环境的关联，并意识到它们的生活环境其实和人类的生活环境是同一环境，而人类的决策和行为会影响环境，并直接或间接地影响到这些可爱的野生动物。好的动物园会让游客在参观后获得的不仅是愉悦和知识，还有责任感和使命感，并最终将所有的收获和感悟体现于日常行为的改善；这种行为的改变会减少对环境的压力，从而让人类和这些可爱的野生动物都能更长久的存活在地球上。

所以，为了自己，为了自己的孩子，每个人都有责任把动物园变得更好。

编者

2019 年 6 月

# 目　录

# 第十章　现代动物园设计现状

# 第一章　设计服务于动物园宗旨

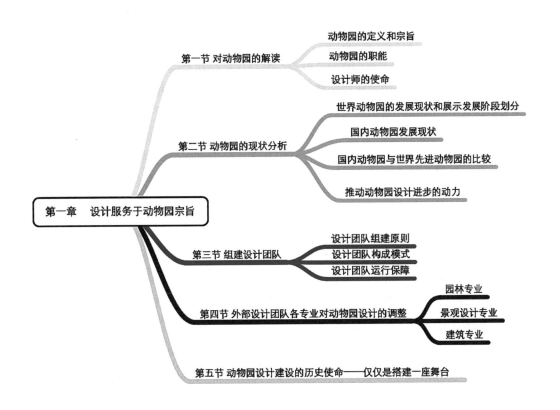

第一节 对动物园的解读
- 动物园的定义和宗旨
- 动物园的职能
- 设计师的使命

第二节 动物园的现状分析
- 世界动物园的发展现状和展示发展阶段划分
- 国内动物园发展现状
- 国内动物园与世界先进动物园的比较
- 推动动物园设计进步的动力

第一章　设计服务于动物园宗旨

第三节 组建设计团队
- 设计团队组建原则
- 设计团队构成模式
- 设计团队运行保障

第四节 外部设计团队各专业对动物园设计的调整
- 园林专业
- 景观设计专业
- 建筑专业

第五节 动物园设计建设的历史使命——仅仅是搭建一座舞台

# 第一节　对动物园的解读

## 一、动物园的定义和宗旨

动物园是符合以下两个基本特征的机构：饲养一种或多种野生动物；并且这些动物至少有一部分向公众开放展示。动物园的含义随着行业的发展日趋广泛：综合动物园、野生动物公园、动物世界、鸟园、水族馆和海洋世界等机构都可以称之为"动物园"。各动物园所饲养的动物或许仅仅是一个物种，或者是某一类动物，也可能是来自世界各地的不同物种。

宗旨是组织内部所有成员行事依据的准则，确立组织机构的目的和意义、明确组织的思想与行为。动物园的宗旨，是通过自身所进行的展示、物种保护和教育等各项工作，影响公众的意识，使人们尊重自然、关注自然，并最终致力于保护实践。

## 二、动物园的职能

动物园的存在意义在于"以综合的方式进行保护工作"。动物园的核心目标是物种保护，动物园的核心行动是保持动物处于积极的福利状态。所有参与动物园设计的各个专业的设计师，必须正确理解动物园的存在意义和社会职能，并从本专业的角度出发，以保障动物福利为前提，保证动物园各项功能的运行和社会职能的发挥。

对于现代动物园来说，物种保护是第一要务，这项综合性的保护工作分为内部综合保护和外部综合保护两方面。内部的综合保护指一个动物园如何组织和处理与日常游人相关的那些活动，如动物展示和对游客开展的讲解、宣传等；外部的综合保护活动则是远离其场所以外的活动，如社区保护教育项目、参与野外项目、资助就地保护等。设计人员必须了解综合保护，特别是内部综合保护的组成部分和与设计相关的实施途径。这些组成部分和实施途径如下：

1. 所有动物园和水族馆在一个封闭的区域内饲养和展出动物，他们有时构建一组展区，这些展区往往是以生境、地理分布或生态系统为基础的一个生物主题或自然保护主题为展示线索。多数展区包含多个动物或植物物种。

2. 动物园和水族馆作为游憩设施，为来自各地的家庭、社会团体和个人提供服务。在世界上许多地方，动物园都是安全的、公众负担得起的户外游憩的主要场所之一。

3. 通过图片或其他方式，如饲养员解说、动物喂食和呈现自然行为的动物表演等途径，向游人解释和阐述生物学知识、动物行为学知识、种群生态学知识、动物野外栖息地情况介绍、栖息地面临的威胁和动物园进行的保护行动等。

4. 许多动物园设有教育部门，开展正规或非正规教育。

5. 采取真正可持续的方式来进行自身的维护和建设，尽可能采用有可持续来源的、低能耗的或可再生的材料；利用隔热构件、材料和被动采暖系统降低能耗；尽量利用太阳能和风能作为维持能源；向游客展示这些"绿色"设计和实践。

6. 明确主题展示与野外保护项目之间的联系，让游客了解园中展示动物的保护状况并关注同种动物野外种群受到的威胁，激发和争取游客对保护的支持。

动物园的展示应体现出：动物园是连接城市人群和自然环境的纽带和桥梁。动物园向城市人群传达自然环境的诉求，引导公众对自然的关注，并通过自身的综合保护示范和有效的保护教育来规范城市人群的意识和行为。所有参与动物园设计的人员应该意识到：展示就是教育，展示无处不在，所以教育无处不在。在一定意义上，动物园类似于教育机构，影响人们的意识形态，并通过减少或消除人类因长期疏离自然所出现的"自然缺失症"来影响未来决策，从而实现永续发展。

# 三、设计师的使命

动物园在"综合保护和保护教育"的概念指导下所搭建的教育平台是最好的自然教育课堂，可以有效增进人们对自然的欣赏、好奇、尊重和了解，继而关注自然、爱护自然。这部分工作被归纳为"保护教育"。保护教育是动物园发展战略的重要组成部分，必须确保在展览规划、展示设计、保护计划制定和游客服务设计时得到充分的考虑。动物园的设计者必须认识到活体动物展示是最吸引人的，通过让人们看到、听到和闻到这些动物从而产生不可替代的教育作用。设计者应该给动物创造更加自然的环境，用设计的语言呈现动物展示的综合性内容以及通过多种途径实现保护教育信息的传递。在设计以栖息地为主题的展览时，设计内容应包括与该物种相关的历史人文、植被、气候、声音、气味等特征，使游客感受生物多样性的价值和物种间的相互依存关系，把对展示个体的感受扩展到物种野外栖息地和生态系统，并意识到自身行为可能对环境产生的影响。上述保护教育信息传达的基础，是游客所见到的动物个体的福利状态。动物个体福利水平直接影响游客参观体验，动物园每个展示后台的设施设计，直接影响行为管理的运行和动物福利。设计师应对此有清晰的认同，并努力达到以下展示目的：

· 让游客对自然产生兴奋、热情及兴趣；

· 鼓励游客了解保护及自身的责任；

· 促使公众支持各种保护行动；

· 为不同人群提供体验机会、信息和资源，使得他们在日常生活中作出有利于野生动物和环境的选择；

· 让游客体会到每个个体都是自然环境构成的一分子，认识到日常生活行为习惯和自然保护息息相关。

总之，动物福利是动物园展示和一切运营活动的基础和前提。不健康的、缺乏活力的动物，会让动物园的保护教育信息显得苍白无力。

## 第二节　动物园的现状分析

### 一、世界动物园的发展现状和展示发展阶段划分

我们在此仅强调行业发展现状，而不再描述世界动物园的发展历史。我们仅从图 1-1 了解一下这段"我们能看到的历史"。在这张图中，作为动物园设计师，应当注意到动物园的展出形式所经历的发展历程：笼舍——实景模型、透视缩影——沉浸式展示。这一展示形式的发展过程，还可以划分为笼舍式、背景式、生态式和沉浸式，或许这种划分方式与国内动物园展示发展过程更相符（图 1-1）：

·笼舍式展示——仍然是目前国内动物园主要的动物展出形式，改进体现于在游客参观点用玻璃幕墙替换了局部的网笼，笼舍内增加了少量持久的物理丰容设施；

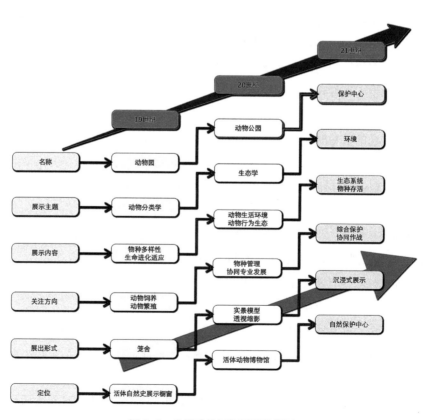

图 1-1　世界动物园发展进程简图

·背景式展示——实际上也是笼舍式展示的升级版，在展舍内增加了背景画或者背景景观，这些元素对动物福利的提高几乎没有任何意义，而且由于设计师对动物生态知识的缺乏，往往造成误导，例如给分布于南美的温带企鹅建造南极极地展示背景就是常见的错误；

·生态式展示——将动物栖息地生态元素或功能引入展区，并允许动物与之互动，真正提高了动物福利，实现了自然、科学的展示效果，目前这种展出形式在国内还不多见；

·沉浸式展示——"沉浸"强调的是"气氛营造、感同身受、同理心"。不是片面的"游客进入展区"，而是在整个园区范围内创造动物生态及分布区地域人文特点的整体环境，使游客产生"到动物的家里做客"的参观体验，并对动物产生足够的尊重和情感。在世界范围内，很多先进的动物园已经将沉浸式展示作为主要的展示形式。沉浸式展示的目的是将游客关注的重点从动物引申到自然环境，并尽可能地强调这样一条保护教育信息——最终，有效的保护体现在每个人通过规范自身的行为来缓解对自然环境的压力。

## 二、国内动物园发展现状

目前国内动物园规模、水平参差不齐，很难描述，难以整理归纳。这种参差不齐、总体水平还很落后的发展现状是受历史因素、地区经济发展水平、相关政策和动物园从业者对动物园宗旨的认识局限决定的，即使是那些新建的或正在设计建设中的多家动物园也难以摆脱动物园行业整体落后的局限。

1. 园中园——在 20 世纪 50 ~ 60 年代，为了丰富广大人民群众的精神文化生活，人民政府在几乎所有的省会城市和部分地级市修建了"人民公园""中山公园""劳动公园"等城市公园。在这些公园中，往往单独划出一个区域用于动物饲养展出，这些"园中园"被形象地称为"动物角"。随着近些年城市建设地产经济的压力，这些动物园多数已经搬迁到市郊，但也有少部分生存下来，并获得了进一步发展的机会。这类动物园往往基础设施陈旧、落后，动物福利水平很差，"综合保护和保护教育"的运行还基本处于空白状态。"园中园"往往拥有不可替代的地域优势，他们往往位于市中心，拥有大量的本地游客，利用这一优势，可以培养本地动物园爱好者，甚至成为环境教育的基地。这类动物园规划和展示设计的重点是本土物种保护性繁育和生态化展示，结合季节性临时奇异物种展示更新，积极参与中国动物园协会 CCP （中国动物园协会濒危动物繁育管理计划）项目中的物保护行动。

2. 主题动物园——近些年各地相继出现的"虎园""鸟园""鳄鱼园"等，基本以展示经营为主，谈不到任何形式的综合保护，甚至由于经营娱乐性的动物表演或其他有损动物福利的商业经营活动而起到负面作用，其中最突出的就是"百鸟园"。在众多的鸟类主题动物园中，鲜有致力于物种繁育和保护者，即使是繁育物种也多数从经济利益考虑，很少顾及本土物种繁育。园区内展示的本土鸟类几乎均为通过非法渠道获得的野生个体。所以，这类动物园的规划设计建设重点在于角色转变：从野生动物资源的索取者转变为资源保护者，起码也要成为保护教育的执行者。实施的手段在于摒弃有损动物福利和与动物园宗旨相悖的经营活动、增加和完善动物繁育空间、积极开展保护教育工作等。

3. 综合类动物园——近 20 年以来，中国大地上兴建了众多的动物园，遗憾的是这种发展仅仅是数量上的增加，动物园整体水平不仅没有提高，反而在下降。无论是新兴的动物园还是拥有百年发展历史的传统动物园，都未能实现从传统动物园向现代动物园的真正转型，或者说我们这些年的提高幅度与国际动物园行业的迅速发展反差过大，以至于在中国大陆没有任何一家动物园符合世界动物园水族馆协会的入会资格。造成这种局面的原因是多方面的，其中除了对动物园职能的认识不足以外，最重要的一个原因就是设计阶段的沟通问题。解决这一问题最根本的途径在于动物园方面和设计方均能深刻理解动物园的存在意义和社会职能，并通过能够相互理解的语言和途径有效交流，尽管实现这一点还需要一个长期的过程。

## 三、国内动物园与世界先进动物园的比较

图 1-2 表现的桶状比较图示，不仅代表国内外动物园行业的差异，也代表动物园个体之间的差异，对此我们应该有清醒的认识。作为动物园设计师，必须认识到高水平的展示设计只有通过各方面综合能力的共同支撑才能实现并发挥应有的作用。如果仅仅把网笼换成壕沟，而忽略了行为管理技术水平的提高和保护教育信息传递的实效，那么历史再悠久、投资再巨大的动物园丰容仍然不能符合现代动物园的要求。

国内动物园发展现状

世界先进动物园发展现状

图 1-2　国内动物园和世界先进动物园发展现状"木桶效应"对比图示

## 四、推动动物园设计进步的动力

每次的动物园设计任务，都在面临同一个问题：如何比以往的动物园更好？这种进步实际上体现的是动物园行业所处社会环境的变化和进步。在全球范围内，动物园行业的发展都因为三个主要影响因素的变化而不断进步。

观众的变化——参观人数增加、人均收入和消费水平提高以及对动物、自然的关注度提高等因素，直接导致了观众的变化：观众的变化作用于动物园，产生的后果是使动物园放弃了以娱乐为目的的动物表演，有机会获得更多的发展资金，不得不致力于通过推广和完善沉浸式展示来提高展示效果和游客参观体验，强调综合保护和保护教育。来自公众关注的推动力量越来越大，越来越专业，在信息分享时代，甚至动物园自身的"专业性"也不断受到质疑。

技术的进步——环保技术日益成熟、节能建筑理念和实践的成功、不断开发的新材料和制造工艺水平的提高，使动物园的建造和管理技术日新月异。这些技术进步使动物园有可能模拟更加逼真的自然环境，并在大量采用节能建筑和低碳运行的前提下保障动物福利和游客参观体验。

自然资源变化——随着经济和科技的发展，动物资源日益稀缺、环境压力越来越大所导致的野外动物生存危机也逐渐迫使动物园不断提高饲养繁殖技术，积极采用行为管理手段提高动物福利、注重员工培训以符合公众要求和综合保护的要求，并开始参与甚至主导野生动物的就地保护。

这些变化及产生的结果可以通过图1-3简要说明。

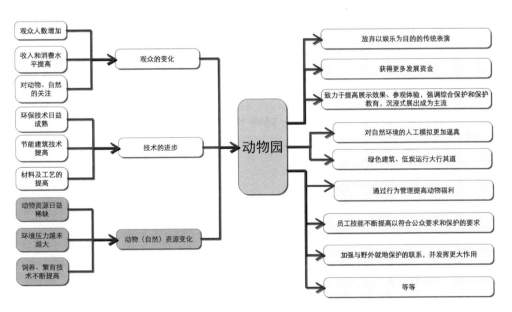

图1-3　世界动物园所面对的发展环境变化及对动物园的影响

## 第三节　组建设计团队

### 一、设计团队组建原则

动物园为了顺应不断变化的社会环境必须作出改变及调整未来的发展方向，因此动物园设计要吸纳更多专业的参与。设计团队的组建和团队各方的合作方式是保障动物园设计专业水准的关键。

动物园的设计工作需要来自动物园内部和外部的两方面设计团队。在两个团队之间，首先需要确定的是以下几方面的问题，并达成共识。

- 谁，对什么负责？
- 谁，有权利决定什么？
- 对设计的主要方面，由哪里制定决策？由哪里负责？
- 谁，拥有最终决策权？
- 决议制定的原则和规则是什么？

等等。

确定以上疑问，仅仅是双方合作的基础。实现动物园内部和外部设计团队愉快、高效的运行，最重要的是尊重。多次动物园设计合作经验显示：明确分工和相互尊重是设计团队组建的根本保障。

### 二、设计团队构成模式

在图1-4中，位于双方设计团队中间的就是"项目协调人"。项目协调人可能是一

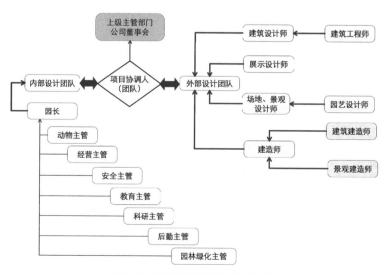

图1-4　动物园设计团队构成图解

图解动物园设计（第二版）

位专家，也可能是一个核心顾问团队。在国外先进动物园的设计建设过程中，项目协调人往往在把握专业方向方面发挥最重要的作用。项目协调人自身积累的动物园设计建设经验直接影响其自身水平；项目协调人的自身水平，也将直接影响动物园的设计建设水平。动物园的发展日新月异，如果在设计之初就将那些思想陈旧、不思进取的所谓专家聘为项目协调人或顾问，则往往导致动物园还没开始建设，就落后了。这样的案例，在近几年的国内新建动物园过程中屡见不鲜。合格的项目协调人能够将动物园的特殊需求与各设计专业的贡献方向有机结合，必然成为设计团队的核心。

## 三、设计团队运行保障

尊重是相互的。设计是由人完成的，所有人类直接参与的活动都具有"活跃、不稳定、有创造力、情绪化、不可靠"等特点，由于动物园的设计需要大量的创造性工作，所以必须保证设计人员处于愉快、有成就感、负责的工作状态。这种状态的保持，仅仅依靠制度和运行管理是不能完成的。在设计团队各方、各专业之间、各专业的不同设计阶段之间，相互尊重是关键。

通常技术设计师们所做的工作都是在方案基本确定后进行的"保障性设计"，这部分的工作与前面的以"创造性设计"为主的概念设计、方案设计不同，是在辛辛苦苦地"做"，而没有什么机会去"创造"，但是这部分的设计工作却又是最严谨、最繁琐的，其设计质量几乎完全由设计师的专业水准保证，在这种情况下，他们的工作成就更需要得到尊重。动物园设计建设过程中常见的遗憾是方案设计阶段遗留的缺陷直接表现在施工设计阶段，或者施工设计的缺陷表现在施工过程中，这种不可逆的损失往往直接导致设计组成员之间的相互质疑甚至指责，并最终损害动物园的实际运营。

有效避免陷入这一困境的方法就是强调项目协调人的作用，并委托项目协调人从动物园项目一开始就从动物园内部和外部设计团队同时获取诉求，并对多方信息进行调整、组织协商，最终做出双方都能接受，并与动物园宗旨相符的决策。

## 第四节　外部设计团队各专业对动物园设计的调整

基于上述对动物园存在意义、社会职能以及发展现状的理解，参与动物园设计的各专项技术设计师应该对自己的专业、专长作出调整，以适应承接现代动物园设计任务的专业要求。

# 一、园林专业

与古典中西式园林设计不同，动物园所需要的不是文化传承，而是返璞归真，尽量保持和利用场地的原始植被，并通过有限调整来模拟动物在野外的栖息地生态环境。游客视线内的地形起伏、植被组合、水体等元素，所发挥的不仅是景观作用，更重要的是实现其应有的功能，例如游客隔障、视线控制、动物隔离、动物隐蔽、丰容基础、饲料提供、遮阳避雨等。所以，对原有自然环境中任何组成元素的移除或增加、改造都应谨慎，"推平重建生态"这种设计和实践，本身就是一种犯罪。

除了为来自世界各地不同生态类型的野生动物创造自然、舒适的生活环境以外，动物园的园林设计还应该考虑到园区所在地区本土野生动物和生物多样性的保护。这些本土野生动物包括小型哺乳类、鸟类、两栖爬行类和节肢动物等。在园林置景和植物选择方面，应考虑为本土野生物种提供栖身之所、食物来源、蜜源植物、天敌控制、病虫害控制等因素。总之，动物园的园林设计需要生态化、丰富化，尽量减少人工痕迹，并充分考虑生物多样性保护的功能。遗憾的是目前国内多数城市动物园作为一种"专类公园"隶属于园林绿化部门，以至于园林设计对动物园的设计建设产生了过多的影响。典型的表现就是园林设计与动物园的特殊需要相脱节，甚至过分强调传统园林中的造景艺术和设计痕迹，与动物园本应具备的自然风格格格不入。

如果出于游客休憩场所的特殊要求而不得不设计一些古典园林，这部分园林也应与野生动物展示分开，单独划定区域。但是现实中古典园林和野生动物展示"混"在一起的实例比比皆是，例如古建风格的亭子用于动物遮阴、动物展区内的小桥流水、大量应用的垒石驳岸、动物活动区域内通过古典造园手法堆砌的叠石假山，等等。这些传统园林景致，仅适合应用于游客公共空间或用以强调特殊历史人文符号，如果生硬、粗暴地应用于动物展区，不仅从生态景观的要求上显得不伦不类，更可能直接影响动物福利。如在水禽湖周边或湖心小岛采用的垒石驳岸，对水禽来往于陆地和水体之间造成巨大困难；食草动物展区内壕沟斜坡铺设的草坪地砖，容易因为雨季潮湿、打滑而伤及动物四肢；狮虎山、熊山内部的垒石假山，对提高动物福利来说毫无实际意义，仅仅是传统园林假山营造手段的机械放大，即使从游客观赏的角度，也无法体现应有的"瘦、透、灵动"的美感。类似的园林设计应用于动物园中，造成的视觉效果就是"在传统园林中展示野生动物"，是古代王公贵族皇家苑囿的遗风，是将野生动物置于"嬉玩"地位的心理暗示，与动物园应该传达的"尊重自然"理念背道而驰。

希望随着参与动物园设计的园林设计师对动物园宗旨理解的深入、对动物野外栖息地环境的了解，以及本土生物多样性保护意识的增加，国内动物园的面貌会焕然一新，并逐步符合现代动物园的特殊要求。

在沉浸式展示中，为了让游客体会到所展示物种野外栖息地的自然元素和地域人文历史元素，往往会通过设计建造具有当地典型的传统建筑或艺术符号来营造气氛，特别是在对一些必要的人工建筑，比如展厅、展示背景、商业建筑、服务设施等，都会采取"典型"的传统文化视觉符号来掩饰。例如在西方国家亚洲象展区的游客遮阳棚往往采用东南亚传统建筑的高挑飞檐和精美雕刻进行装饰和氛围的营造（图1-5）；在大熊猫展区入口采用红墙绿瓦甚至亭台楼阁等中国古典园林元素创造"沉浸式展示"的必要氛围（图1-6）。但必须清晰地认识到这些展示设计手法的出发点是创造"沉浸式展示"的氛围或者仅仅应用于展区"引言"部分，绝不是"给野生动物设计建造美观的、彰显人类文明的生活和展示环境"。

图1-5　亚洲象展区游客参观遮阳棚采用东南亚传统建筑形式

图1-6　国外大熊猫展区入口应用中国传统景观符号来营造"中国气氛"

## 二、景观设计专业

景观设计师应根据展示线索对动物园整个范围做出基础规划，并在动物展区通过各种景观元素的配置，创造出一种环境暗示，即"野生动物应该出现的场景"。实现这一目标，除了设计师充分运用自身的专业技能外，还需要对动物的野外栖息地生态环境进行更深入的了解。

动物园景观设计的一次飞跃发生在百年之前。卡尔·哈根贝克（1844—1913年）是一位德国动物商人和马戏团主，他在系统测量了各种动物的行为能力之后，首次采用壕沟对动物进行隔离。1907年，位于德国科隆的哈根贝克动物园正式落成，他所创造的无参观视觉障碍的、全景式的、令人惊叹的展示效果，迅速引起了轰动，得到万众追捧。尽管他所依据的动物展示设计线索主要以欧洲中世纪山水画为蓝本，但他所开创的新颖的动物隔障方式为今后实现以地理区系或生态主题为展示线索的、符合科学的景观设计奠定了基础，这种造景手法，沿用至今（图1-7～图1-9）。

## 三、建筑专业

建筑设计是指为满足特定建筑物的建造目的（包括人们对建筑环境角色的要求、使用功能的要求、对其视觉感受的要求）而进行的设计。在动物园的建筑设计过程中，需要重点考虑建筑的主要服务主体——野生动物。野生动物长期进化的结果使他们可以很好地适应原始栖息地的环境和气候，但在动物园的人工圈养环境中，这种伟大的进化奇迹往往成为生存的障碍。比如，他们不再需要运用各种技巧觅食、不需要为追求配偶而争斗、不

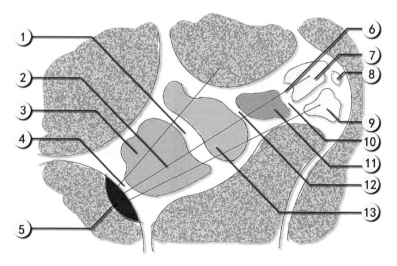

图1-7 哈根贝克全景展区设计平面图解

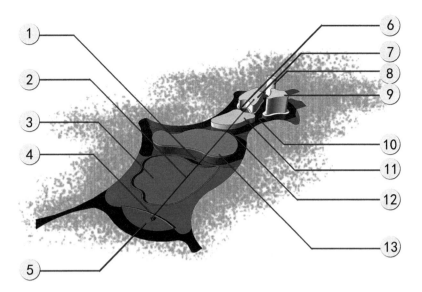

图 1-8　哈根贝克全景展区设计透视图解

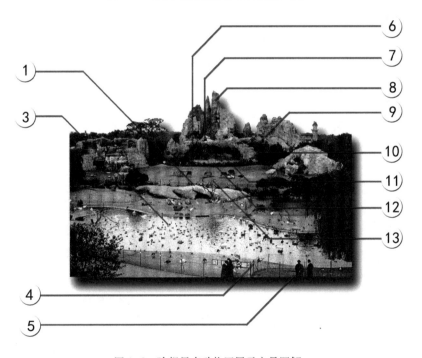

图 1-9　哈根贝克动物园展示实景图解

1—非洲食草动物展区与水禽湖展区之间的隔障；
2—游客观赏视线。在参观点可以欣赏由前景、
　　中景和背景组成的全景展示；
3—水禽湖展区；
4—参观点游客与水禽湖展区之间的隔障；
5—参观点；
6—非洲狮展区与羱羊展区之间的隔障；
7—羱羊展区；

8—全景展区背景山体；
9—盘羊展区；
10—非洲狮展区与盘羊展区之间的隔障；
11—非洲狮展区；
12—非洲狮展区与非洲食草动物展区之间的隔
　　障；
13—非洲食草动物展区。

需要躲避天敌，取而代之的生存风险则可能是不合理的设施造成的肢体伤害、单调环境中缺乏的选择机会对大脑的损伤和心理健康的损害、在公众游客面前暴露形迹所承受的心理压力、被游客打扰或投喂造成的身体异常，等等。解决这个矛盾的最有效途径之一就是动物的圈养生活环境和建筑的功能应同时满足动物自身的福利需要和日常行为管理操作的需要。简单地说，动物园建筑物设计最重要的是使用功能，这些功能需求与民用建筑既有重叠也有区别。民用建筑设计的服务对象是与设计师属于同一物种的人类自身，设计师与服务对象具有一致的舒适和审美需求，这项设计任务持续了近万年，不断进步。然而，大多数建筑设计师们对于动物园建筑的特殊服务对象——野生动物的需求还知之甚少，这也是建筑设计师接受动物园设计任务时不得不接受的挑战。另一方面，设计师们往往不了解野生动物行为管理各项组件之间的紧密联系和运行需求，不能将注意力放在功能运行相互协调的层面，而仅仅局限于建筑本身。所有优秀的动物园建筑设计的共性都符合"安全""高效""周到"和"环保"原则。尽管由于在动物园中应该遵循尽量减少人工建筑痕迹的设计原则，使得设计师们不能在建筑的外观设计上"实现自我"，但动物园建筑内部的构造、工艺流程、功能需要，等等，都是设计师发挥才智的领域。

　　要想实现展区的自然风格并保持展示物种与环境元素的协调，除了保障建筑的使用功能，对建筑外观的掩饰或"自然化"处理同样非常重要（图1-10）。

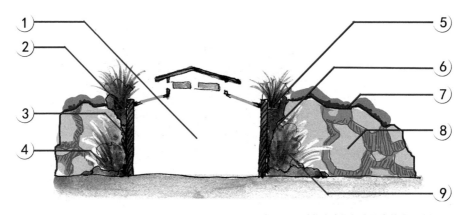

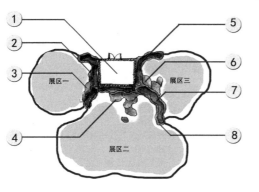

1—动物室内展馆或兽舍等大型建筑；
2—建筑周边墙体顶部设置种植槽；
3—建筑墙体表面进行自然纹理处理；
4—建筑周边墙体基础部分自然化处理，可
　以形成种植槽或地形模拟；
5—顶部种植槽内植物，乔灌木与垂吊植物
　组合；
6—墙体表面形成反扣，可以作为动物展示
　背景隔障；
7—展区间隔障墙与建筑结合，打破原有规
　矩线条，墙体顶部为种植槽；
8—展区间展示背景隔障墙；
9—展区内绿化背景，为防止动物借力逃逸，
　多选择草本植物和纤弱的攀缘植物。

图1-10　建筑外观掩饰图解

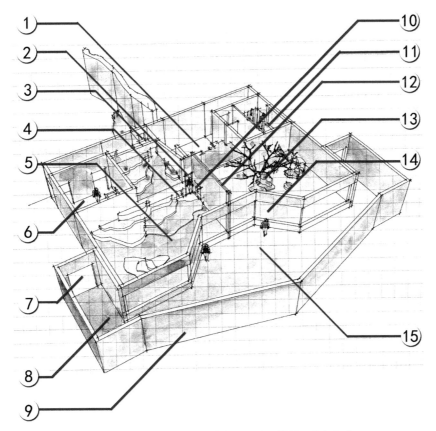

图 1-11　动物园建筑设计特点——外形简单，内部复杂

1—室内展区操作隔离间；
2—饲养员操作门；
3—动物进出室内外展区间通道；
4—操作隔离间与室内展厅之间的串门；
5—室内展厅；
6—操作间，饲料加工室；
7—游客室内参观厅出入口；
8—出入口与室内参观厅之间的转折过道，形成避风阁；

9—建筑外观简洁，便于进行自然化掩饰处理；
10—室内展间串门；
11—饲养员办公室、值班室、卫生间；
12—室内展区间隔障；
13—室内展区物理环境丰容基础；
14—游客参观面玻璃幕墙；
15—游客室内参观厅，地面形成坡度或台阶。

　　与建筑朴素的外观相反，建筑内部必须进行各种复杂的空间排布，以保证野生动物饲养繁育过程中的特殊需求，使动物生活环境的各个元素满足行为管理的需要，并与行为管理的各项组件无缝对接（图 1-11）。

　　所有参与动物园设计的建筑设计师，都应当深刻理解《世界动物园和水族馆保护策略》中的一段话：

　　"所有动物园和水族馆都将朝着可持续发展方向努力，并减少'环境足迹'。采用不使自然资源减少的利用方式，既满足当今社会需求，同时也不牺牲未来后代的权益。

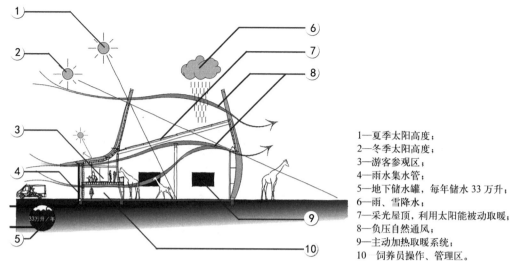

1—夏季太阳高度；
2—冬季太阳高度；
3—游客参观区；
4—雨水集水管；
5—地下储水罐，每年储水33万升；
6—雨、雪降水；
7—采光屋顶，利用太阳能被动取暖；
8—负压自然通风；
9—主动加热取暖系统；
10 饲养员操作、管理区。

图1-12　荷兰鹿特丹动物园长颈鹿馆绿色建筑设计原理图解
（图片引自动物园官方网站，作者译）

所有动物园和水族馆都会以身作则，在日常运作的各个方面采用绿色模式，并向游客示范可持续发展的生活方式。"

荷兰鹿特丹动物园中的长颈鹿馆，就是对上面这段话的完美诠释，如图1-12所示。

## 第五节　动物园设计建设的历史使命——仅仅是搭建一座舞台

设计、建设再完美的动物园，也仅仅是搭建好了一个舞台而已。这也是动物园设计的特殊之处——一切设计服务于"综合保护和保护教育"。在游客的视野中，看不到设计人员的身影；动物园的设计和建设人员发挥的作用类似于"舞美"，所做的一切工作都是为了以下角色的登场。

● 饲养管理人员——在保障设施功能完备的基础上，作为操作规程的运行者和行为管理的主体实施者，为动物个体提供福利保障，使野生动物在圈养状态下保持自然行为，并且这些自然行为有机会展示于游客面前。自然行为的展示是最美好的"表演"，而饲养管理人员的角色，类似于导演加剧务。

● 动物的自然行为展示——健康活跃的野生动物，无疑是最受游客欢迎的主角、明星。但"演出质量"的决定因素是动物的基本福利要求、群体饲养展出需要、繁殖需要、丰容需要能否被满足。饲养繁育"后台"的结构、设施设计、功能，展示环境丰容水平，

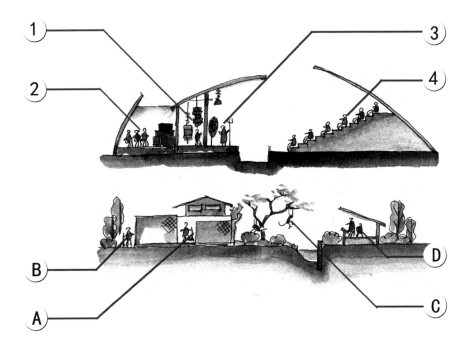

图 1-13　戏剧舞台和动物园展示对比

1—演出后台— A：饲养管理操作区;　　　3—演员、明星— C：动物自然行为展示;
2—导演、剧务— B：饲养员;　　　　　　4—观众— D：游客。

都会直接影响前台展区中"演出质量"。

● 保护教育——保护教育设计和程序运行,发挥的作用是情感影响和信息传达。无论是在保护教育中心开展的正式教育还是在展示现场进行的非正式教育,都是在精心设计和建设所实现的环境氛围和展示背景中,通过与展示目的相符合的表达方式担当"旁白"的角色。

"综合大戏"——是的,动物园的引人之处,就在于不断上演精彩纷呈的"综合大戏","综合保护和保护教育"就是剧目的永恒主题(图 1-13)。

这里所比喻的"综合大戏",在其增加了游客吸引力的表面价值之下,更具有高尚的目标:动物园应作为公众思想的影响者和引导者。成功的动物园最大的核心吸引力体现在生动的活体动物展示上,展示的内容是动物的自然行为。这是动物园领导和员工必须认清的方向,动物园的各项工作应该围绕"使动物享受高水平的福利并表达自然行为"这一核心基础。动物园中的野生动物是大自然派驻人类社会的"大使",他们所承载的保护信息往往比展示本身更重要。动物园应该认识到正确表达这些保护信息的重要性,引起公众对自然的关注,从而保证这些圈养动物的野外同类的自然栖息地得到保护,并在原地实现种群延续。动物园应依托园中自然的展示环境,使公众了解其在提高动物福利方面付出的努力和在环境保护中发挥的作用,树立正确的社会形象。不以物种保护为目的的运行方式会令公众把动物园看作是"有马戏表演的游乐场"，商业性动物表演暗示人类对自然的肆无忌惮，宣扬的是人类的强势和对自然力量的控制，长此以往，势必将动物园的社会角色置于尴尬境地。

　　每个动物园的设计过程都各有特色，本书仅仅提供一条指导线索，按照这个线索开展动物园设计可以避免出现大的错误或遗憾。动物园的设计是一门科学，依靠设计人员的投入和发挥，保持愉快高效的合作模式非常重要。最终，所有设计人员应该认识到：展示就是在讲述——讲述以自然保护为主题的故事。讲述过程中有引子、有高潮、有起伏，这一切都需要保护教育人员做好"编剧"，并最终奉献有节奏、有激情、能够传达保护理念和责任的综合大戏。

　　说到讲述，没有哪位讲者能与纽约布朗克斯动物园的园长、WCS 协会主席威廉·康韦在《如何展示一只牛蛙》中的描述相提并论了。这篇文章最早发表于 1968 年，在全世界动物园和水族馆行业内被普遍尊为 "行业圣经"，几十年来一直在指导动物园行业的不断进步和发展，使众多西方动物园从"传统动物园"转变为"现代动物园"，甚至是"自然保护组织"。几乎所有关于动物园展示设计的论文或论述、书籍，都会引用这篇文章。它所描绘的真正意义上的展示，对目前国内所有动物园来说，至今仍是一个梦想。

# 第二章　动物园设计进程

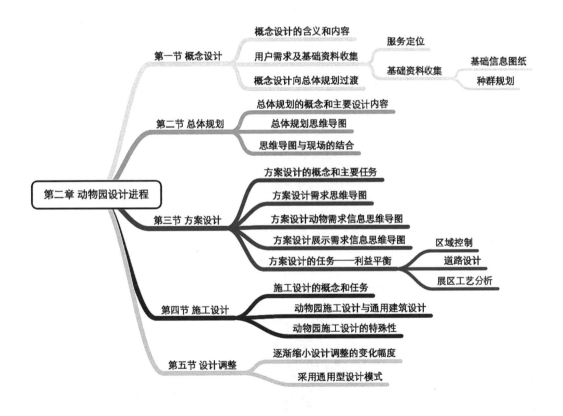

第一节 概念设计
　　概念设计的含义和内容
　　用户需求及基础资料收集
　　　服务定位
　　　基础资料收集
　　　　基础信息图纸
　　　　种群规划
　　概念设计向总体规划过渡

第二节 总体规划
　　总体规划的概念和主要设计内容
　　总体规划思维导图
　　思维导图与现场的结合

第二章 动物园设计进程

第三节 方案设计
　　方案设计的概念和主要任务
　　方案设计需求思维导图
　　方案设计动物需求信息思维导图
　　方案设计展示需求信息思维导图
　　方案设计的任务——利益平衡
　　　区域控制
　　　道路设计
　　　展区工艺分析

第四节 施工设计
　　施工设计的概念和任务
　　动物园施工设计与通用建筑设计
　　动物园施工设计的特殊性

第五节 设计调整
　　逐渐缩小设计调整的变化幅度
　　采用通用型设计模式

本章根据动物园设计的时间进程，简要列举了几个关键阶段的设计重点，列举顺序遵循理想状态下的设计进程。尽管在动物园设计的实践过程中可能发生各种调整和变化，但本章中各个阶段的主要工作必须完成，否则不能称为完整的动物园设计。在以后的章节中，将对各阶段的主要设计内容详细说明，在这里强调的是顺序和阶段性，并通过简单图示对各阶段的任务加以明确，避免动物园与设计方交流过程中的误解和矛盾。在上一章中强调的项目协调人或专业顾问团队，应全程参与、协调统筹，保证各个环节之间的有效沟通和展示信息的正确传达。由此可见，对项目协调人或顾问团队最基本的要求是理解和贯彻《世界动物园和水族馆协会保护策略》，只有这样才能在各个阶段都保持统一的正确方向（图2-1）。

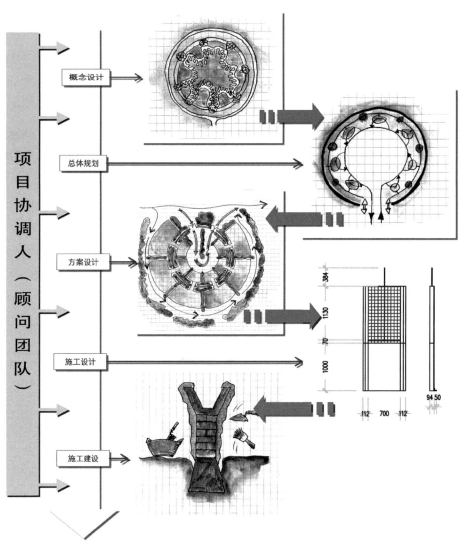

图 2-1　动物园设计进程阶段划分

# 第一节　概念设计

## 一、概念设计的含义和内容

概念设计的界限比较模糊，而且往往与总体规划融合在一起，两个阶段之间很难清晰划分，尽管如此，概念设计阶段还是有独立存在的必要性。如果把动物园设计想象成辐射状的发展过程，那么概念设计就是一切设计方向的出发点和核心。形成概念设计需要高度的创造力、开阔的视野并整合所有的可能性。在概念设计阶段需要大胆的想象，甚至可以天马行空，但头脑风暴的前提是对《世界动物园和水族馆保护策略》中动物园职能、操守和发展方向的学习和理解。这一点往往需要动物园方通过项目协调人或顾问团队向设计方清晰表达，或动物园与设计方共同服从项目协调人的统一协调。在项目协调人统筹各方意向后，将《世界动物园和水族馆保护策略》与本园项目条件有机结合，逐步确立概念设计的指导思想。

概念设计阶段往往通过一系列的研讨会、有针对性的参观考察、多次不强调结论的思想碰撞，甚至是通过聚餐、闲聊等轻松方式让参与人员保持高昂的兴致来获得更多的灵感。在这个阶段，特别要注意容忍不同的观念。作为动物园方面，主要考虑的问题包括展示动物选择、种群规划、如何传递环境信息等；作为设计方，主要考虑采用何种新奇的展示方式、景观环境风格、展示主题构想等；在双方讨论过程中，除了阐述各自的见解以外，还应该从有利于动物园长远维持良好经营状态的出发点讨论以下问题，每个问题可能对应的讨论内容范围大致如下。

● 能否为游客带来新奇的参观体验？　——讨论内容范围和议题：地理位置、气候条件、地形地貌、植被水文，等等。

● 能否为游客提供更多的互动机会？　——讨论内容范围和议题：游客调查、以往的体验方式、考察所得、近期国外先进动物园发展动态，等等。

● 如何区别于传统的、大家熟悉的展示方式，并实现创新？　——讨论内容范围和议题：教育互动、展区互动、环境互动、思维互动，等等。

● 如何做到"寓教于乐"，将动物园的保护教育信息有效地传达？　——讨论内容范围和议题：欣赏、惊奇、探险、感官、互动、参与，等等。

● 如何赋予游客对自然保护的责任感和使命感？　——讨论内容范围和议题：动物与动物、动物与环境、人与动物、人与环境、人与人，等等。

● 如何满足不同需求游客，特别是高端游客类群，例如动物园爱好者、自然学者或追求高端体验的家庭？　——讨论内容范围和议题：特别策划、会员制、主题游览、特殊体验，等等。

## 二、用户需求及基础资料收集

设计动物园的第一步不应由设计公司，而是应该由动物园与外部设计团队在项目协调人或专业顾问团队的统筹下共同完成。在设计开始之前动物园需要充分了解行业发展方向和自身机构职能，并结合当地人文经济发展水平、上级领导对动物园的政策和支持力度等方面信息，提出清晰明确的设计要求。但毫无疑问，最大的决定因素还是设计理念、资金投入和设计建设工期。尽管设计要求在设计和建设过程中可能存在调整，但设计指导思想不能发生大的改变，特别是一些动物园专业的关键要求，这部分工作不能推给设计方，除非设计方具有设计建设动物园的成功经验。

### 1. 服务定位

服务定位指动物园中的动物展示功能、游乐功能、餐饮服务功能、科学研究功能、保护教育等项功能的取舍和平衡。动物园在取舍各项功能时，需要考虑动物园的场地规模、本地人文经济发展水平和消费习惯等各项因素。须注重动物园的社会职能和行业发展方向。行业服务定位的基础是调查研究和分析讨论。服务定位是概念设计的重要组成部分，其确定过程同样以广泛调查和充分讨论为前提，这个过程与概念规划过程一致。

### 2. 基础资料收集

#### 1) 基础信息图纸

对于新建的动物园，需要收集园区地形图、植被图、园区周边市政设施、道路图、地勘资料等基础资料；对于现有园区改造，需要提供机构现状平面图、地上设施及地下管线图。在汇总基础资料和设计要求后，设计方才有可能开始设计。在设计过程中，需要在每个关键阶段保持和动物园方面的沟通，只有双方的理解达成一致，才能开始进行下一步的设计任务。这样的工作过程看似繁琐，但在总体上会加快整个设计进程，并避免人力和资源的浪费。动物园的设计过程是甲乙双方的经济行为，互谅互信、互相尊重是保证良好合作关系的基础。由于动物园设计是一项复杂的、充满挑战和创造性的工作，所以互信的合作关系和愉快的合作状态是非常重要的。

#### 2) 种群规划

种群规划指在一定时期内（短期、中期或长期）对动物园展示、繁育、承担和参与保护项目所包含的动物种类、数量和性别年龄比例的安排计划。在动物园设计工作中，可以将种群规划简单地理解为展示计划和繁育物种规模。在现代动物园的评判标准中，展示动物的种类和数量、动物园的规模已经不再作为评判其是否先进的重要指标，饲养展出具有地域特色的动物种群、建立可自我维持的珍稀物种种群才是动物园的发展方向。种群数量应该服从于物种保护目标，而不仅仅服从于经济因素。在展出物种的选择上，动物园有义务担当保护机构的责任，引导当地居民的观赏取向。那些以收集新奇物种、变异物种甚至是杂交、畸形物种为展示"亮点"的选择观，是与动物园的宗旨相悖的。合法的获得动物并致力于圈养野生动物福利的提高，是动物园面对各种社会舆论压力和质疑时，能保有主动和正面形象的最根本基础，是动物园的道德底线。在制定种群规划过程中应根据以下原则：

（1）"每一只动物必须扮演一个角色"——这句话被写在《世界动物园和水族馆保护策略》中，作为现代动物园对物种选择的准则，每一个圈养物种都应具有以下作用：满足一个清晰的保护目的、与保护教育有关、与研究有关、受保护物种；或以上各项的综合。动物的"角色演出"，目的是展示动物之美、自然之妙，引导大众对自然的尊重和关注，绝不是以猎奇或取乐为目的，或者暗示人类具有凌驾万物之上的优越地位和对自然资源的占有、控制与支配特权。

（2）在北方动物园，展示物种选择需要照顾到不同季节的展示内容均衡分布。

（3）作为中国动物园协会的会员单位，各动物园展示、繁育的动物个体应服从中国动物园协会（CAZG）种群管理委员会物种繁育管理计划(CCP)的统一调配。

（4）展示物种选择的基本依据：

·公众喜闻乐见。

·承担移地保护责任。

·哪些是动物园相关知识、经验、空间资源的优势所在？动物园对哪些物种具有饲养繁殖经验？移地保护项目最有可能成功的物种，动物园已经拥有该物种圈养繁育种群建立者的物种。

·那些特别濒危的动物，比同一分类单元的其他动物具有高度唯一性的物种。

·在该物种的自然栖息地中起关键性作用的，利于发挥动物园综合保护职能的物种。

·旗舰物种，可以担当自然保护特使的，利于发挥动物园保护教育职能的物种。

·本地物种优先，但必须保证在动物获取过程中的合法性。

·确定能够产生健康的后代的物种，并保证繁育结果可以为该物种的延续及遗传多样性起到积极的作用。

·保证基于该被选物种的知识和经验，在未来能适用于其他物种的维持和繁殖。

·虽然不是旗舰物种，但确定该物种最适于发挥保护教育功能，以唤起公众对环境保护的关注。

## 三、概念设计向总体规划过渡

前面说过，概念设计与总体规划之间没有清晰的界限，这两个阶段总有部分内容是重叠的。早在 1976 年，美国 Woodland 动物园曾经绘制出一张图表，从图 2-2 中可以看出概念规划向总体规划的渐进过渡。

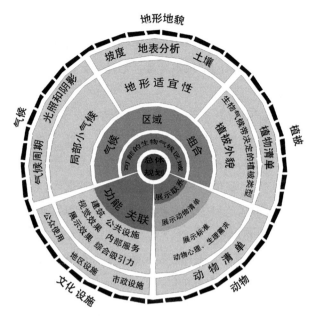

图2-2 动物园规划主要考虑的5个方面及各自的主要组成部分 (WoodlandZoo，1976)

# 第二节 总体规划

## 一、总体规划的概念和主要设计内容

总体规划和概念规划之间没有清晰的分界。总体规划是概念设计的进一步完善，并在一定程度上开始结合各方面的条件和限制使概念设计具有一定的"可操作性"和"可视性"。从图2-3可以清楚地看到总体规划的过程与前期的概念设计和后续的方案设计之间的传递关系。

## 二、总体规划思维导图

由于动物园设计是一项复杂的系统工程，从初始设计阶段就逐步绘制规划设计思维导图意义重大。思维导图可以将各项设计内容通过清晰的层级图示进行限定和指导，不仅在动物园和设计公司的交流过程中明确交流内容范围，还可以在设计公司的具体设计实施中确保高效地完成设计任务。不仅在规划阶段需要绘制设计思维导图，在后续的各个层面都需要这种清晰的设计表达和沟通途径。

常规动物园基本的规划思维导图格式相对固定，主要目的就是把概念设计的想法落实到实地，特别是将设计功能与场地区域设计进行结合。图2-4所示的动物园规划思维导图示例供动物园方和设计方参考、共同协商并进行补充和修订。

图解动物园设计（第二版）

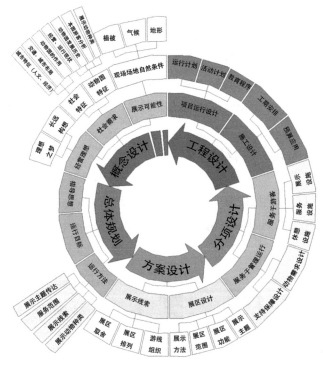

图 2-3　图示总体规划在概念和方案设计之间的联系和传递作用

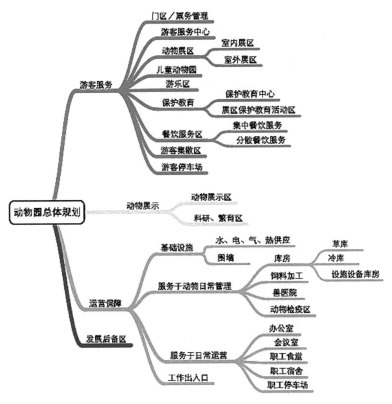

图 2-4　动物园总体规划思维导图示例

图中主要从功能分区的角度出发，将动物园的总体规划划分为三个方面：直接对游客提供服务的区域、动物展示区域和维持服务功能和动物展示的运营保障区域。从这样的角度出发，那些原本直接服务于动物的饲料加工、兽医院、繁育区等特殊区域由于并非向游客开放，所以划分在"服务于运营"的保障区域内。不同的规划思路可能有不同的出发点，但无论从哪条线索出发进行动物园的总体规划设计，都应绘制相应的思维导图。

## 三、思维导图与现场的结合

思维导图可以有力地推进下一步的设计。图 2-5 是从上述设计出发点绘制的动物园总体规划的模式图。在这张模式图中，基本涵盖了思维导图中的各个分项。

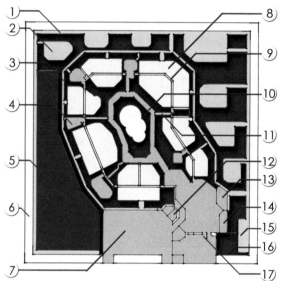

1—动物园围墙内环路，作为动物园管理通道的主干线；
2—特殊功能服务区，如饲料储运加工中心、兽医院、检疫中心、繁育中心等；
3—展区背侧管理通道；
4—展区间服务区；
5—发展后备区；
6—动物园围墙；
7—停车场；
8—动物展区；
9—进入动物展区的参观道，参观环路（LOOP）；
10—游客参观游线主干道；
11—展区与参观游线主干道之间的快速连接道路，为游客提供参观选择；
12—商业中心，位于动物园出口位置；
13—保护教育中心；
14—游客服务中心；
15—办公区；
16—工作门；
17—动物园大门。

图 2-5　思维导图与场地规划的结合

# 第三节　方案设计

## 一、方案设计的概念和主要任务

国内目前进行的动物园设计过程，往往忽略方案设计阶段，这一环节的缺失，直接导致总体规划与设施设计之间信息沟通的脱节。这种信息链的断裂，导致各方诉求不能明确清晰地表述，设计方与动物园运营方之间无法沟通。在缺乏方案设计的情况下，项目协调人形同虚设，无法对设计进程产生积极作用。设计方与动物园运营方之间的矛盾，绝大多数情况下均因缺乏方案设计阶段的有效沟通。这种情况与国内设计取费惯例有关，在民用建筑或景观、园林设计工作中，往往没有为方案设计预留充足的时间和经费，而动物园设计的特殊性就体现在方案设计的重要性方面。在国外先进动物园设计过程中，方案设计不仅占据大量的时间，同时，由项目协调人主导的方案设计取费也占总体设计费用的 40% 左右。

方案设计是关键的设计整合阶段：所有在概念设计和总体规划阶段的想法和计划都需要在方案设计阶段通过对各种限制因素的调整使之令人信服。这些限制因素包括资金预算、工期要求、空间可行性、员工技能水平，等等。面对这些限制因素，妥协是不可避免的，但妥协的目的是实现概念设计和总体规划中的想法，这一点不可背离。

除了延续概念设计和总体规划阶段的任务以外，方案设计阶段必须保证以下内容的确定，不可拖延至后续阶段。

1. 符合预算；

2. 展示形式适应场地条件；

3. 工期保证；

4. 公共安全保障，特别是避免拥堵，调整游客驻留时间；

5. 机构利益和员工利益相符；

6. 总体风格的确定，包括观感、声音、质感等；

7. 行为管理工艺流程分析。

进入方案设计阶段后，所有概念设计和总体规划阶段的灵感都变得贴合实际；所有的想法都应转变成清晰的定义和可靠的尺度；工期应得到保证；高水平的方案设计阶段，几乎可以将动物园未来的风貌完整地展示出来。

方案设计过程中，最重要的是展区方案设计。设计为功能服务，在展区方案设计中，重要服务对象是野生动物。动物园在制定种群规划后，需要针对所选物种制定具体的设计要求。满足动物基本福利和展示效果的设计要求是指对于某一类或某一种动物具体的设计要求；对于动物园设计中其他方面的要求，如公共空间、安全 疏散、防火防汛、基础设施、经营服务等公共性设计要求应服从国家相关标准，由设计方完成。

各类或各种动物设计需求的提出，需要以大量该物种的野外自然史知识和人工圈养条件下行为管理需求为基础。在此基础上，参考国内外动物园协会或组织公布的《饲养管理指南》中的信息资源，完善"设计需求表"，并将该表格作为设计依据提供给设计公司。完整的设计需求表请参考《动物园设计》（中国建筑工业出版社，2011.10），表中所需要的动物需求信息请参考《动物园野生动物行为管理》（中国建筑工业出版社，2018.8）。以完善的设计需求表为依据的方案设计，可以满足工艺说明，甚至可以直观模拟管理操作和参观效果，这一点是动物园方面最注重并最期望看到的，而 CAD 施工图则完全不能满足动物园运营方的预期。

## 二、方案设计需求思维导图

　　方案设计不再是天马行空的想象。负责任的方案设计可以将全部设计内容用图 2-6 表述和说明。为了达到这样的设计要求，需要对多方来源的信息通过思维导图进行组织，否则必然会出现重复劳动和漏项，甚至成为以后的设计阶段不可逾越的障碍。

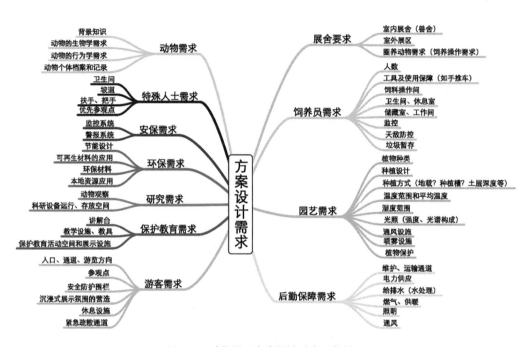

图 2-6　动物展示方案设计需求思维导图

## 三、方案设计动物需求信息思维导图

　　动物福利是动物园一切运营活动的基础，在有限的人工圈养环境下满足动物的生理和心理需求的前提是掌握必要的动物自然史信息。动物自然史信息不仅是方案设计的依据，也是展示信息传递过程中的线索，更是未来动物园建成后运行过程中制定行为管理措施的依据（图 2-7）。

## 四、方案设计展示需求信息思维导图

　　只有保证动物处于积极的福利状态，才能使动物展示更具吸引力、展示信息传递更可信。行为管理是有效保证动物福利的主动措施，而作为行为管理五项组件之一的展区设施设计，必然与其他四项组件相关联。只有五项组件相互整合，才能通过保障动物福

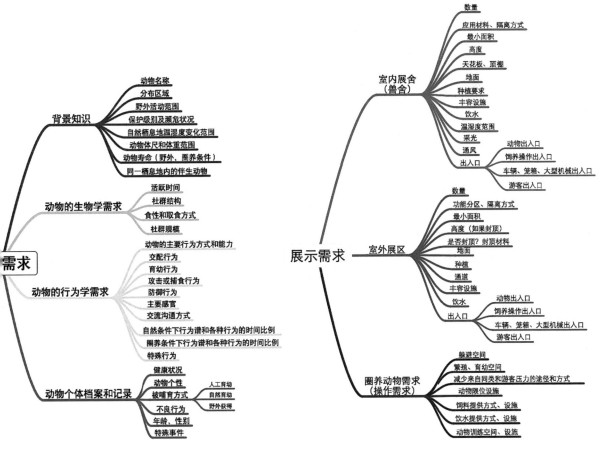

图 2-7　方案设计动物需求信息思维导图　　　　　图 2-8　方案设计展示需求信息思维导图

利提高展示效果。图 2-8 展示需求导图中的各项内容，都应与环境丰容、社群构建、行为训练和操作日程等行为管理组件相呼应、契合。

## 五、方案设计的任务——利益平衡

方案设计实际上是将概念设计和总规设计中的各个方面进行利益平衡，在图面上的体现往往集中在以下三方面：

### 1. 区域控制

每个动物展区，又由下一层级的多个区域组成，这些区域可以简单的概括为室内展区、室内非展区、室外展区、室外非展区以及联接这些区域的笼道和饲养员操作路径（图 2-9）。

### 2. 道路设计

动物园道路设计有三个主要原则：

· 游客参观游线为单行线，各展区参观主线之间保留"捷径"，以便游客选择参观

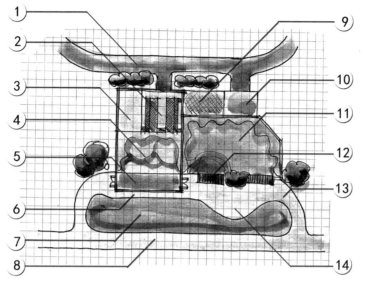

1—后勤管理通道；
2—室内兽舍；
3—室内隔离区；
4—室内展示区；
5—室内参观区；
6—快捷通道；
7—展区参观路线与游园主游线
　之间的绿化隔离带；
8—游园主游线；
9—室外隔离区；
10—动物转运区；
11—室外展示区；
12—室外参观区；
13—从园区主游线进入动物展区
　的参观路线（LOOP）；
14—展区内开敞区域，现场保护
　教育活动区。

图 2-9　区域控制设计平面图解

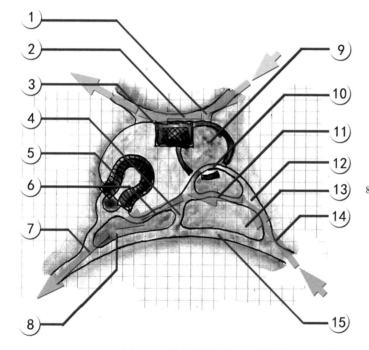

1—后勤管理通道；
2—后勤管理作业区；
3—室内兽舍；
4—展区内参观通道（LOOP）
　与园区主游线之间的快捷
　联络线；
5—特殊体验参观通道；
6—室外展区参观通道；
7—展区参观通道（LOOP）与
　园区主游线相接；
8、13—展区内参观通道（LOOP）
　与园区主游线之间的绿化
　隔离带；
9—室内展区；
10—室内参观通道；
11—参观路径快捷通道；
12—展示主题强化区，营造沉
　浸气氛；
14—从园区主游线进入展区参
　观路线（LOOP）；
15—园区主游线。

图 2-10　道路设计图解——游客参观道与管理通道隔离

内容和人流疏散的安全需要；

　·游客参观道路和管理通道相互隔离。在某些场馆的特殊布局可能导致的参观道路和管理道路相互交叉的情况下，一定要避免两条路径重叠并做好参观导示和必要的警示牌示（图 2-10）；

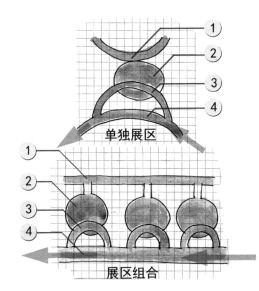

1—后勤管理通道；
2—展区；
3—展区内参观路线（LOOP）；
4—园区游览主线。

图 2-11　道路设计图解——展区内参观道与游览主线分开，单独形成环路（LOOP）

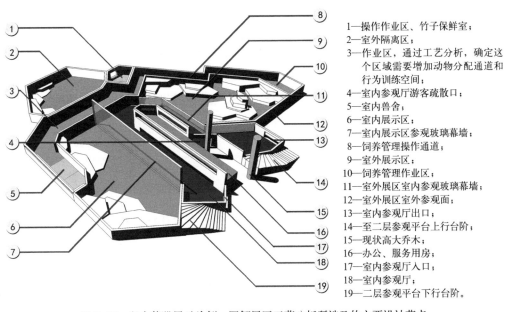

1—操作作业区、竹子保鲜室；
2—室外隔离区；
3—作业区，通过工艺分析，确定这个区域需要增加动物分配通道和行为训练空间；
4—室内参观厅游客疏散口；
5—室内兽舍；
6—室内展示区；
7—室内展示区参观玻璃幕墙；
8—饲养管理操作通道；
9—室外展示区；
10—饲养管理作业区；
11—室外展示室内参观玻璃幕墙；
12—室外展示室外参观面；
13—室内参观厅出口；
14—至二层参观平台上行台阶；
15—现状高大乔木；
16—办公、服务用房；
17—室内参观厅入口；
18—室内参观厅；
19—二层参观平台下行台阶。

图 2-12　以大熊猫展示为例，图解展区工艺分析所涉及的主要设计节点

·游客游览主干道和展区内参观道路分开，展区内参观道单独形成环路（LOOP）（图2-11）。

### 3. 展区工艺分析

方案设计完成后，应对展区所计划实现的功能和饲养操作程序进行运行模拟，即工艺分析。在工艺分析过程中，需要与动物饲养主管部门沟通并获得认可。进行工艺分析最有效的方法是制作模型，电脑 3D 模型也可以发挥同样作用（图 2-12）。

## 第四节 施工设计

### 一、施工设计的概念和任务

施工设计与前面的设计阶段最本质的区别在于对准确性的严格要求。概念设计、总体规划、方案设计阶段，其设计工作充满变数和创造性，即使是在必须与现实限制因素妥协后的方案设计工作中，也有很多创作机会。但是，施工设计过程往往是严谨的，甚至是枯燥的，这个过程必须保证设计的准确性、结构的合理性，更多地关注细节以保证功能实现；所有工作还必须结合严格的预算和工期表。在这个阶段，会对以前设计阶段的工作进行验证，设计过程中难免出现与方案设计的交流，这个阶段交流的基础还是尊重——对对方专业的尊重、对自己职责的尊重。

### 二、动物园施工设计与通用建筑设计

动物园施工设计应该符合通用建筑施工设计的法律法规要求。其中给排水设计、采暖、通风和照明设计等各项设计内容应结合动物园的特殊性。特别建议采用绿色建筑设计理念，这一点不仅是动物园可持续运营的基本保证，也是动物园开展保护教育示范的重要内容。其他方面的设计内容，如电气设计、防火、疏散等设计分项，不应违背通用建筑设计要求。

### 三、动物园施工设计的特殊性

与民用建筑或景观设计不同，动物园设计的服务对象往往千差万别。这种特殊性往往体现在材料、工艺、强度、建筑外观的自然风格要求、特殊的设施设备等方面。

## 第五节 设计调整

### 一、逐渐缩小设计调整的变化幅度

设计调整是不可避免的，也是必要的。既然如此，甲乙双方应该本着"互相尊重、友好合作"的态度进行协商、交流。尽量保证每一个设计阶段达成一致后再进行下一步的设计。尽管如此，设计调整在所难免，但原则上不能违背合同。

随着设计工作的进展，设计改动或变更的幅度应该越来越小；在不停地重新审视是

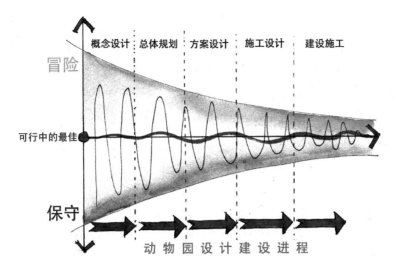

图 2-13　设计变化幅度应该随设计进程逐渐缩小

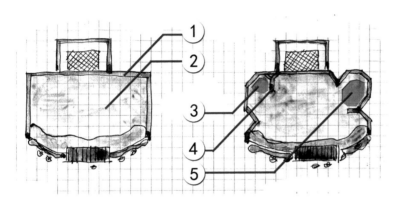

1—展示背景墙体平直，
　无起伏和褶曲；
2—动物活动区域单一，
　无选择余地；
3—因墙面褶曲形成庇护
　区域，使动物有可能
　摆脱同伴视觉压力；
4—展区背景墙体褶曲；
5—因墙面褶曲形成庇护
　区域，使动物有可能
　摆脱游客视觉压力。

图 2-14　图示动物展区背景围墙的两种设计形式——左侧简单，但不符合动物福利
要求；右侧复杂，但更加符合动物福利要求，且更容易营造自然风格的展示背景

否按照既定目标前进的同时，尽量搜集想法和信息。每个动物园的设计进程都会有独到之处，但有些共性的规律应该遵守。也许设计过程中会经历多次反复，但这很正常，设计双方必须对此有充分的心理准备。必须强调的是，越接近施工阶段，这种反复应该越小，因为这个阶段的任何一个调整，都可能导致对以往设计工作的全盘否定。表面上看，这种反复是对设计的不尊重，但深层的破坏性将体现在动物、动物管理人员、动物园工作人员，甚至游客身上（图 2-13）。

　　在关乎动物基本福利的问题上，动物园方面不能让步妥协。例如，许多动物因其习性需求，室外展示运动场隔障墙体需要很多折面，但施工设计和建设方往往倾向于平直的围墙。在这一点上，基于动物福利的需要，动物园不可妥协。类似的冲突还有很多，总是难以避免。平衡各方利益，保证动物园的基本操守，是项目协调人的重要职责（图 2-14）。

## 二、采用通用型设计模式

通用型设计模式指可以基本适用于多种不同的野生动物饲养展示要求的设计模式。大量采用这样的设计不仅在设计阶段可以避免大的调整，更重要的是在动物园建成后进行展示物种调整时亦不必进行二次设计施工，节约大量展示更新投入（图2-15）。

更多关于展示设计模式的内容，请参考第八章。

本章节所介绍的动物园设计进程，是在一种理想状态下的设计过程，在现实中如果有充裕的时间和资金投入，应当逐步完善，不可急功近利。在特殊情况下，也应尽可能地把设计过程划分为几个阶段，尽量减少阶段合并。特别是方案设计阶段，绝不可忽略。设计阶段划分不清意味着责任不明，最终会降低动物福利，并损害各相关方的长远利益。

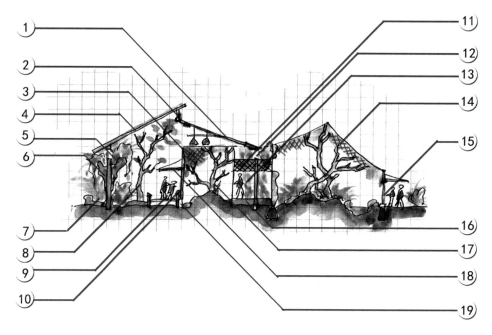

图2-15　温室结合网笼展示通用模式剖面图解

1—屋顶采光，被动取暖。可以补充人工照明光源和加热灯；
2—温室展厅通风窗；
3—温室内展示网笼；
4—温室屋顶，可根据气候条件确定是否透光；
5—室内展示背景自然化处理；
6—温室建筑自然化处理；
7—建筑外周植被遮挡；
8—温室内绿化；
9—温室内参观栈道；
10—参观玻璃幕墙；
11—动物通道；
12—温室通风窗；
13—温室网笼绿化背景；
14—室外展示网笼；
15—室外参观玻璃幕墙；
16—室内饲养管理操作通道；
17—室内展区丰容；
18—玻璃幕墙上缘遮光板，同时防止游客投喂；
19—室内参观栈道游客不可接触部分设置通风格栅，避免游客投喂。

图解动物园设计（第二版）

# 第三章　动物园总体规划

第三章 动物园总体规划

- 第一节 总体规划设计的基本因素和推进过程
  - 总体规划涉及的基本因素
  - 对四项因素的分析
    - 游客因素
    - 动物因素
    - 员工因素
    - 运营因素
  - 总体规划的推进过程
- 第二节 总体规划设计步骤示例
  - 步行参观模式的动物园规划步骤图解
  - 车行参观模式的规划设计
  - 步行参观模式与车行参观模式的结合
- 第三节 "师法自然"——制定总体规划的法宝
  - 总体规划模式图与消化道剖面模式图的比较
  - 动物园规划对场地范围的适应和阿米巴虫外形
  - 展区设计与胎盘原理

总体规划是动物园的发展指南，涉及动物园的各个方面，绝不仅仅是本章所绘制的一系列图纸。对动物园总体规划的简单理解，就是按照一定的时间阶段设定发展目标，并制定出保证实现这些目标的发展策略。这些目标应该让动物园的每一位员工知晓；这些策略也应该涉及动物园工作的各个方面——动物种群发展、经营管理、人才培养、保护教育，等等，因为只有每个人和每个部门都能理解和支持动物园的总体规划，才能保证总体规划目标的实现。动物园总体规划是动物园设计的重要组成部分，也是各层面深化设计的主要依据，一旦制定就必须保证其稳定性。鉴于此，总体规划的制定者必须对各方面的影响因素有清晰的认识和前瞻。

# 第一节　总体规划设计的基本因素和推进过程

## 一、总体规划涉及的基本因素

关于动物园的总体规划，在前面的章节中已经有所说明，简单来说总体规划就是指导性规划设计；总体规划设计的出发点归纳起来就是在四个基本元素之间形成高效的、可持续的运作关系。这四个元素为游客、动物、员工、运营（图3-1）。

图3-1　动物园总体规划的四个基本元素

人是动物园最终需要对其产生影响的目标受众。获得公众认可是动物园的生存之道，提高圈养动物福利是获得公众认可的保障，在运营中实践综合保护和保护教育是获得公众认可的途径。游客对动物园的影响力不容忽视，这是因为：

游客是动物园的经济来源；游客是动物园保护教育信息传达的目标；动物园存在的"合理性"，受游客和公众的参观体验和认同程度的巨大影响；之所以在近些年西方国家的动物园实现了从传统动物园向现代动物园的转型，重要的推动因素之一是公众对动物园的关注和参与程度逐年提高。

## 二、对四项因素的分析

把游客放在首位，并不是说要对游客的要求一味迎合。一味迎合的后果只可能满足部分游客的需要，但最终会因为损害动物福利、阻碍动物园职能的发挥而对动物园的发展产生不利影响，并最终损害广大游客的利益。当足够比例的公众开始对动物园不满时，动物园将不得不面对生存问题。动物园应该在总体规划的层面就开始注重对公众意识的引导，传播自然保护意识，并通过自身"综合保护和保护教育"的实践来实证这一理念，获得广泛、持久的公众支持。实现这样的设计，需要对四个关键影响因素逐一分析、论证（图3-2）。

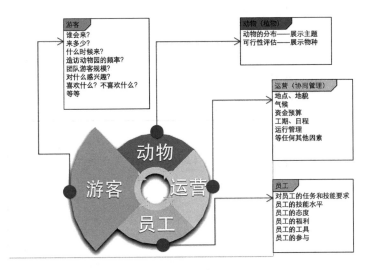

图 3-2 各因素分析讨论内容分项图示

### 1.游客因素
- 游客的群体结构：谁会来？来多少？团队游客的规模？
- 游客的造访频率：游客什么时候来？多长时间来一次？
- 游客想得到什么：对什么感兴趣？什么是游客喜欢的和不喜欢的？什么是游客能接受的和不能接受的？

### 2.动物因素
- 展示物种的可行性：到底选择哪些物种？根据什么选择动物？
- 展示实施：怎么展？展示主题是什么？
- 展示目的：为什么展？动物展示与综合保护和保护教育如何关联？

### 3.员工因素
- 技能要求：实现动物园的规划目标需要员工具备哪些方面的知识和技能？现有员工的知识、技能水平如何？
- 员工态度：员工对单位目标的态度如何？是主动工作还是被动工作？员工福利水

平如何？员工是否满意？员工是否拥有必要的设施和装备？

● 员工的参与程度：员工是否有机会和途径参与总体规划的制定和实施？员工的意见是否受到应有的重视？

### 4. 运营因素

● 自然条件：园区的位置、地形条件的优势和不足是什么？气候气象因素怎样？

● 经济条件：资金预算是否充足？能否按期到位？

● 管理条件：工期、日程是否合理？运行管理模式是否可行？

## 三、总体规划的推进过程

总体规划的推进过程就是提出问题和寻求答案的过程，通过向自己提问的方式逐步将上述四个主要影响因素的要求落实的过程。这一过程不仅是实现总体规划的简要过程，也是设计方编制总体规划文本、组织交流汇报文件思路的过程（图3-3）。

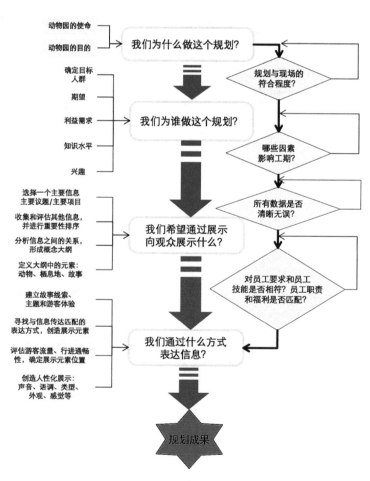

图3-3　规划过程中提出的问题和探求问题答案的线索和依据

以河湖水质保护主题展区为例，将上面框图中落实到具体展区规划中，更有助于对总体规划推进过程的理解（图 3-4）：

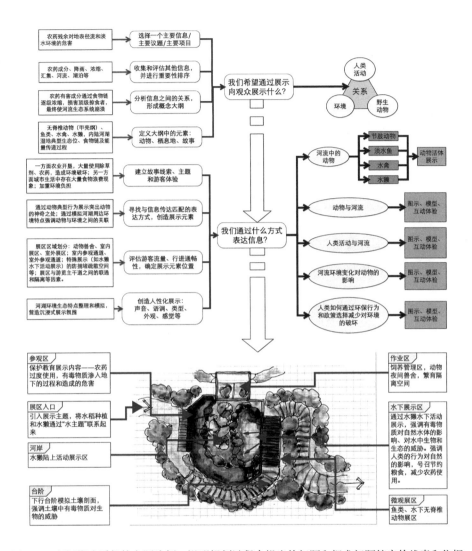

图 3-4　以河湖水质保护主题为例，说明规划过程中提出的问题和探求问题答案的线索和依据

# 第二节　总体规划设计步骤示例

## 一、步行参观模式的动物园规划步骤图解

在动物园园区内徒步游览应是主要的参观方式。乘车游览动物园既不符合游客放缓都市节奏心理要求，也使游人在园内滞留时间不足，影响动物园功能和效益的实现。以

车代步只能是一种辅助游览方式，不应作为动物园游览参观的主要方式。因此在动物园的规划设计中，应将主要的各类动物展区相对集中，形成一个整体的步行游览休闲区。

第一步：确定动物园位置、范围，动物园围墙建设方式（图3-5）。

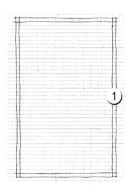

1——动物园范围确定，及围墙建设。围墙内侧需要建设环形作业通道，作为重要的隔离带和联络通道。

动物园围墙建设的主要功能要求：
● 安全保卫功能，以防止人为的破坏和干扰。
● 防止动物逃脱的最后一道防护带。
● 是各类传染性疾病防疫最后的，也是最有效的和必须的一道防护地带。
● 是园区内自然生态景观与城市建筑景观之间有效的视觉隔离地带。

图3-5 范围确定

第二步：根据周边关系和运行需要，确定出入口的位置。出入口可能包括游客门区、工作出入口、紧急疏散口，等等（图3-6）。

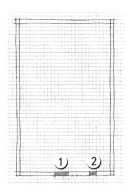

1——动物园正门：动物园正门位置的确定主要参考动物园位置与城市主要居民居住区的方位和主要市政交通方位。为了便于更多游客前来动物园，动物园正门应与市政公共交通站点接近；为了有能力接待日益增加的自驾车游客，还应选择较大开阔地建设停车场。如果动物园较大，或受地形所限布局不够集中、规整，可以设置副门。

2——动物园工作门：动物园工作门的位置可以与主门接近，也可以根据周边市政道路情况选择与主门相对较远的地方。工作门的作用在于员工出入和物资运输，临近建设办公区和物资、处理储运库房。动物园工作门可以根据运营需要设置多个。

图3-6 出入口位置确定

第三步：基于游客需求、动物福利和展示信息传达线索的考虑，确定展区的取舍、位置和规模（图3-7）。

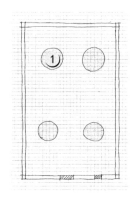

1——动物展区：
如前文所说，在动物园规划的四项基本元素中，游客的地位是最高的。所以在规划园区内容时，首先要考虑游客的需要，即为游客建设哪些展区。在确定展区的位置、规模和展示内容方面，需要缜密的考虑：本地自然条件和气候特征、本园人员工作能力、动物园经营目标和行业要求。在选择展示动物时，展什么、展示方式、展示主题等基础抉择，也是能否建设成功展区的关键。

图3-7 展区数量、规模和位置确定

**第四步：基于展示线索和游客参观效率，规划主要游线（图3-8）。**

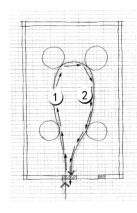

1——游客主要游览路线：
好的动物园规划，往往只有一条游览主干道。主干道从动物园正门入口开始，联结各主要展区和服务区，并顺畅地将游客导向公园出口。单一的游览主干道，也便于整个园区展示线索的安排、布局。

2——单向行进参观：
保证单向参观是对游客负责的设计形式，也是保证按照设计顺序逐步展开展示线索的基础条件。单向游览线更便于游客组织，特别是在节假日等可能发生拥堵的情况下，可以保证游客参观的效率和安全。

图3-8　规划游线

**第五步：基于游客安全和服务的考虑，规划休息服务区和疏散区（图3-9）。**

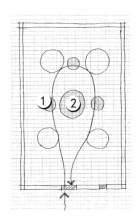

1——位于展区之间的休息、服务区；
在展区间建设休息、服务区会增加游客游园的舒适性，且这些区域本身也可以和邻近的展区结合进行特色设计，作为游客体验的一部分，目前国际上广泛应用并获得成功的休闲服务区都会与邻近展区保持一致，如在非洲动物展区附近的休闲区建设类似非洲村落建筑风格的休闲区域。

2——游客疏散区：
小型动物园，需要设置位于园区中央部位的游客疏散区作为各展区和服务区的联络中心和集散枢纽。

图3-9　休息区、服务区、疏散区规划

**第六步：连接游线，为游客提供选择机会（图3-10）。**

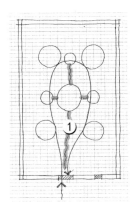

1——各服务区之间的联结道路：
连接道路的建设不仅利于游客疏散，也为不同需求的游客提供了选择的余地。游客可以根据自己的时间和偏好通过这些道路选择参观目标。

图3-10　为游客提供选择机会

第七步：为游客创造更有价值的参观体验。在主要游线上设计深度体验路径，提供参与保护教育活动的机会（图3-11）。

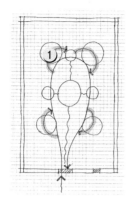

1——展区内部参观环路的设计：
在游客游览主干线上，设计通达展区内部的参观道是一种动物园道路设计模式，即"LOOP"。这种环路的设计可以保证参观人群和主干道上行进人群的分流，对保证参观效果和园区游客组织意义重大。
"LOOP"的设计，应该以提供丰富、新奇的参观体验为目的。动物园保护教育信息的传达也在这些"LOOP"中实现。

图3-11 参观环路（LOOP）规划

第八步：运营保障区域功能的确定和取舍，规划位置和规模（图3-12）。

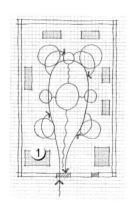

1——保障功能区域规划：
为保障动物园的运行，一些特殊保障功能区域和实施是必不可少的：饲料加工储存区域、动物繁育区、兽医院、垃圾处理、设备设施控制、物资库房、办公区等等都应在保证游客参观质量的前提下，排布于游客参观区和展区的外围，并与动物园围墙内工作通道相接。

图3-12 保障区、功能区规划

第九步：基于安全、高效运行原则的工作通道的规划。工作通道和游线之间应避免交叉。即使因条件所限不得不交叉，也要避免两套道路系统的重叠（图3-13）。

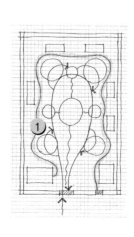

1——动物园运营管理主干道：
这条干道有时会和动物园围墙内作业通道合二为一。主要服务于运营，特殊情况下可以作为紧急疏散通道。管理主干道应在各展区外围、服务区外围和功能保障区之间通过。

图3-13 工作管理通道规划

图解动物园设计（第二版）

第十步：基于运行、管理保障需要的区域联通（图3-14）。

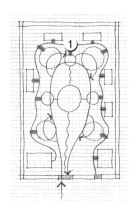

1——各展区、服务区和功能保障区与运营管理主干道之间的联结通道：
这些通道的设计建设是保证动物园运行的关键。与运行管理主干道一样，这些道路和游客参观通道之间要避免道路重叠。对于一些特殊布局的场馆，允许少量道路交叉。

图 3-14　道路连接

以上十个步骤，简要地图解了动物园规划的各个阶段。这种模式适用于所有动物园的规划设计，特别是采取游客步行参观模式的动物园。

## 二、车行参观模式规划设计

近些年很多动物园开始尝试采用车行参观的观赏模式，车行参观主要应用于那些大型的、受地形限制只能分散进行展区布局的动物园。车行参观模式运行管理复杂、成本高、游客停留时间有限；但另一方面，对于那些非自驾游客，即乘坐动物园观览车的游客，由于自身处于完全被控状态，使动物园有可能更有效地运行行为管理组件，预先组织展示内容，并根据观览车到达和停驻的时间调整饲养操作程序，使游客获得更好的参观体验。

1. 车行参观模式一：非接触型车行参观（图3-15）。

这种模式与步行参观类似，但游客全部被限制在车上按照固定路线和顺序参观，便于动物园组织展示线索。同时由于游客视线受到车行道路和固定参观点的限制，有利于布置展区内景观和保障设施，容易通过营造视错觉形成生态场景。对于危险动物，必须采用此种模式。

2. 车行参观模式二：接触型车行参观（图3-16）。

这种模式是车辆进入动物活动区域内，模拟野外探险，但只适用于部分食草动物和鸟类。

3. 车行参观模式三：以上两种模式的组合（图3-17）。

这种模式实际上是上述两种模式的组合，最常见的应用手法是"危险动物"采用模式一、"安全动物"采用模式二，然后在一个大区域内将两种模式穿插组合。这种参观模式适用于大多数车行参观区，特别是有自驾车运营方式的展区。

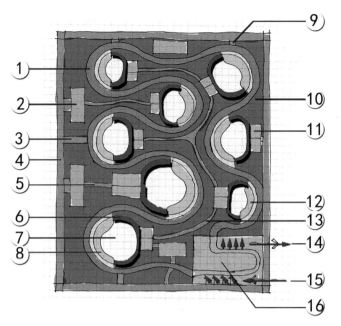

图 3-15 非接触型车行参观模式

1—车行参观道；        8、12—展区前景隔障；
2—保障功能区；        10—园区景观；
3、9—管理通道；        11—兽舍；
4—围墙内管理通道；        13—管理通道；
5—功能区至展区后台的管理通道；    14—落车区；
6—展区背景隔障；        15—乘车区；
7—展区；        16—门区。

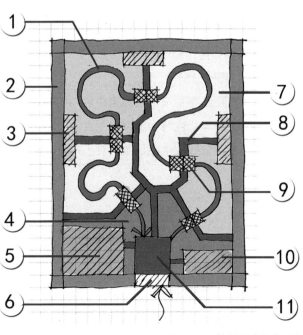

1—车行参观道；
2—围墙内管理通道；
3—兽舍；
4—缓冲隔离区；
5—保障功能区；
6—出入口；
7—开放式可接触展区；
8—展区间隔离带、救援维护通道；
9—车闸；
10—管理区；
11—门区。

图 3-16 接触型车行参观模式

图解动物园设计（第二版）

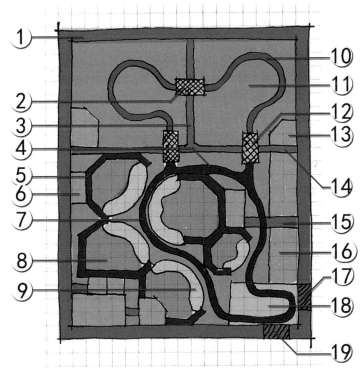

图 3-17  组合型车行参观模式

1—围墙内通道；
2—接触型展区间车闸；
3—展区间隔离带、救援、维护通道；
4—车行道捷径；
5—展区背景隔障；
6—兽舍；
7—非接触型参观车行道；
8—非接触型展区；
9—展区前景隔障；
10—接触参观车行道；

11—接触型展区；
12—非接触型展区、接触型展区间车闸；
13—兽舍；
14—非接触型展区、接触型展区间隔离带；
15—管理通道；
16—保障功能区；
17—落车区、出口；
18—门区；
19—乘车区、入口。

# 三、步行参观模式与车行参观模式的组合

车行参观和步行参观区域之间的结合有以下几种类型，在总体规划阶段必须确定采用哪种形式。

1. 形式一：车行区与步行区完全分隔模式（图 3-18）。

2. 形式二：车行参观区、步行参观区分界线展区借景模式（图 3-19）。

3. 形式三：步行参观区、车行参观区交叉混行（图 3-20）。

以上三种参观组合形式各有利弊。各动物园应根据自身条件，综合考虑、谨慎抉择。

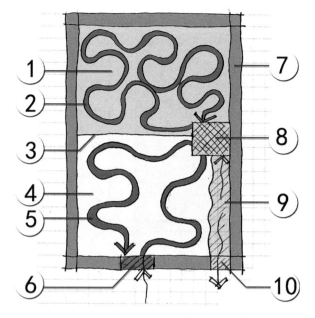

1—车行参观区；
2—车行参观道；
3—车行参观区与步行参观区之间的隔
　　离带；
4—步行参观区；
5—步行参观通道；
6—步行参观区出入口（园区出入口）；
7—围墙内管理通道；
8—乘车、落车区；
9—自驾车游客通道；
10—自驾车游客出入口

图3-18 两个区域完全分隔参观模式

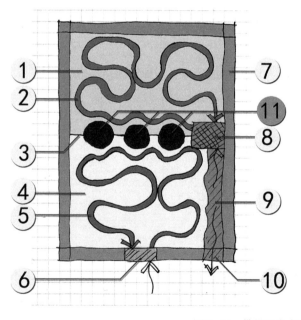

1—车行参观区；
2—车行参观道；
3—车行参观区与步行参观区之间的隔
　　离带；
4—步行参观区；
5—步行参观通道；
6—步行参观区出入口（园区出入口）；
7—围墙内管理通道；
8—乘车、落车区；
9—自驾车游客通道；
10—自驾车游客出入口；
11—位于步行参观区和车行参观区分界线上的部
　　分展区，可以从两种参观区同时观赏，适用
　　于难以避免高大建筑的展区。

图3-19 借景组合参观模式

# 第三节 "师法自然"——制定总体规划的法宝

动物园是最能体现"衷于自然"原则的环境设计领域，它的设计灵感也必然与自然

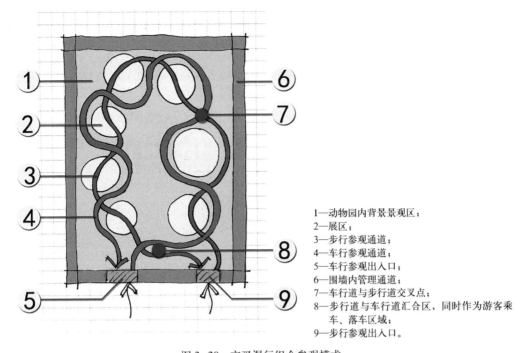

1—动物园内背景景观区；
2—展区；
3—步行参观通道；
4—车行参观通道；
5—车行参观出入口；
6—围墙内管理通道；
7—车行道与步行道交叉点；
8—步行道与车行道汇合区，同时作为游客乘
　　车、落车区域；
9—步行参观出入口。

图 3-20　交叉混行组合参观模式

界的有机体相契合。通过拓扑和分形原理的应用，我们总会在一个总体布局合理、展区
功能完善的动物园规划图中，发现生命的神奇之处。

## 一、总体规划模式图与消化道剖面模式图的比较

合理的游线规划能使动物园在正常游客量时保证参观质量；在游客量激增时能够保
证道路畅通和游客安全；在任何情况下都能保证后台操作不受干扰和管理通道的稳定运
行。这就像一个健康的消化道一样：通过消化道剖面模式图和动物园总规模式图的比较，
我们不难发现两者之间的近似之处（图 3-21，图 3-22）。

## 二、动物园规划对场地范围的适应和阿米巴虫外形

有些动物园受选址所限，不得不建在地形复杂的地区，甚至是山区。在规划设计中
需要顺应地形，并加以巧妙利用。图 3-23 中依山势而建的动物园外形酷似善于应付不利
环境并总能合理趋利避害的阿米巴虫。

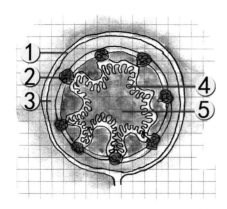

1—消化道外层：使消化道与身体其他器官分隔开；
2—腺体：具有分泌消酶的功能；
3—肌肉、血管层：保证消化道蠕动和营养物质传递；
4—黏膜层：直接与消化道内容物接触，获取营养；
5—消化道内容物：从黏膜层获得消化液、消化酶，逐渐消化并向黏膜层提供养分。

图 3-21　消化道剖面模式图

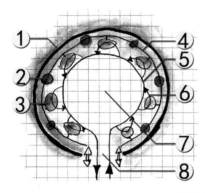

1—动物园围墙：使动物园与周边环境分隔开；
2—保障功能区：为展区、服务区提供物资；
3—展区：直接面向游客提供环境信息；
4—管理通道：保障运行；
5—游客参观主干道：保证大群体游客行进；
6—展区参观环线：为游客创造深度体验；
7—园区内部：来自各方的游客；
8—园区出入口：所有人员、物资的出入通道。

图 3-22　动物园总体规划模式图

## 三、展区设计与胎盘原理

　　哺乳动物在母体内发育时，通过胎盘从母体获得营养物质，这个交换营养物质的特殊器官就是胎盘。胎盘的结构特点是本身血管系统与母体血管系统没有互通，而是通过分别来自胎儿和母体的两套毛细血管紧密接触并通过毛细血管之间的体液交换营养物质（图 3-24），这种构造原理，与动物园展区设计原理相同：游客参观通道和活动区域与展区后台操作管理区域完全分隔，两者间通过展区实现信息的传递和交流。这个原理的设计应用在于避免游客与动物之间的直接接触和游客参观通道与作业管理通道之间的交叉、混行（图 3-25）。

　　本章中所有内容和图示，仅仅涉及总体规划平面图的绘制过程，远远不能满足一个完善的动物园总体规划的要求。关于动物园总体规划的详细说明，请参考《动物园设计》（中国建筑工业出版社，2011）。

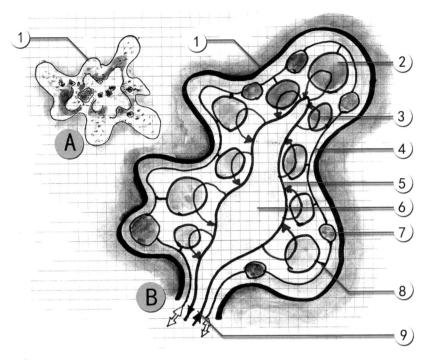

图 3-23　适应场地与阿米巴虫（A：阿米巴虫　B：动物园规划平面对场地的适应）

A：
1—阿米巴虫多变的外形；
B：
1—动物园外轮廓（围墙）；
2—展区；
3—展区内参观通道；

4—管理通道；
5—游览主干道；
6—园区、疏散区；
7—保障功能区；
8—管理连接通道；
9—动物园出入口。

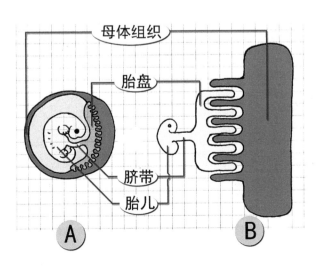

图 3-24　胎盘模式说明（A：子宫模式图　B：胎盘模式图）

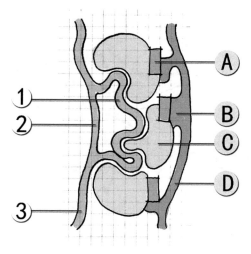

1—展区内参观通道；
2—参观路线捷径；
3—游览主干线。

A—兽舍；
B—后台操作区；
C—展区；
D—管理通道。

图 3-25　展区设计模式

# 第四章 展区方案设计

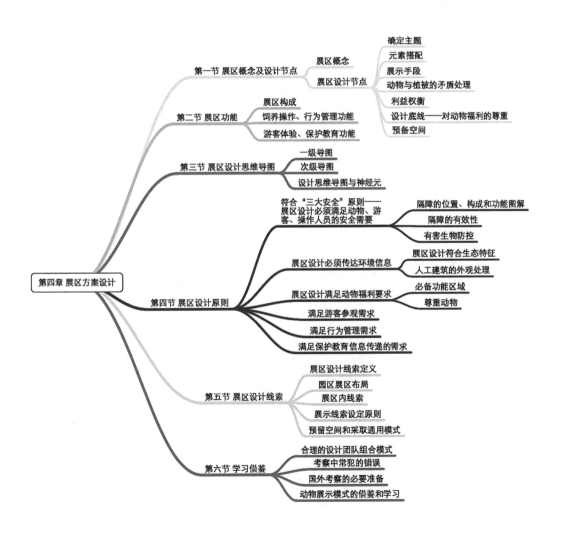

第四章 展区方案设计

第一节 展区概念及设计节点
- 展区概念
- 展区设计节点
  - 确定主题
  - 元素搭配
  - 展示手段
  - 动物与植被的矛盾处理
  - 利益权衡
  - 设计底线——对动物福利的尊重
  - 预备空间

第二节 展区功能
- 展区构成
- 饲养操作、行为管理功能
- 游客体验、保护教育功能

第三节 展区设计思维导图
- 一级导图
- 次级导图
- 设计思维导图与神经元

第四节 展区设计原则
- 符合"三大安全"原则——展区设计必须满足动物、游客、操作人员的安全需要
  - 隔障的位置、构成和功能图解
  - 隔障的有效性
  - 有害生物防控
- 展区设计必须传达环境信息
  - 展区设计符合生态特征
  - 人工建筑的外观处理
- 展区设计满足动物福利要求
  - 必备功能区域
  - 尊重动物
- 满足游客参观需求
- 满足行为管理需求
- 满足保护教育信息传递的需求

第五节 展区设计线索
- 展区设计线索定义
- 园区展区布局
- 展区内线索
- 展示线索设定原则
- 预留空间和采取通用模式

第六节 学习借鉴
- 合理的设计团队组合模式
- 考察中常犯的错误
- 国外考察的必要准备
- 动物展示模式的借鉴和学习

在展区方案设计阶段，应该能看到一个动物园的大致模样了。方案设计首先要保证三大安全：游客安全、动物安全和操作人员安全。安全运营、展示效果和动物福利的关系处理是方案设计的重点。动物福利不仅仅体现在动物生活展示空间的面积、高度上，更主要的体现在行为管理手段和支持保障设施方面，也就是说，方案设计必须与行为管理相结合。必须在满足动物福利的五项基本要求的前提下考虑展出效果。这是一个"利益平衡"的过程，是在动物、游客、管理人员、运行成本、本土资源之间寻找最佳结合点的过程，也是体现动物园行业操守的过程。

# 第一节　展区概念及设计节点

## 一、展区概念

动物园展区指由单个或多个动物展示单元按照一定的线索构成的展示组合。一个展区中可能仅仅是单一物种的展示，也可能是多个物种的组合展示；可以是多个物种处于同一个展示单元，也可能是多个展示单元的组合。无论是怎样的构成模式，展示主题必须明确（图4-1）。

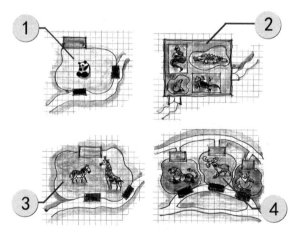

1—单一物种构成展区，例如大熊猫展区；
2—多物种构成的展示组合，例如两栖爬行动物馆；
3—多物种同处于一个展示单元，例如"非洲草原"主题展区；
4—多个展示单元组合成一个综合展区，例如以中国东北森林为生态原型的"白山黑水"主题展区。

图4-1　展区组成形式图解

常见于现代动物园的展区主题很多，从展区的命名方式上可以有一个初步的了解：非洲动物展区、夜行动物展区、两栖爬行动物展区、湿地展区、喜马拉雅展区，等等。这些展示主题的确定无疑都在传达着生物多样性的信息——物种多样性、生态系统多样性。从这样的高度来设计展区，代表着动物园对其身份的正确认识和准确定位。

# 二、展区设计节点

## 1. 确定主题

展区设计的出发点是展示主题的确定，应根据与本地自然条件相适宜的展示主题来着手设计。无论采取何种主题，对所涉及的动物的自然史知识和所处生态环境的认识与把握是一切设计的出发点。只有从这一出发点开展设计，才能实现现代动物园所要求达到的展示效果——通过展示来传达对自然的赞叹、敬畏和关注。在特定主题下，如何选择展示物种，除了前面提到的原则以外，还应该注重该物种在展示线索中的位置（体现于该物种在维持生态系统正常运作过程中发挥的作用）和展示情境中扮演的角色。好的展示设计本身，就是在述说大自然的故事，在这个故事中，有些角色的作用不可替代（图4-2）。

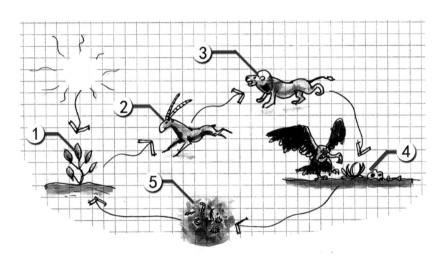

图4-2 物质和能量传递展示主题应用

1—绿色植物吸收阳光及土壤中的养分，形成营养物质和能量沉积——展区内植被展示；
2—食草动物采食植物转化成蛋白质、脂肪——展区内食草动物展示；
3—食肉动物捕食食草动物，继续物质和能量的传递——展区内食肉动物展示；
4—动物死亡，物质和能量回归土壤——展区内各种动物骨骼展示、昆虫主题展示；
5—物质进一步被环境、微生物共同作用而分解——微生物展示。

## 2. 元素搭配

没有哪个典型生态系统是由单一物种组成的，所以这里提到的物种选择不仅指动物，也包括植物。选择动物生境中具有代表性的植物物种、决定采用哪种种植方式和保护措施与决定哪几种动物可以混养在一起同样重要。在展区设计时，只有将植被的选择和养护与展出动物物种的选择和饲养方式同时考虑，才可能实现高水平的展示设计，不仅如此，这样的前期考虑与合理规划也是唯一能够长期保证展示效果的手段（图4-3）。

图 4-3　预先考虑动物的破坏力，犀牛展区内应用大型石块对植被进
行保护，通过环境物理丰容提升展示效果

## 3.展示手段

"混养"还是"视觉混养"？混养指不同物种的动物生活在一个展区内，常见于非洲食草动物的混群展示。混养动物不仅需要更大的空间、更多的选择、更复杂的环境，还需要更高水平的饲养操作程序，行为管理在不同物种混养展示中占有重要地位。视觉混养指从游客的视线看来，不同种的动物同处一个环境，但实际上不同种动物之间是通过隐形隔障，如壕沟、水体相互隔开的。这种展示方式最早见于 20 世纪初由哈根贝克创建的全景式展出，经过一百多年的衍变，已经发展出很多的成功模式，可以作为参照（图4-4）。

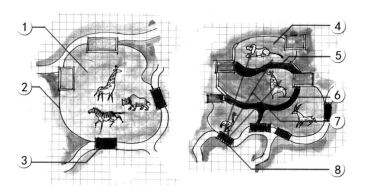

图 4-4　混养动物图示说明，左侧图示为混养，右侧图示为视觉混养

1—不同物种动物处于同一区域；
2—展区外围隔障；
3—游客参观位点；
4、6—不同物种在各自的区域内活动；
5—不同物种展区之间的壕沟隔障，隔离动物但不造成平视参观视觉障碍；
7—游客参观视线，在游客视线内，形成不同物种动物同处一个区域内的错觉；
8—游客参观位点。

图解动物园设计（第二版）

为了实现视觉混养的展示效果，动物园应通过科学的设计和有效的引导使游客在指定的位置获得最佳的参观体验。说到底，视觉混养的原理是营造游客的视错觉，为了保证展示场景的"真实感"，应限制游客的参观位点和视线方向。

### 4.动物与植被的矛盾处理

植被种植于展区内还是展区外？毫无疑问，植被位于展区内不仅会营造更加自然的展示气氛，更能给动物带来福利，遗憾的是动物对植物的喜爱往往表现为各种方式的破坏，所以展区内植被的保护设计非常重要，展区内的植被保护可以通过电网围护和搭建本杰士堆等途径实现。将植物置于展区之外，并作为展示背景，也是一条创造自然展示风格的可行途径（图4-5）。

图4-5　食草动物展区展示背景处理模式——植被位于展区外，作为展示背景；围篱处理成黑色或暗绿色的围篱，利用视觉反差使游客忽略视线中的围网，主要看到的是透过围网显露的绿色植被

### 5.利益权衡

好的展示设计，不仅要让游客感觉到"自然、有趣"，更应该考虑动物福利，虽然这两方面有时候会有矛盾。能否达到各方利益的平衡，不仅取决于设计水平，也取决于动物园的态度和对自身职能的认识程度。壕沟可以实现视觉无障碍的自然展示效果，但在那些面积有限的动物园，这样的展示设计无疑会因为缩小了活动场的面积而损害动物福利（图4-6）。在利益平衡面前，最好的解决方法是"通过提高动物福利，保证动物处于最佳健康状态和保持自然行为，从而提高游客的参观效果"。也就是说，首先考虑的还应是动物福利。游客到动物园参观，最希望看到的是活泼可爱的动物，动物才是真正的明星，这一点要始终牢记。"满足了动物的需求，也就满足了游客的需求"。对于这一点，除了采用科学的设计方案外，在动物园的日常运行中更需要向公众宣扬本机构在提高圈养福利方面作出的努力，例如丰容的开展和其他行为管理组件的应用，以获得公众的认可（图4-7）。

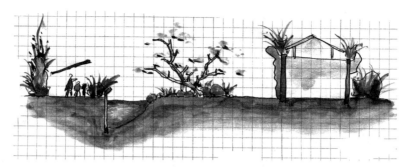

图4-6 壕沟隔障形成自然的展示效果，但占用面积大、动物可利用空间有限

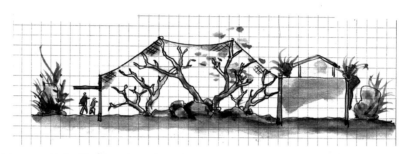

图4-7 采用网笼隔障，展示效果较稍逊，但能保证动物活动场地面积和空间利用率

### 6.设计底线——对动物福利的尊重

现代动物园所遵从的动物福利标准趋于一致，主要体现在以下五个方面，这五个福利标准也称为"五大自由"，是每一个动物园设计师必须了解的。

● 动物免于饥饿和干渴的自由——通过随时提供新鲜干净的饮水，以及使动物保持健康和活力所需的饲料达到此项标准，但同时必须阻止游客的投喂。

● 动物免于不适的自由——通过提供适当的饲养展出环境、舒适的隐蔽所和休息场地达到此项标准。

● 动物免于痛苦、伤害和疾病的自由——通过预防和及时有效的治疗来达到此项标准。

● 动物表达自然行为的自由——通过提供足够的空间、适当的设施和动物应有的社交机会以符合此项标准。

● 动物免于恐惧和窘迫的自由——通过合理的展示设计和适当的操作方式，减少动物的心理压力以符合此项标准。

关于这五项福利标准，每一项都有详细的说明条目（详见《动物园设计》附录1）。这些条目中提出的要求，必须体现在方案设计阶段。在世界动物园和水族馆协会颁布的《世界动物园和水族馆协会动物福利策略》中，强调了"五域"模型在评估动物福利方面所发挥的作用，这五域包括由营养、环境、身体健康和行为领域组成的生理或机能领域和动物的心理领域。关于动物福利的更多信息，请参考《动物园野生动物行为管理》（中国建筑工业出版社，2018）。

### 7. 预留空间

上面提到的福利标准，重点应用于动物个体福利评估，而动物园的使命不仅在于保证现有动物个体的福利，更应该致力于物种的延续，实现物种保护的核心目标。展区设计中，特别是群养动物展区设计，最常见的失误就是忽视了遗传管理所需要的设施和空间的保障，导致无法控制交配个体。这种设计缺陷对动物园长久保持健康的种群来说，无疑是致命的。通过隔离空间、分配通道的设施设计、种群构成调整、繁殖控制技术的应用，可以解决这一问题。繁育空间的预留必须在展区设计时预先考虑。展区设计的基础是总体规划，总体规划中重要的组成部分之一就是动物园的种群发展计划，可见，展区设计是动物园总体发展规划能否实现的重要保证（图4-8）。

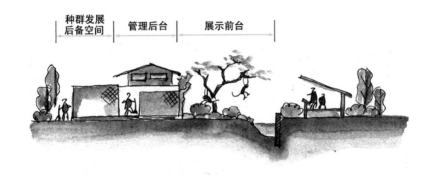

图 4-8　展示前台、后台和种群发展后备空间

展区设计，从宏观到细节、从现状分析到发展前瞻，动物园和设计方都应明白：设计体现动物园哲学。游客可以在参观过程中体会到设计对动物的尊重，这种出于尊重的设计，胜过千言万语。

## 第二节　展区功能

### 一、展区构成

上一节中大量的文字论述，目的就是要实现展区应有的功能。动物园展示设计的特殊性大多体现在如何实现展区的功能方面。民用建筑设计的服务对象是人，而动物园展区的服务对象包括动物、饲养员、游客，甚至还包括展区内的植物。由于各种展示动物的生物学特性和需要不同、人们对动物的参观兴趣点不同、行为管理操作要求不同，展区设计也是千差万别。但无论最终呈现出来的展示形式如何，要保证展示效果，必须以完备的展区功能为前提。这些特殊功能与空间的结合决定了合格的展区设计应包括以下空间：管理通道、饲养管理后勤保障区、饲养管理操作区、动物转运空间、室内展区、隔离空间、室外展区、游客参观通道、室内参观区、室外参观。各空间的对应关系及实现功能如表4-1：

展区功能及服务对象、功能需求表

表4-1

| 空间服务对象 | 饲养操作人员 | | 功能 | 动物 | 功能 | 游客 |
|---|---|---|---|---|---|---|
| 空间名称及对应关系和实现功能 | 管理通道 | | 行为管理 | 转运空间 | — | 参观通道 |
| | 饲养管理后勤保障区 | 饲养管理操作区 | 行为管理 | 室内展区 | 参观体验保护教育 | 室内参观区 |
| | | | 行为管理 | 隔离空间 | — | 参观通道 |
| | | | 行为管理 | 室外展区 | 参观体验保护教育 | 室外参观区 |
| | 管理通道 | | 行为管理 | 转运空间 | | 参观通道 |

　　这个表格不仅列出了空间名称，也表示了空间之间的位置关系，甚至可以从工艺分析的角度对所有的展区运行进行说明和模拟。把这幅图中的条块变成各种形式的建筑和空间，如图4-9至图4-11所示，就是方案设计工作的实质。

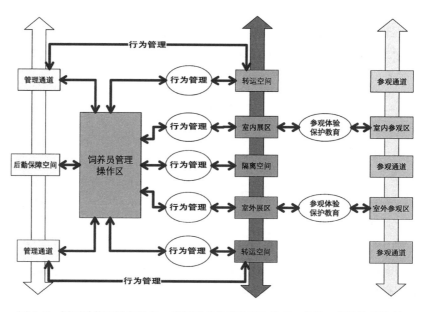

图4-9　展区功能及服务对象、功能需求位置关系和信息、物资、操作沟通路径

1、5—转运空间：便于动物
　　　进出展区；
2、10—分配通道：实现动物
　　　在展区内各功能空间
　　　之间的位移，同时可
　　　以作为行为管理操作
　　　区域；
　　3—管理后勤通道；
　　4—兽舍：为动物提供免
　　　打扰的安全空间；
　　6—参观通道；
　　7—室内参观区：实现保
　　　护教育信息传达；
　　8—室内展区；
　　9—隔离区：用于特殊情
　　　况动物需要；
　　11—室外展区；
　　12—室外参观区：实现保
　　　护教育信息传达；
　　13—游客参观面。

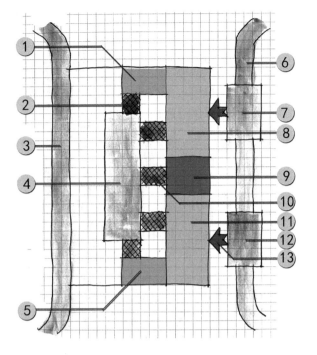

图 4-10　展区布局和对应功能区图解

1、5、10—转运空间：便于动物
　　　　进出展区；
　　2—分配通道：实现动物
　　　在展区内区域之间的
　　　位移，同时可以作为
　　　行为管理操作区；
　　3—管理后勤通道；
　　4—兽舍：为动物提供免
　　　打扰的安全空间；
　　6—参观通道；
　　7—室内参观区：实现保
　　　护教育信息传达；
　　8—室内展区；
　　9—隔离区：用于特殊情
　　　况动物需要；
　　11—室外展区；
12、13—室外参观区：实现保
　　　护教育信息传达。

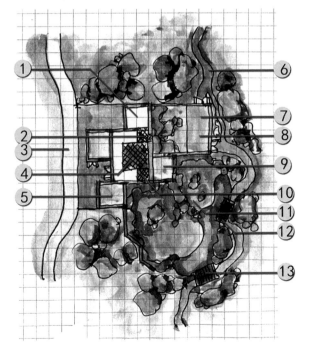

图 4-11　展区方案及功能设计图解

## 二、饲养操作、行为管理功能

　　这一功能关乎动物最直接的福利需求。合理、完善的空间分配和设施保障会给饲养员日常的操作、管理带来便利，使饲养员可以将更多的精力投入行为管理，进而提高动物福利。这些功能的实现，体现着对饲养员的尊重。作为动物园展区设计师，必须认识到饲养员操作安全、高效的重要性，这一点是长期保持高水平展示效果的关键。饲养员的工作成就，也是动物园实现一切功能的基础。在动物饲养管理工作中，应特别强调应用正强化行为训练的重要性，这是现代动物园进行行为管理的重要组件之一，这项工作能否开展，与展区设计有直接的联系。设计师必须与动物主管人员认真交流，了解每种动物训练操作面的设计要求，从而保证动物有机会学习掌握新展区的"使用方法"。

## 三、游客体验、保护教育功能

"综合保护大戏"的目的是影响游客，这种影响应最终体现在游客的实际行动上。游客的思想和情感可以通过"体验"与"教育"功能的实现受到影响，这两项功能的设计和实施充满创造力和挑战性，是整个展示设计工作中最令人着迷的设计阶段。但是在兴奋的同时，设计师必须认识到：所有展示设计，都不能天马行空、肆意发挥。展示设计必须尊重科学，设计科学性往往体现在"展示设计模式"中，这些模式看似简单，却变化无穷，体现着世界动物园发展史上三百多年来的探索、实践、总结和归纳，设计师必须认真分析、领悟。更详尽的保护教育设计内容，请参阅第九章"保护教育设计"。

## 第三节　展区设计思维导图

展区设计是个复杂的任务，如果没有遵照一定的顺序和层级来思考，必然会顾此失彼。这时候需要引入"展区设计思维导图"。思维导图可以按照项目的层级和所属关系对展区设计中面对的各个问题和希望达到的各项要求进行梳理，可以使设计师的思路和轨迹清晰明了，更便于设计方和动物园方之间的交流。设计思维导图，是一种甲乙双方都能理解的语言。

设计本身就是视觉思维和展示过程：表格的效果优于文字、图表的效果优于表格，思维导图可视化更强，应用效果更好。

## 一、一级导图

一级导图是最基础的设计分项，保证展区正常运行的基础就是这些设计分项各自存在，各司其职（图4-12，图4-13）。

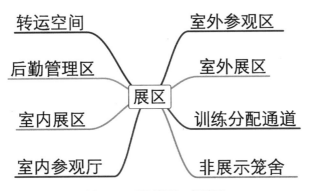

图 4-12　展区设计一级导图

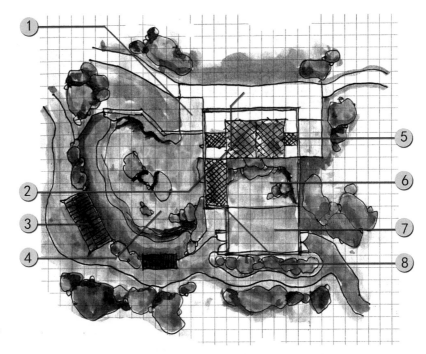

1—转运空间；
2—后勤管理区；
3—室外参观区；
4—室外展区；
5—分配通道；
6—室内展区；
7—游客室内观区；
8—非展示笼舍。

图 4-13　展区设计一级导图与设计方案的对应关系图解

## 二、次级导图

　　次级导图是对一级导图各分项进行深化的功能和空间细分，根据不同分项的空间结构复杂程度和功能组合，次级导图可能会包括更多的层级。一级导图与各个次级导图之间，从结构上符合"分形"数学规律。

## 1. 转运空间设计要素（图 4-14）

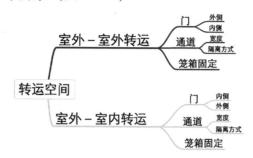

图 4-14　转运空间设计思维导图

## 2. 饲养员所处的管理操作空间划分及设计要素（图 4-15）

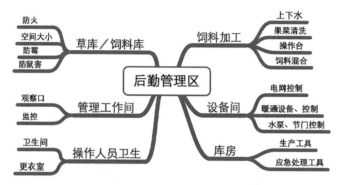

图 4-15　后勤管理区设计思维导图

## 3. 游客所处室外参观空间设计要求（图 4-16）

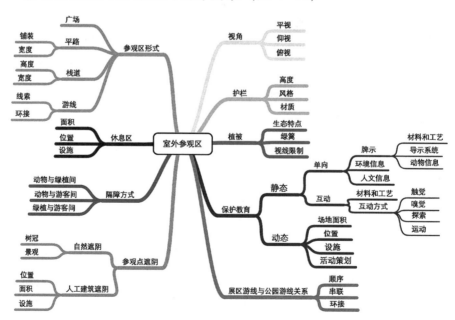

图 4-16　室外参观区设计思维导图

## 4. 动物所处室外展示区空间划分和设计要求（图4-17）

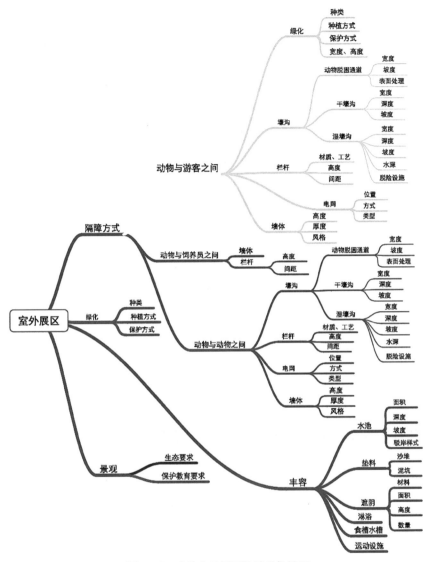

图 4-17 动物室外展区设计思维导图

## 5. 连通空间设计要素（图4-18）

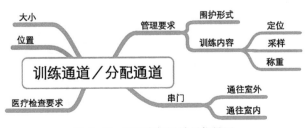

图 4-18 连通空间设计思维导图

## 6. 动物所处的室内展示空间设计要素（图 4-19）

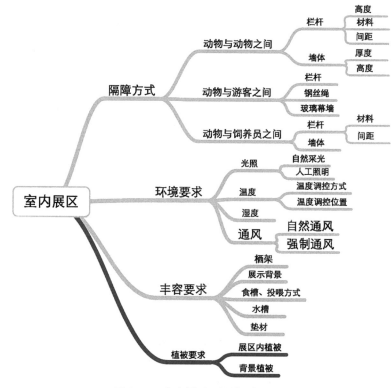

图 4-19　室内展示区设计思维导图

## 7. 游客所处室内参观空间划分及设计要素（图 4-20）

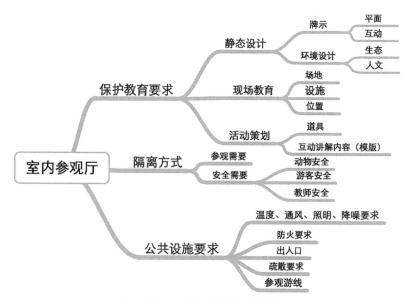

图 4-20　室内参观区设计思维导图

图解动物园设计（第二版）

## 8.动物所处的非展示区域空间划分及设计要素（图4-21）

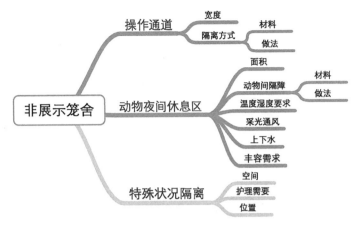

图4-21　非展示笼舍设计思维导图

# 三、设计思维导图与神经元

　　完整的思维导图需要一张大纸来画，尽管计算机技术如此发达，但很多时候画在纸上更容易刺激设计师的神经。说到神经，图4-23这张完整的思维导图与神经元模式图如出一辙，这并不是巧合（图4-22，图4-23）。

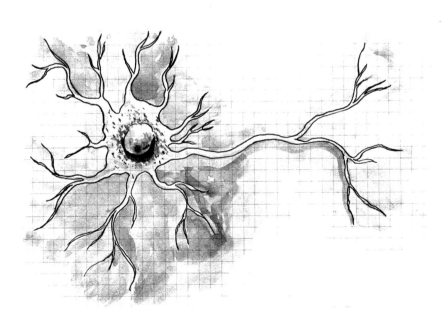

图4-22　神经元模式图

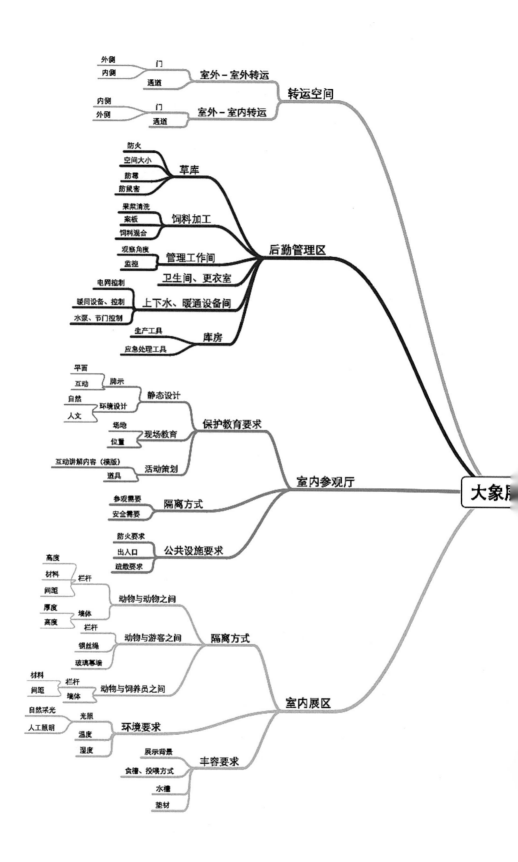

图解动物园设计（第二版）

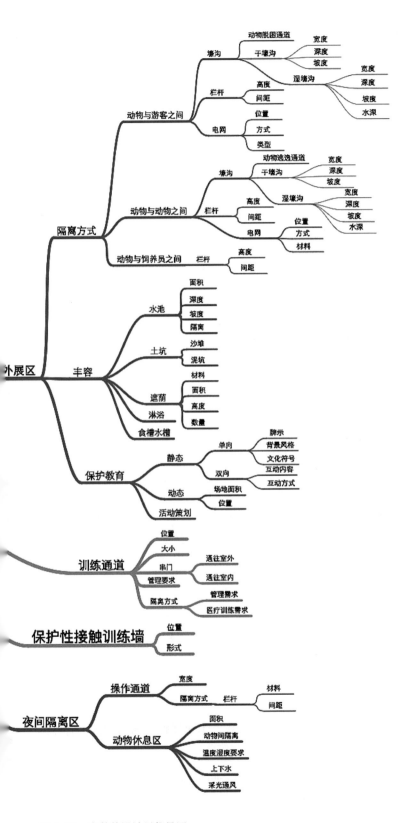

图 4-23 完整的设计思维导图

神经元的重要功能是获得信息并对信息进行传送。反映在思维导图上的意义在于将总体规划中的四个基本出发点——游客、动物、员工和运营落实到设计的每一个细节，例如每一个推拉门、展示背景、遮阳棚、排水口……

# 第四节　展区设计原则

## 一、符合"三大安全"原则——展区设计必须满足动物、游客、操作人员的安全需要

确保"三大安全"，依靠有效、稳固的隔障设计、功能完备的展区空间划分和与行为管理操作流程相符合的位置布局。同时，还应注意防止有害生物对圈养动物造成损害（图4-24）。

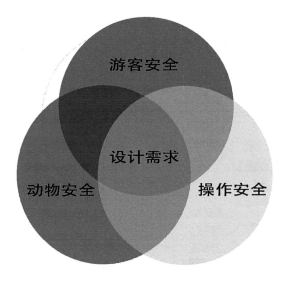

图4-24　展区设计需求——同时满足三大安全需要

### 1. 隔障的位置、构成和功能图解

#### 1）动物与游客之间隔障

保证动物和游客之间的隔离距离和安全的隔离方式，不允许野生动物和游客有肢体接触，并努力避免游客投打、惊吓、投喂动物。

　　·动物一侧隔障——保证动物无法从展区逃逸，也要防止动物破坏参观隔离绿化带。

　　·游客一侧隔障——防止游客进入绿化隔离带，绿化隔离带宽度不少于1.5m，保证参观视角、限制视线（图4-25～图4-28）。

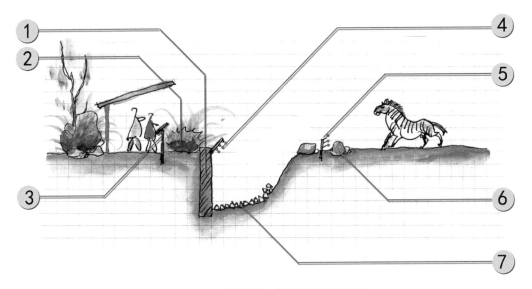

图 4-25 隔障图解 1：隔障位置和组成

1—物理隔障—挡土墙结合壕沟，防止动物逃逸；
2—绿化隔离带—防止游客接近壕沟边缘，保证参观视角；
3—绿化隔离带防护栏杆—防止游客进入绿化带；
4—电网—防止动物进入壕沟后破坏隔离带绿化；

5—区域限制电网（可选）—防止动物进入壕沟；
6—警示围挡—用自然物搭建电网位置提示，防止动物误触电网；
7—碎石铺装—壕沟底部铺设碎石，防止杂草生长、避免动物停留。

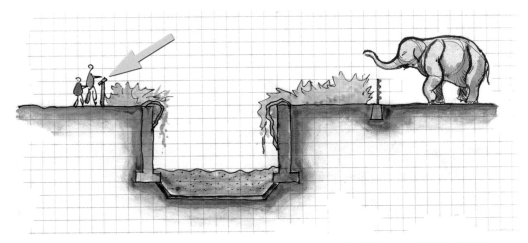

图 4-26 隔障图解 2：位于游客一侧的护栏可以防止游客接近壕沟，同时保证参观视角

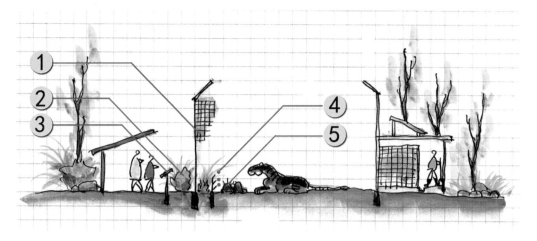

图 4-27　隔障图解 3：　网笼饲养展示的危险动物隔障设计图解

1—隔离网笼—防止动物逃逸；　　　　　　　　4—区域限制电网—防止动物接近网笼；
2—绿化隔离带—防止游客接近网笼；　　　　　5—电网提示—防止动物误触电网。
3—绿化隔离带防护栏杆—防止游客进入绿化隔离带；

图 4-28　隔障图解 4：　将游客参观道设计成带有护栏的木栈桥，可以有效限制游客活动范围，　适用于
　　　　　需要特别保护的展区或建造进入式参观展区，如展示罩棚、湿地展区或温室

## 2）动物与动物之间隔障设计图解

·保证动物间不发生肢体伤害（图 4-29 ~ 图 4-31）。

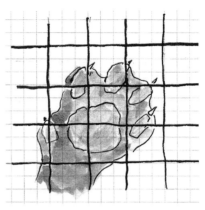

图 4-29 室外展区内动物之间采用双层隔离网中间夹种绿化
隔离带,不仅可以避免动物之间可能存在的视觉压力或其他
形式的互相伤害,还能创造更加自然的展示环境

图 4-30 出于行为管理的需求,例如在
动物引见区域,部分室内网笼局部采用
的单层隔离网,网眼规格要避免相邻区
域动物之间造成伤害

图 4-31 食草动物兽舍内常用的"矮墙式"隔离——动物趴卧后可以避免同伴间的视觉压力;同时下部
封闭的围挡,也可以避免伤及食草动物的四肢

·在动物个体引入时,应设置双层门:一层门为密实板门,另一层为网格门。如果
受空间限制只允许建造一道门,则需要设计"引见"动物时动物个体之间互相熟悉的带
网格窗的组合门,网格窗须配备钢板插板(图 4-32)。

第四章 展区方案设计

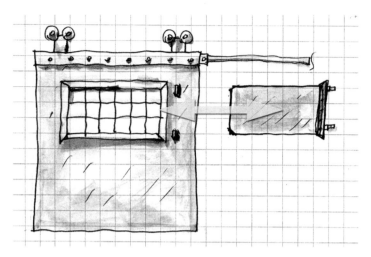

图 4-32  图示组合式"引见门"

·自然风格的室外运动场动物之间隔障——墙体设计图解（图 4-33 ~ 图 4-36）。

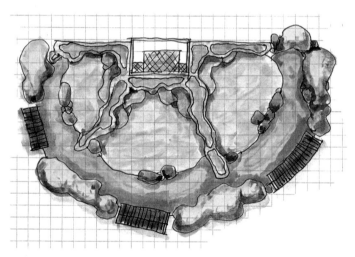

图 4-33  室外展示区中的墙体隔障平面图——富于变化的外轮廓结合
种植槽和反扣，可以创造自然的展示效果

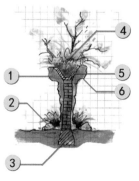

1—砖混结构墙体表面进行自然风
格处理；
2—隔障墙底部种植槽—提供攀缘
植物生长点，如有必要，可以
采用电网保护；
3—墙体基础；
4—顶部种植槽内植物多样化—小
型乔木、灌木、草本植物、垂
吊植物有机组合；
5—混凝土种植槽—给水排水需要
专业设计；
6—种植槽和装饰层结合形成反
扣—阻止动物翻越。

图 4-34  室外展示区中的墙体隔障剖面图解

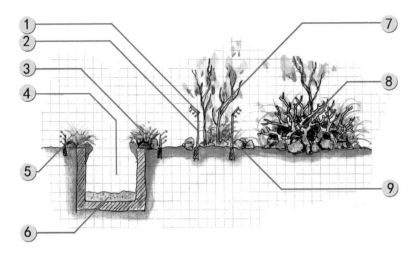

图 4-35　展区内动物之间自然隔障的组合应用图解——本杰士堆、双层网夹种
绿化、电网、壕沟的组合应用

1—电网—保护植被；
2—双层围网／围栏—保护植被，保证动物之间的隔离
　　距离；
3—壕沟双侧植被—掩饰壕沟；
4—隔离壕沟；
5—壕沟边缘电网—保护植被、避免动物接近壕沟；

6—壕沟底部沙土层—防止动物在特殊情况下坠入壕沟造成
　　过度伤害；
7—双层围网之间的绿化带—乔木、灌木、攀缘植物穿插
　　组合；
8—本杰士堆—长条形本杰士堆形成隔障，适用于多种动物；
9—围网外围大型石块铺装—防止动物挖掘围网基础。

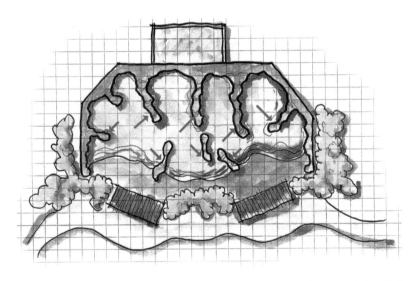

图 4-36　展区内视觉屏障——展区内躲避空间：折曲板墙、半截墙、本杰士堆等

特别需要强调的是，动物之间的隔障，不能使用玻璃幕墙。此处的玻璃幕墙隔障除
了能够保证动物之间不会发生互相肢体伤害以外，一无是处。缺点体现在造价昂贵、施
工工艺要求高、动物之间视觉压力无法解除、难以作为丰容基础、阻碍通风、局部辐射
高温等方面。除了表面可见的缺点外，这种展示方式也会给游客一种造成一种心理暗示：

就像摆在橱窗中的商品，动物只是动物园"可以炫耀的展示品"，人们不需要在乎它们的感受。

### 3）动物与操作人员之间的隔障

操作面和操作通道的设计，必须保证饲养员的操作安全，避免在操作过程中动物对饲养员的伤害；饲养员操作过程中使用的管理设施和防护设施必须功能完好。操作面隔障设计应符合以下要求：

·安全要求：隔障的材料、锐利边缘、棱角、网眼孔径不妥等设计施工缺陷，都可能对动物造成伤害。这些设计细节需要设计人员和动物园方面充分交流、沟通。

·动物福利要求：操作便捷和视觉屏障结合。

·满足日常饲养管理要求：观察口的设计、应急处理口（麻醉注射）、投食口、喂水口、丰容操作面、训练操作面的设计等都是保证操作安全的重要设计内容。

特殊示例——大象的行为训练对保证动物学习合作行为继而保证操作安全和动物福利至关重要，由于象所具有的力量、智慧、攻击性等威胁，其训练操作面必须保证训练员的人身安全，设计时需要特别注重避免象鼻对训练员的攻击，目前应用效果最好的是"L"形大象训练墙（图4-37）。关于大象训练墙的设计要求和应用示范，请参考《动物园野生动物行为管理》。

图4-37　大象行为训练操作面设计示意——"L"形大象训练墙

## 2．隔障的有效性

隔障的设计建造工艺、材质、角度、强度、结构等因素，都会影响隔障效果，所以仅仅满足隔障尺度的要求并不能称为有效隔障。

1）隔障有效尺度：必须大于动物最大行为能力尺度。早在1906年，德国的动物马戏表演巨头哈根贝克先生就开始尝试探索一种更加自然的动物展示方式——消除参观视觉阻碍。其中关键的一点就是对动物行为能力的判断，他通过多种手段对动物的行为能力进行测试，比如羚羊能跳多远、狮子能跳多高，等等，在取得这些数据后，哈根贝克终于实现了"全景式"展示梦想，创造了革命性的"视觉无障碍"动物展出模式。他所测量的数据几乎一直被后人沿用，尽管各动物园可能做一些小范围的调整，但变化不大。关于隔障的有效尺寸，请参考《动物园设计》附录。

2) 隔障强度：一般情况下，隔障的强度要求是可以抵抗所围挡动物四倍体重的冲击力。

3) 隔障工艺：隔障建造工艺，特别是表面处理和角度控制，都直接影响最终效果。例如顶部是否具有凸出于动物活动区域内的反扣？是否应用电网？动物能否直接接触隔障面，等等，都会决定影响隔障能否在不对动物造成伤害的前提下限制动物的活动范围（图4-38）。

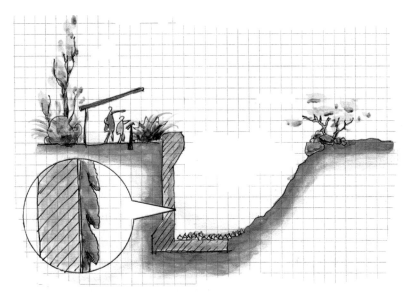

图 4-38  壕沟挡土墙施工工艺细节图解——墙面肌理向下，以防止动物攀爬

## 3. 有害生物防控

为保证展示动物安全，展区设计中应特别设计防止可能来自地下、地表和空中的有害生物侵袭的设施、设备。设计要点如表4-2，如图4-39：

有害生物防控设计要点                                                          表 4-2

| 有害生物来源 | 地下 | 地表 | 空中 |
|---|---|---|---|
| 有害动物种类 | 老鼠、蛇 | 老鼠、蛇、黄鼬、流浪猫 | 猛禽、乌鸦、喜鹊等 |
| 防御措施 | 下水道口使用20mm×20mm硬质不锈钢网封闭；非硬质地面地表下40cm铺设20mm×20mm硬质不锈钢网，并与周围墙体基础闭合 | 距地面3cm铺设具有醒目标识的地表电网；地表以上1.2m为20mm×20mm硬质金属方格网；室外罩棚四壁竖立网格上沿铺设具有醒目标识的电网 | 铺设50mm×50mm的不锈钢编织网顶网；非封闭网笼展区内，为动物提供充足的躲避空间 |

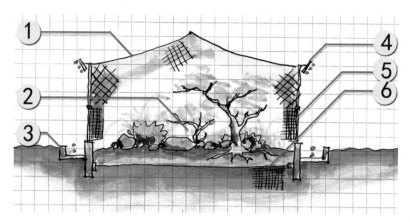

图 4-39　图示几种有害生物防治设计图解

1—使用 50mm×50mm 的不锈钢绳网封顶；
2—为动物提供充足的躲避空间；
3—地面以上 3cm 设置电网，电网应至于混凝土
　沟槽内，避免杂草滋生削弱电网隔离效果；

4—竖直围网顶端边缘电网；
5—1.2m 高硬质、细密金属方格网；
6—展区地表下铺设不锈钢网。

# 二、展区设计必须传达环境信息

## 1. 展区设计符合生态特征

展区设计景观风格应模拟展示动物自然生态景观特征。

## 2. 人工建筑的外观处理

有些情况下，特别是在北方建设动物展区，都难以避免大型人工建筑出现在游客视线内，如果不对这些人工建筑进行处理，必将使展示水平大打折扣。往往采用以下两种方式对建筑进行自然化处理：

·结合历史人文地域特点：展区内必须存在的人工建筑的建筑风格、装饰风格等外观特征，应反映该动物所在区域历史人文景观特点。例如在亚洲象展区中出现具有印度教庙宇风格的建筑往往可以令人接受（图 4-40）。

图 4-40　亚洲象高大的场馆通过印度宗教风格加以修饰

·弱化人工痕迹：动物展区设计应注重自然景观的营造，对人工建筑采用视线遮挡或建筑表面自然化处理等方式来弱化建筑体量造成的突兀——最常用的技术就是高种植槽、屋顶绿化和建筑外观线条的自然化处理（图4-41，图4-42）。

图4-41　弱化人工建筑痕迹剖面设计图解——墙体质感、高种植槽

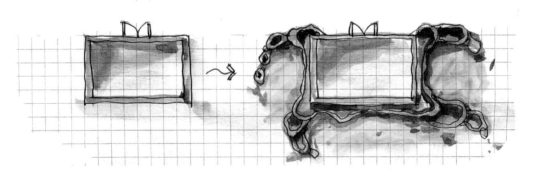

图4-42　弱化人工建筑痕迹平面设计图解——墙体延伸，打破常规建筑固有轮廓

展区设计必须传达环境信息，不仅可以创造更加自然的、科学的展示环境，更有利于实现"沉浸式"展示模式，为开展现场保护教育活动奠定基础，使保护教育信息的传递进程更加完整。

## 三、展区设计满足动物福利要求

### 1. 必备功能区域

展区内必须保证必要功能区域的设置，并保证动物生活区域内的丰容要求、行为训练要求，以维护动物的福利（图4-43）。

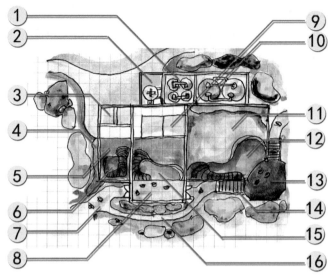

1—室内水池水处理系统；
2—水体、室内加热系统；
3—办公区、库房；
4—墙体自然化处理；
5—室内隔离产房；
6—产房内水池；
7—室外参观通道；
8—室内参观厅；
9—室内兽舍；
10—室外水池水处理系统；
11—室外活动展示区；
12—室外展示水池；
13—下沉式室外参观区，展示河马水下活动行为；
14—台阶；
15—室内展示区；
16—游客参观路线捷径。

图 4-43　以河马展示设计为例，说明功能区设计图解

● 操作面——在动物驻留的区域均应设置饲养员操作面，操作面的设计应满足动物和饲养员安全和行为管理各项操作的需要，这部分内容详见第六章"设施设计"。

● 休息需要——为展示动物提供不受游客或其他动物打搅的休息空间。

● 隔离、繁殖需要——为动物提供特殊空间，以满足动物在特殊情况下，如医护处理、个体引见、不同繁育阶段等必须提供的隔离空间需求。

● 丰容需要　——尽管丰容是一个长期、动态的变化过程，但在设计之初仍然有很多方面需要提前考虑，这些内容详见第七章"丰容设计"。

● 员工福利需要——对饲养员或其他工作人员，都应提供安全、卫生、高效的工作保障设计。办公室、卫生间、淋浴间、洗衣房、更衣室、值班室、休息室，等等。保证员工的健康快乐就是对动物福利负责的直接表现。感受不到环境关爱的饲养员，不会去关注动物福利；条件艰苦的工作环境和危机四伏的工作条件必然导致悲剧的发生。

总之，动物展区功能空间的取舍和组合，应依据展示物种的行为管理操作需求，甚至结合动物个体需求和饲养员实际操作能力。

### 2. 尊重动物

● 消除俯视，实现平视或仰视：游客参观视线应保持平视或仰视，减少游客视线对动物的压力，并鼓励游客对动物的尊重（图 4-44）。

1—原始动物园设计的代表—"坑式"展示；

2—平视动物唤起游客对动物应有的尊重；

3—从动物福利的角度出发，通过围网与玻璃组合隔障的应用，保证游客平视参观和动物活动空间利用率。

图 4-44　平视动物唤起游客对动物应有的尊重

● 杜绝环视：动物处于展区中间、游客采取环视参观，是马戏表演的观赏形式，不应该出现在现代动物园中（图 4-45）。在动物园展区设计中，需要牢记的一点是：在游客视野中出现的动物必须伴随与之协调的展示环境，对这一设计初衷的保障就是对游客的参观视线方向和参观位点进行控制（图 4-46）。而环视参观，不可避免地会导致游客看到与展示主题不协调的元素，如出现在展示背景中的其他游客，会彻底破坏展区的"沉浸"氛围。

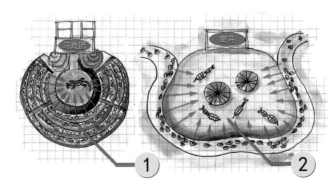

1—马戏表演的环形看台；

2—环视参观动物展区与马戏表演环形看台一致，给动物造成无法回避的视觉压力。

图 4-45　环视参观与马戏表演的舞台形式如出一辙

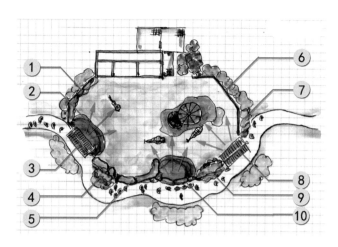

1—展示背景，墙体装饰；
2—游客视线；
3、8、10—游客参观区；
4、5、9—游客视线屏障区；
6、7—展示背景—深色方格
网加绿化种植。

图4-46　展区水平视线控制设计图解（以斑马为例）

　　环视参观看似容纳了更多游客，但由于游客在任何一个点看到的展示内容都一样而造成无效参观。即使在环形面创造不同的参观方式，也会因为参观视线通透造成"穿帮"。合理布局参观面，不仅在游客行进管理上更加便利，同时也为游客提供不同的参观体验。

## 四、满足游客参观需求

　　1. 单向参观路径和保证游客选择：展区内游客参观路径应采用单向行进的方式，以避免参观漏项和人流交叉；展区内游客参观路线的设计，应满足不同参观兴趣的游客的参观需求，注重参观环路（LOOP）的设计应用。在应用多层环路设计时，保证每层环路均遵循单向行进的原则（图4-47）。

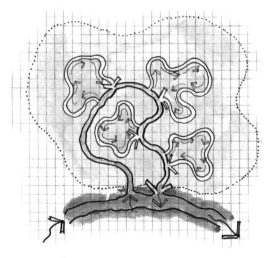

图4-47　图示单向参观和游客选择

2. 参观路线和管理路线无重叠：现代动物园展区设计路线是管理路径和参观路径不交叉、不重叠，但有些同时具有室内外参观功能的展区做到这一点不容易，往往存在个别交叉点，这种交叉点不会对游客产生太大影响，游客可以接受，但道路重叠就会严重干扰游客参观和动物园运行管理，必须避免（图4-48）。

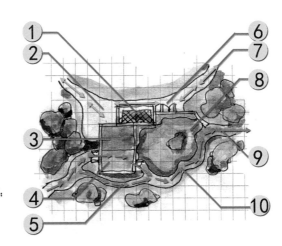

1—室内兽舍；
2—后勤管理区、转运区；
3—室内展区；
4—室内参观厅；
5—快捷通道；
6—饲养员操作门、转运门；
7—后勤管理通道；
8—室外展区；
9、10—室外参观通道。

图4-48　管理通道和参观通道分离设计图解

3. 多种参观体验：同一种动物，应结合动物的自然行为特点通过不同的隔障方式实现不同的展示效果，以丰富游客的参观体验。例如水陆两栖活动的动物展示，典型物种包括北极熊、河马、鳄鱼、水獭、企鹅，等等（图4-49）。

图4-49　图示北极熊两种参观效果

4. 满足特殊人群需要：对于游客中的特殊群体，应该通过特殊的设计满足他们的特殊需要，特别是老人、儿童和残障人士等。降低参观视点可以满足儿童身高的参观要求，甚至应该为他们特别设计儿童专享的参观机会；展区内设计坡道、扶手、护栏，可以帮助行动不便人士接近参观面。有些先进动物园在展区外游客参观区内安置了盲文说明牌和浮雕动物牌示、动物雕塑，以便盲人通过触摸认识动物。

采用沉浸式展示方式设计高山有蹄类动物展示时，难免借助园区原有坡地或人为搭建起伏地形以营造山地气氛，此时难免会在游客参观道中运用台阶，而这些台阶必然导致轮椅或婴儿车寸步难行，如何照顾到这部分人群的参观需求，也是设计师必须考虑的内容（图4-50）。

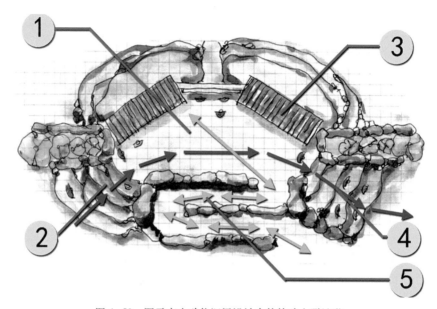

图4-50  图示高山动物沉浸设计中的特殊人群坡道

1—高于地面的参观平台，营造山地氛围；
2—普通游客上行台阶；
3—参观点，遮阳棚；
4—普通游客下行台阶；
5—特殊游客上下行坡道。

# 五、满足行为管理需求

## 1. 必备功能区

行为管理的运行，必须通过功能空间的设置和组合来实现。功能空间的设置和组合指室外展区、室外参观区、室内展区、室内参观厅、隔离区、后勤管理区、训练通道、转运空间的取舍，并根据游客参观需要和日常行为管理需要进行位置和工作流程顺序的组合（图4-51）。

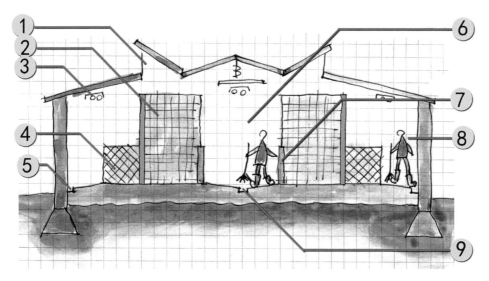

图 4-51　兽舍操作区剖面设计模式图

1—自然采光、通风窗；
2—笼舍；
3—操作区人工照明；
4—分配通道；
5、9—排水明沟；
6、8—操作通道；
7—视觉隔离矮墙。

## 2. 功能空间的组合、顺序——符合操作日程

操作日程是行为管理的组件之一。日程的制定直接影响动物的基本福利、行为展示，以及游客参观体验。应在动物活跃时间、游客的参观时间和饲养员工作时段之间达成利益平衡。

## 3. 空间连通——分配通道

分配通道的应用是实现动物福利、高效管理和保证展出效果的必然趋势。分配通道不仅需要了解动物习性和设计原理的高水平设计人员的努力，更需要高水平的饲养管理人员操作运行。多数情况下，需要通过正强化行为训练让动物学会分配通道的"使用"方法。作为行为管理的必备硬件设施，应该在未来的展示设计中积极应用分配通道。

分配通道完善和丰富了展区功能，但同时也使动物的活动空间更加复杂，但请记住：与动物野外生活环境中丰富的、不断变换的刺激相比，人工环境的复杂性是必要的、起码的，而不是一种施舍。尽管对于那些传统的、落后的，或新建造的、缺乏技术积累的动物园来说，运行这种高水平的展区还有些困难，但并不能因为低下的饲养管理水平就拒绝为动物提供更好的生活条件。除了向真正的行为管理专家寻求帮助以外，动物园员工自身的学习提高才是解决这一矛盾最可靠的途径。

## 六、满足保护教育信息传递的需求

野生动物保护教育信息的传达需要与动物展示相结合。展区内应为静态保护教育项目和互动保护教育项目的运行预留位置和空间。任何一个展区，所传达的保护教育信息都应遵照以下进程（图4-52）：

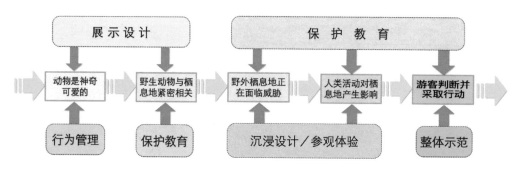

图4-52　展示设计保护教育信息传递进程和促进手段、保障措施图解

保护教育信息的传输是一个递进过程，这个过程中的每个环节都是其他环节不可取代的。也没有一种手段能够独立完成整个保护教育信息传递进程。在不同的阶段，需要通过不同的组合方法使信息有效传递，保证游客获得感悟和启示，并最终体现于身体力行。

## 第五节　展区设计线索

## 一、展区设计线索定义

展区设计线索就是指展区内各展示单元之间的内在联系，也是对展示单元进行取舍和排列的依据。往往在一个动物园中，同时存在多种展示线索，例如动物分类线索和动物地理分布线索并存、动物行为模式线索和生态主题线索并存，等等。无论采取何种展示线索，首先要做到的就是对线索本身的理解和尊重，设计人员需要向动物园专业技术人员和动物学家甚至生态学家虚心请教。更有效的方法是在设计团队组建之初就引入动物园保护教育专家，负责提供展区内动植物的自然史信息和保护教育元素的挖掘、整合，并最终主导或协助确定展示线索。

## 二、园区展区布局

园区展示布局指整体园区内按照一定的展示线索对展区的取舍和布局。常见的设计线索包括：生态类型线索、动物地理区系线索、动物分类线索、动物行为线索和生态主题线索等。

## 三、展区内线索

展区内不同展示单元之间的内在联系和动物园整体线索一致，两者之间的关系类似于数学中"分形"的概念，不同的是在一个展区内还要注意另一条线索：如何设计展示节奏和引导游客情感的线索。理想的展区中应该包括引导区、参观区、体验区、感悟区、责任体现区（捐款、购物、承诺等），展示就是教育，教育的成果应该是情感培养和行为示范，这才是动物展示的终极目的（图4-53）。

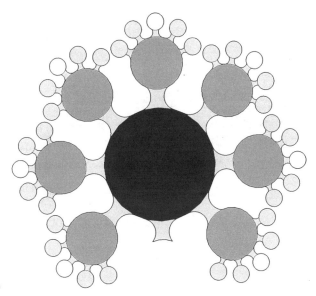

图4-53 展区设计分形模式

## 四、展示线索设定原则

1. 符合《世界动物园和水族馆保护策略》中的相关要求：线索设定与环保主题紧密相关，利于保护教育功能的发挥。

2. 节约运行成本：展区取舍和布局符合动物园气候特点和环保运营的需求。这种设计本身就是保护教育内容，通过彰显动物园在各方面采取的"环境友好行为"来影响游客。

3. 利用自然条件：展区布局应充分利用动物园的自然条件，本地地形条件、原有地表资源条件本身就是成熟的展示线索。特别是对原有本土植被的利用，可以长期地在低成本运行条件下保持展示效果，同时也使保护教育的信息传递更直观、更可信。

## 五、预留空间和采取通用模式

空间预留可以为展示更新创造条件，在动物园规划之初应该予以充分考虑。

在保证后续展示调整设计中，本着节约资金的原则，采用通用设计模式是一个聪明的设计思路。很多物种都可以采用相近的展示模式基础结构，在保持基础结构不变的情况下，适当调整生态元素或沉浸手法，就会变成全新的物种展示内容，这种做法会大大减少展示更新的二次投入（图4-54）。

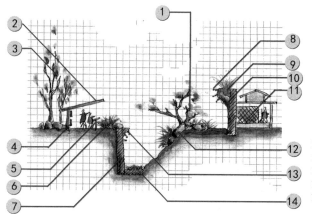

1—丰容设计——永远的通用设计内容；
2—参观区遮阳棚——在玻璃幕墙展窗上必须应用遮阳棚；
3—参观区自然环境设计；
4—参观区保护教育展示；
5—绿化隔离带护栏；
6—绿化隔离带；
7—壕沟隔障挡土墙；
8—墙体隔障（可结合电网）；
9—墙体顶部种植槽；
10—墙体隔障表面自然化处理；
11—动物兽舍；
12—动物展示区；
13—电网，防止动物破坏绿化隔离带；
14—壕沟底部碎石铺装，防止杂草滋生和动物停留。

图4-54　通用展示模式剖面图解

## 第六节　学习借鉴

## 一、合理的设计团队组合模式

展区方案设计，是动物园设计过程中最需要多专业结合的阶段，即使在那些动物园设计很发达的国家，也没有哪一家设计公司可以独立完成动物园展区设计工作，往往需要借助"项目协调人"来组织各专业的专家进行交流和协商，从而确定最终的设计方案。目前中国鲜有"项目协调人引领模式"，所以在方案设计阶段应特别注意各专业之间的协商。

## 二、考察中常犯的错误

1. 考察对象本身存在问题——目前大陆还没有任何一家动物园完成了从传统动物园向现代动物园的转型。在国内动物园中考察中所见到的、交流中所了解到的，并不能体现现代动物园的行业标准，更不能代表未来的发展趋势。

2. 考察方法存在的问题——那些到国外参观考察先进动物园的设计师如果没有专业翻译的协助，没有与当地动物园技术人员进行直接交流，或者没有进入"后台"参观支持保障系统，　而仅仅是以普通游客的视角进行参观，不仅收效甚微，甚至还可能因为对设计原理的臆想而被误导。在西方发达国家，动物园展示设计的一个重要手段和目标就是"造成视错觉"，这种"视错觉"本身是为了加深游客参观体验，但恰恰是这些错觉，也会影响与普通游客视角一致的设计师对设计原理的判断，甚至引发"乌龙设计"。最常见的例子就是关于隔障的高度，很多国外动物园的隔障分为可见部分和隐藏部分，隔障的有效高度其实是由两部分高度相加组成的，但为了给游客造成一定的"危机感"，可见隔障部分往往故意做得很低，仿佛动物会随时冲向游客一样。如果不交流，又不幸被错觉设计迷惑，则后果可能很严重（图4-55）。

图4-55　视错觉图示——游客可见隔障高度（A）和隔障实际高度（B）之间存在差异，可能导致错误应用

## 三、国外考察的必要准备

每次去国外考察先进动物园，都是一次难得的学习机会。在考察前应该做好充分的文案工作，通过一切可能途径预先了解目标动物园的历史和现状，提高考察效率；另一

方面，一项最重要的准备工作就是预先聘请专业翻译。在这里特别强调翻译的专业性并不多余，因为动物园的专业内容往往是常规翻译者难以胜任的。通过专业翻译才有可能了解展示模式、设计细节、展示前台和展示后台以及展区运转工艺流程、日常饲养操作与硬件设施的结合、展区的维护和更新，等等。这些信息对展区设计至关重要，绝非从游客参观角度拍摄的成百上千张照片可以替代。

## 四、动物展示模式的借鉴和学习

历经几百年发展并日趋成熟的动物展示设计模式，一直是现代动物园设计认真遵循的设计依据。所有的设计创新，都必须以尊重设计原理和设计模式为基础。无数次的教训提醒我们：与其绞尽脑汁，不如借鉴学习。关于展示模式，将在第六章详细介绍。

方案设计是动物园设计过程中最综合的设计阶段，设计过程充满机会和挑战。方案设计不仅决定了动物园未来的样貌，也同时决定了动物园的运行质量。这是一个需要各学科技术人员在互相尊重的前提下充分交流的工作过程。尊重人、尊重动物，是完成高质量方案设计的保障。遗憾的是，国内绝大多数动物园的设计过程中都没有给予方案设计足够的重视，往往从总体规划直接进入到扩初设计甚至施工图绘制阶段。这种工作环节的缺失，往往给设计方和动物园运营方都带来灾难，然而相比动物福利受到的损害，这些纠结都不值一提。方案设计对于动物园设计的重要性，犹如"桥"在现代动物行为训练中的作用一样，不仅是设计成果获得肯定的重要环节，也是动物园设计建设整体操作过程是否科学的标志。

# 第五章 隔障设计

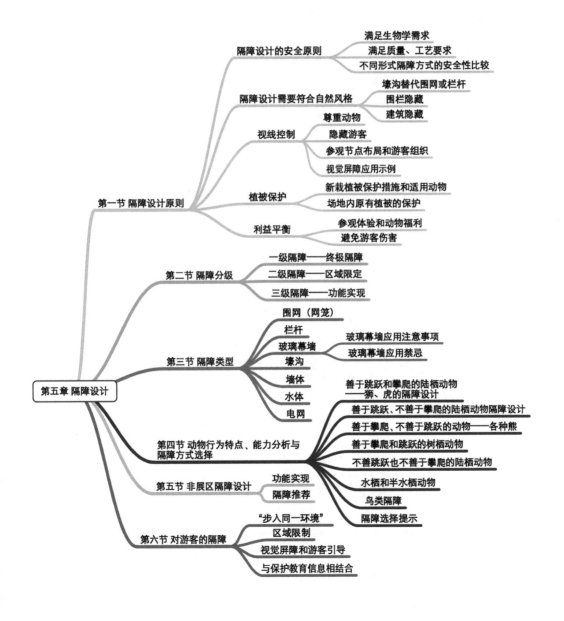

- 第五章 隔障设计
  - 第一节 隔障设计原则
    - 隔障设计的安全原则
      - 满足生物学需求
      - 满足质量、工艺要求
      - 不同形式隔障方式的安全性比较
    - 隔障设计需要符合自然风格
      - 壕沟替代围网或栏杆
      - 围栏隐藏
      - 建筑隐藏
    - 视线控制
      - 尊重动物
      - 隐藏游客
      - 参观节点布局和游客组织
      - 视觉屏障应用示例
    - 植被保护
      - 新栽植被保护措施和适用动物
      - 场地内原有植被的保护
    - 利益平衡
      - 参观体验和动物福利
      - 避免游客伤害
  - 第二节 隔障分级
    - 一级隔障——终极隔障
    - 二级隔障——区域限定
    - 三级隔障——功能实现
  - 第三节 隔障类型
    - 围网（网笼）
    - 栏杆
    - 玻璃幕墙
      - 玻璃幕墙应用注意事项
      - 玻璃幕墙应用禁忌
    - 壕沟
    - 墙体
    - 水体
    - 电网
  - 第四节 动物行为特点、能力分析与隔障方式选择
    - 善于跳跃和攀爬的陆栖动物——狮、虎的隔障设计
    - 善于跳跃、不善于攀爬的陆栖动物隔障设计
    - 善于攀爬、不善于跳跃的动物——各种熊
    - 善于攀爬和跳跃的树栖动物
    - 不善跳跃也不善于攀爬的陆栖动物
    - 水栖和半水栖动物
    - 鸟类隔障
    - 隔障选择提示
  - 第五节 非展区隔障设计
    - 功能实现
    - 隔障推荐
  - 第六节 对游客的隔障
    - "步入同一环境"
    - 区域限制
    - 视觉屏障和游客引导
    - 与保护教育信息相结合

隔障是限制动物活动范围、视线范围和游客活动范围、参观视线的隔离措施和视觉屏障及其组合的总称。

基于所处的空间位置，隔障可以分为室内隔障、室外隔障、展示面隔障、非展示面隔障、展区间隔障和展区内隔障等（图5-1）。

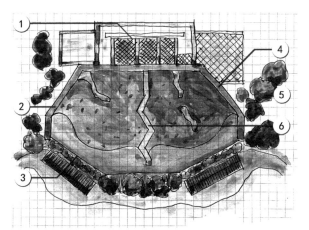

1—室内隔障；
2—室外隔障；
3—展示面（参观面）隔障；
4—非展示面隔障，往往构成展示背景；
5—展区间隔障，多为大面积绿化；
6—展区内隔障，用于分隔展区内不同动物个体。

图5-1　隔障名称及对应位置平面图解

基于隔离对象，隔障可以分为游客与动物间、动物与动物间、操作人员与动物间隔障等（图5-2）。

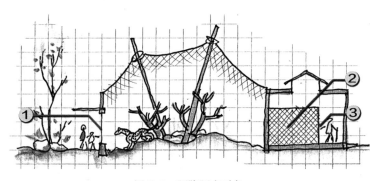

图5-2　隔障隔离对象

1—游客与动物间隔障，即展示面（参观面）隔障；
2—兽舍内动物与动物之间的隔障；
3—室内兽舍动物与饲养员之间的隔障。

基于隔离目的，隔障可以分为：动物与游客之间双方可视但不可接触的隔障类型，如展示面隔障；动物与动物之间双方不可视或不可接触隔障，如展区内物种间隔障；饲养管理操作面饲养员与动物间可视、可有限接触隔障等。

隔障设计是动物园设计过程中最引人关注的问题之一。动物园展示效果和安全保障都和隔障设计有直接的关系。所谓隔障，就是隔离和屏障的意思，以往动物园设计建设只强调隔离的作用，但随着动物园行业的不断发展，"隔离"已经不能完全符合展示要求。视觉屏障的作用愈发重要，特别是参观面的视觉屏障。一览无余式的参观模式由于缺乏视觉屏障，容易造成游客拥堵、停滞，且视觉效果单一；同时展区内动物也无法避开游客的视线，长期处于目光压力之下，福利状态大打折扣。这种一览无余的展示设计模式与现代动物园展示设计要求不符（图5-3，图5-4）。

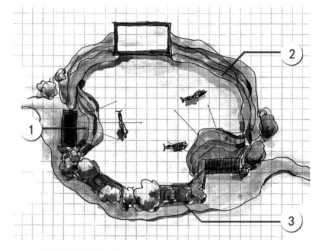

1—展示面隔障，实现通透视线；
2—非展示面隔障，阻断参观视线，同时作为
　展示背景；
3—参观区非展示面隔障，部分阻断参观视线。

图5-3　视觉屏障平面图解

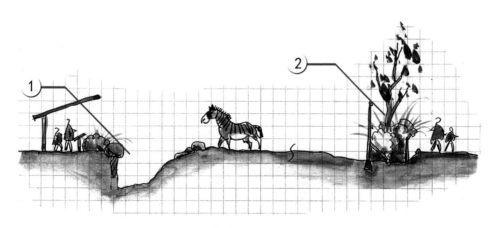

图5-4　视觉屏障剖面图解

1—展示面隔障，采用壕沟隔障形式实现通透参观视野；
2—非展示面隔障，采用双层围网结合绿化阻断游客参观视线。

# 第一节　隔障设计原则

隔障设计是最能体现设计师创造性的设计环节，但由于隔障是保障运行安全的最后一道防线，所以也是要求最严谨的设计环节。位于展示面（参观面）的隔障设计建设方式，直接影响游客参观效果和游览体验，甚至决定了动物园是否能够履行保护教育信息传达的使命；在展区四周和远端非参观面，隔障作为展示背景，对展区的环境景观效果同样起到重要的影响作用。人们对动物园的认识和印象，往往不是对动物的印象，而是对动物展示形式——展区隔障形式的印象。

## 一、隔障设计的安全原则

隔障设计不仅重要，而且设计内容繁复、多样。但最令设计者头痛的却是对哪种动物适合应用哪种形式的隔障的抉择。面对这个复杂的设计领域，首先需要强调的是隔障设计的基本原则。在各项设计原则中，保障游客、动物和操作人员的安全无疑是最重要的——简单地说，就是保证"三大安全"。

隔障的安全性体现在材质、尺度、工艺等多方面。成功的隔障设计应符合以下要求。

### 1. 满足生物学要求

·与动物运动方式和攻击能力有关——在动物园隔障设计过程中，使用安全的方式控制动物无法从展区逃逸或对游客直接造成伤害是保证动物和游客安全的底线。对展示动物的行为能力和生物学特点的了解是隔障设计的基础，这些知识帮助确定隔障的深度、宽度和高度，并保证有效数值大于动物最大行为能力，确保将动物限制在一定范围内，防止逃逸（图5-5）。

图解动物园设计（第二版）

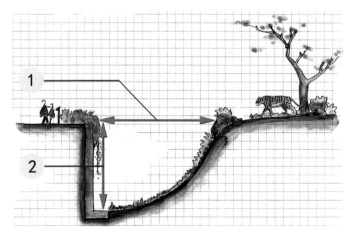

1—壕沟上沿距离大于7m；
2—壕沟深度大于5.5m。

图5-5　以老虎为例示意隔障尺度大于最大行为距离

·与隔障的材质和工艺有关——隔障可以有效地将动物活动范围控制在一定区域内，但隔障本身绝不能造成对动物的伤害。玻璃幕墙或者玻璃展窗应用于鸟类室外展示时，极易造成对动物的伤害，特别是雉鸡类和猛禽。这些鸟飞行速度快、冲击力大，在展示罩棚内飞行时很容易撞到玻璃幕墙而死亡；不仅如此，玻璃幕墙设计不合理，也会给园内的野鸟造成威胁（图5-6）。另一方面，隔障表面质感也会影响动物安全：食草动物可接触的隔障面过度起伏、粗糙、坚硬、锐利，都会造成严重的外伤。

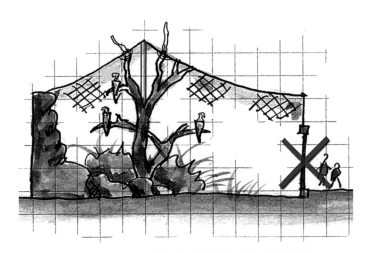

图5-6　猛禽展区应用玻璃幕墙往往会造成致命损害

·与动物的攻击方式和能力有关——在操作面隔障设计时，动物的攻击方式和能力是确定网格密度、栏杆排列方式、间距和强度的重要依据（图5-7）。

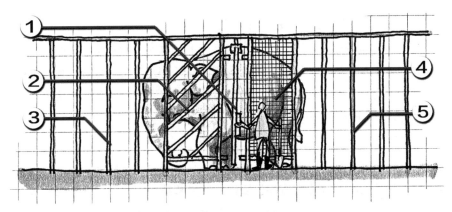

图5-7　大象操作面栏杆和操作防护图解

1—推拉门；
2—操作防护手段之一：斜向排列栏杆；
3、5—便于饲养员进出兽舍的竖向宽间距栏杆位置应远离操作位点；
4—高强度方格网能在操作位点提供更安全的防护。

## 2. 满足质量、工艺要求

·隔障安全性与建设、制作、加工工艺质量和表面质感有关——隔障方式是否能够发挥作用，由材质、施工工艺、表面处理工艺、有效隔离尺度等因素共同决定，片面的参照某一数值并不能确保隔障作用的发挥。隔障设计的终极参考依据是动物的行为方式、特点和能力，诸如跳跃高度、攀爬能力、冲撞力度、是否善于游泳、是否善于挖掘，等等。这些数据大多有据可查，但仅仅依靠这些数据并不能保证万无一失：隔障的工艺、做法和强度都会直接影响应用效果。近些年来，在国内动物园设计建设中，大量采用水泥塑形工艺来增加展示区的"自然效果"，尽管这些想象中的自然效果其实大多数是设计者所熟悉的"园林效果"，但在这种工艺的应用过程中，出现了大量由于不了解或忽视动物的行为能力造成的动物逃逸事故，必须引以为戒（图5-8）。

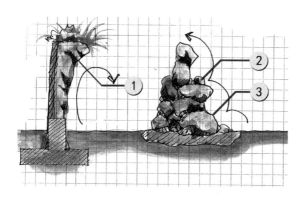

1—高墙隔障顶部形成反扣，且墙壁表面处理使动物无法借力攀爬；

2、3—传统园林堆塑假山往往使动物能够借力攀越，造成逃逸。

图5-8　隔离墙体和园林假山的应用效果比较

## 3. 不同形式隔障方式的安全性比较

从隔障类型方面考虑，其安全性排序大致如下：最安全的是物理隔障；电网必须依靠电力的供应才能发挥作用，所以只是有限条件隔障，并非绝对可靠；光比隔障应用的很少，需要对动物行为有深入的了解，目前国内动物园还受到行为学研究深度、游客行为失控等方面的限制而暂时无法应用。

·物理隔障：

物理隔障指通过高度、跨度、阻挡强度、限制攀爬等手段对动物活动范围进行控制的隔障手段，常见的物理隔障有壕沟、墙体、玻璃幕墙、围栏、围网、水体等，主要功能体现于防止动物逃逸、动物与动物彼此间伤害、游客伤害动物、动物伤害游客和操作人员、游客或动物破坏设施及绿化等方面。物理隔障往往作为限制动物活动范围的终极障碍。尺度、强度都是物理隔障最重要的指标，一般来讲，对物理隔障强度的起码要求是"可以承受四倍动物体重的冲击力"。

·电网：

电网是一种常见的隔障措施，构建形式多样，如平行排列电网、电草、电藤等。电网的主要功能是限制动物在展区内的活动范围、防止破坏设施及绿化。由于电网必须依靠电力供应才可能发挥作用，所以电网的可靠性不如物理隔障，这也是电网不能单独用于终极隔障的原因。幼年动物和敏感动物展区禁止使用电网，以免造成动物应激或死亡事故。在动物处于极度兴奋或恐惧的状态下，往往会忍受电击冲破电网（图5-9）。

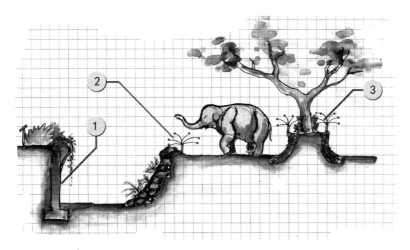

图5-9 大象隔障中物理隔障和电网的位置和作用图解

1—壕沟隔障，本身作为物理隔障形成终极隔障，也称为一级隔障，指动物在任何状况下都
　不可能冲破的隔障形式；
2—电草，一种特殊的电网形式，限制动物在展区内活动范围，避免动物进入壕沟；
3—电草，在动物活动范围内由电草围合的区域主要起到植被保护的作用。

·光比隔障：

光比隔障目前仅应用在鸟类的室内展示设计中——通过营造在鸟类展示区和游客参观区光照强度的巨大差异，利用鸟类趋光活动的特点，使鸟类不会从展区逃逸。这种隔障设计需要以对展示物种行为特点的深入了解作为设计依据，国内动物园在这方面所进行的研究基础不足，且游客行为难以控制，所以不建议采用（图5-10）。

1—鸟类活动展示区；
2—游客参观区；
A—明亮的动物活动区域；
B—光线过渡区；
C—相对阴暗的游客参观区。

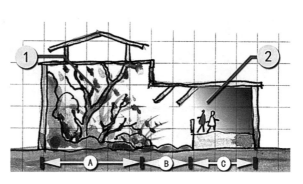

图5-10 光比隔障应用图解

## 二、隔障设计需要符合自然风格

隔障不仅仅是具有空间范围限制作用的实体，更是游客参观体验的重要一环，是"综合保护大戏"的主要布景。为了创造"有动物出没"的展示氛围，隔障设计必须体现自然风格。采用自然风格的隔障形式，有利于使展示环境与动物自然生态环境趋近，不仅提高展示效果，同时也便于现场保护教育工作的开展。但是，当隔障风格与动物福利发生冲突时，如采取自然风格的隔障形式会缩减动物的活动范围以至低于最小活动面积需要时，应优先满足动物福利的需求。

在动物园设计建设过程中常应用以下三种技术营造展区的自然风格。

### 1. 壕沟替代围网或栏杆

用"V"形壕沟替代围网或栏杆，是提高展示效果的重要技术手段，但这种隔障应用往往受场地条件所限，所以仅推荐应用于参观位点局部，以减少壕沟对动物活动范围的侵占。

原本展示面积就很局促的动物园，例如大多数位于城区内的动物园，如果机械地套用这种方式，会使动物活动范围减少、动物过多地暴露于游客视线压力之下从而使福利状况受损，甚至引起动物间相互攻击和对饲养员的攻击等不良行为的增加。所以，在大多数中小规模的动物园，特别是目前仍然处于市区的中小型动物园，只能在有限的局部应用这种方式，展示方式的改进主要还是要依靠多种隔障形式的组合应用（图 5-11 ~ 图5-13）。

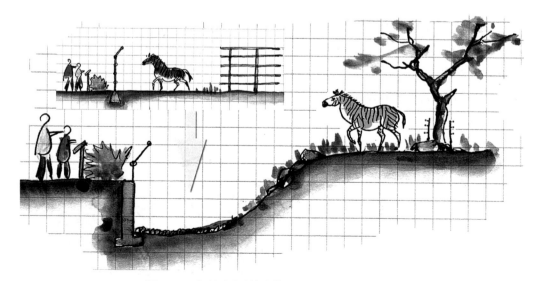

图 5-11 参观面通过壕沟替代栏杆，实现通透视觉

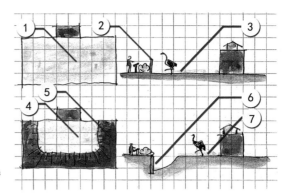

1、3—应用栏杆隔障，动物的活动范围；
2—栏杆隔障；
4、7—应用壕沟隔障，动物的活动范围，大幅度缩减；
5、6—壕沟隔障。

图5-12　以鸵鸟展示设计为例，示意由于大量使用壕
沟导致动物活动面积缩减
（左为俯视图，右为剖面图）

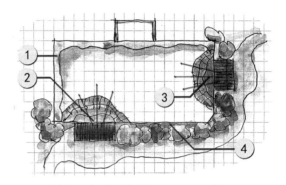

1—高墙隔障，往往形成自然的展示背景；
2、3—参观面隔障，局部采用壕沟的隔障形式，
有限占用动物活动范围；
4—非参观位点采用围网隔障，不占用动物活
动范围。

图5-13　仅在参观位点局部应用壕沟隔障（平面图）

## 2. 围栏隐藏

利用地形起伏、绿化种植设计等手段，将围网和栏杆进行隐藏，可以在减少建设成本的情况下营造自然风格。隔障隐藏可以使游客不能或者很难确认限制动物活动范围的隔障的存在，使展区景深范围更深远，甚至使游客产生"进入到动物世界"的错觉，并因而兴奋不已。

·展示面围栏隐藏（图5-14）：

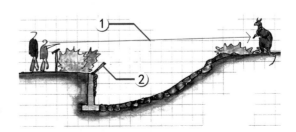

1—通过绿化隔离带设置，限定的游客参观视线高度；
2—隔障高度低于游客视线。

图5-14　袋鼠隔障的围栏隐藏设计图解

·非展示面的围栏隐藏；

非展示面往往作为展示背景，对展区整体效果影响很大，对这部分的围栏进行隐藏可以创造更加自然的整体展示环境。

——地形起伏：应用原有或人为营造的地形起伏形成的视觉盲区来隐藏动物展示背景中的隔障，是实现最佳展示效果的手段之一。这种设计手法直接创造出令人惊叹的视错觉，而且也是实现视觉混养展示的必要手段（图5-15）。

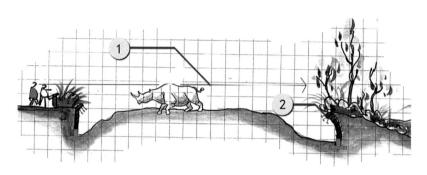

图5-15　通过地形起伏隐藏围网设计图解

1—游客视线高度；
2—位于视线远端的隔障高度低于游客视线高度，形成视错觉。

——通过与绿化种植的结合使围网"隐身"（图5-16）：

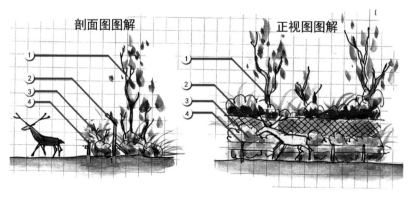

图5-16　非展示面围网的绿化掩饰设计图解

1—隔障外侧高大植被；
2—围网隔障；
3—围网隔障内侧植被，受到展区内侧电网保护；
4—展区内侧电网，保护前景植被——只有在活动场地足够大的前
　　提下，才考虑安装内侧电网，否则只能应用围网外侧绿化掩饰。

·隔障伪装：

隔障还可以被伪装成各种自然的外观，例如一条溪流、从地面露出的岩石、 受到水流侵蚀的河岸等。展区内的自然风格隔障不仅起到区域限制作用，同时还可以发挥视觉屏障、植被保护、小气候营造等多方面的作用；同时，自然风格的隔障本身也应作为展区内的重要物理环境丰容基础设施（图5-17）。

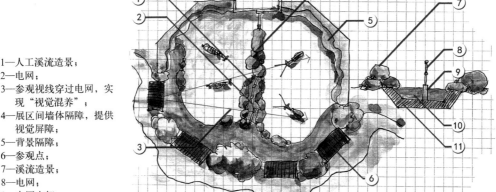

1—人工溪流造景；
2—电网；
3—参观视线穿过电网，实现"视觉混养"；
4—展区间墙体隔障，提供视觉屏障；
5—背景隔障；
6—参观点；
7—溪流造景；
8—电网；
9—电网支架；
10—水体；
11—混凝土防渗基底。

图 5-17 图解电网与溪流造景结合应用

多数大型、中型食草动物都需要更高的隔障强度。大块天然石块或人造岩石结合大型树桩、高低错落的钢柱栏杆是一种美观、牢靠、经济的隔障应用（图5-18）。

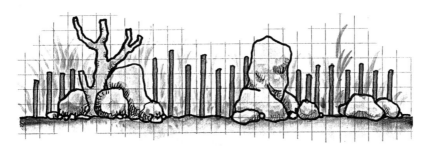

图 5-18 围栏结合大块岩石，形成更自然的展示效果

对于空间条件有限的动物园，在围网上直接捆绑树干、树枝或竹片、竹竿等自然材料，都可以使隔障面更加自然；同时，这种伪装方式也扩展了围网的单一围护功能，形成动物个体之间的视觉屏障或日常环境丰容的新平台（图5-19）。

图 5-19　树干、竹竿覆盖围网

·设计注意事项：被隐藏的动物隔障，往往给游客造成视错觉，对于目前还不太适应这种非常接近野外环境展示模式的部分游客来说，可能会产生一些不良后果，最普遍的危险行为是接近壕沟边缘甚至进入动物活动区；典型的不良行为是游客对动物的投喂，对动物造成伤害。所以，在进行自然风格隔障设计时，必须通过必要的设施、手段和牌示、现场看护等方式阻止游客的不良行为。

隐藏围栏可能带来的另一个负面影响是游客可能会忽略隔障而过于接近动物，在壕沟边缘种植绿篱可以避免这种情形的发生。绿篱种植的关键在于植被种类选择、垂直高度和水平排列方面不要整齐划一。绿篱边缘应当安置围栏以避免游客的践踏，确保在游客和物理隔障之间形成自然的过渡和有效的隔离带。否则就像在说——"欢迎投喂动物！"默许游客投喂，是动物园最不负责任的行为之一，是对动物福利的严重忽视，也是对动物园节操的践踏（图 5-20）。

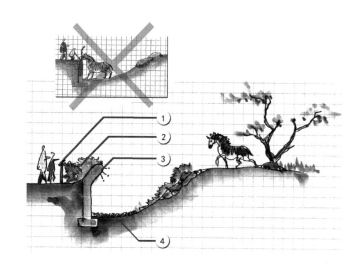

1—绿篱与游客之间的护栏，阻止游客进入绿篱接近动物；
2—绿篱选择植物种类多样，并符合展示动物生境特点；
3—隔障边缘设置电网，阻止动物破坏隔离带植被；
4—壕沟底部铺设石块，减少动物在壕沟内的滞留。

图 5-20　有无绿篱对比图示

图解动物园设计（第二版）

### 3. 建筑隐藏

很多情况下，建筑本身就是物理隔障的一个组成部分。对建筑墙体的隐藏是营造展区自然氛围的关键。通常的做法是：

·将建筑墙体表面颜色、质感处理成自然纹理（图5-21）；

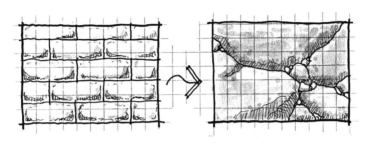

图5-21　墙面自然纹理处理示意

·植被遮挡（图5-22）；

1—建筑周围种植高大乔木遮挡建筑物；
2—墙面攀缘植物掩饰建筑外墙；
3—墙体自然纹理处理结合种植槽，打破
　　建筑规整线条；
4—建筑墙体外围植被，掩饰建筑物。

图5-22　植被遮挡建筑设计图解

·建筑物外轮廓变化（图5-23，图5-24）；

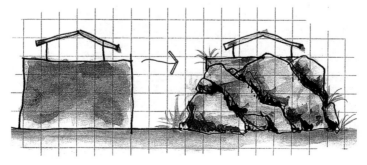

图5-23　建筑外轮廓变化示意图

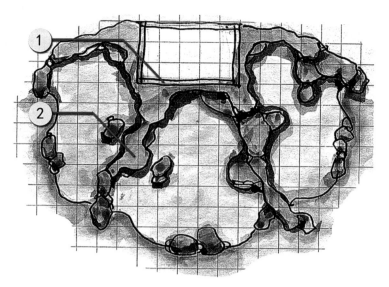

图 5-24　建筑隐藏平面示意图

1—建筑物墙体轮廓；
2—结合展区内隔障，打破建筑原有规整轮廓线条。这种设计手法不仅能够起到动物
之间的隔离作用，起伏变化的墙面所形成的凹陷往往成为动物的庇护所和必要的
视觉屏障。起伏的墙面本身也是重要的物理丰容基础设施。

·多种方式的结合：在建筑物屋顶、竖直的墙体顶部和底部安置自然外观的种植槽，
槽内种植攀附性强的植物，匍匐在墙面上，或从建筑物高处垂下来，都会有效地增加展
区的自然效果，遮挡大量混凝土造成的不良景观效果（图 5-25）。

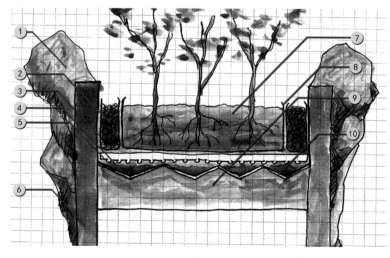

1—墙体装饰，形成种植槽
外围；
2—碎石，形成周边透水层，
同时保护墙体免于植
物生长根系的挤压；
3—无纺布固定碎石；
4—排水槽；
5—多孔透水聚苯板；
6—建筑墙体；
7—种植土；
8—无纺布固定种植土；
9—混凝土屋顶；
10—防水层。

图 5-25　屋顶种植设计图解

·功能分离原理的应用：

将结构支撑功能、阻挡功能与表面装饰分别通过不同的部分和材质实现，是动物园设计分离原理的重要应用范围。分离原理的应用可以解决很多功能冲突和物理冲突，在保证隔障安全的前提下再现自然的展示场景。

## 三、视线控制

视线控制是现代动物园在展示设计之隔障设计中提出的新课题，也是"隔障"区别于"隔离"的实质。以往"隔离方式"的设计往往只关注对动物活动范围的控制，而"隔障设计"关注的不仅是空间的限制，还特别注重通过视觉屏障等方式对游客和动物的视线进行控制。参观视线对游客的参观体验、展区内动物福利、展区建设成本都产生直接影响，是现代动物园相较于传统动物园在参观方式方面更具人性关怀的重大变革，体现出逐渐增强的动物福利意识。

### 1. 尊重动物

·垂直方向视线控制——游客在观赏展区内的野生动物时，应保持平视或仰视视角，以减少游客视线对动物产生的视觉压力。原始动物园会把危险动物放在"大坑"中展示，这样的展示形式只能加重游客对动物的蔑视和"享受人类征服自然获得的至高无上的地位"所带来的自负。更糟糕的是这种展示方式甚至是在鼓励游客投打、投喂动物，造成与动物园宗旨相悖的展示结果。动物展示区域应该位于与游客视平线等高或略高的位置，这样的设计令展区更加吸引人，并使动物获得应有的尊重。将动物置于游客视线以上时，还可以减少动物承受的视觉压力。有研究表明，圈养条件下的灵长类动物和猫科动物对游客视线高度十分敏感，当动物处于游客视线之上的位置时，应激状态可以得到缓解（图5-26）。

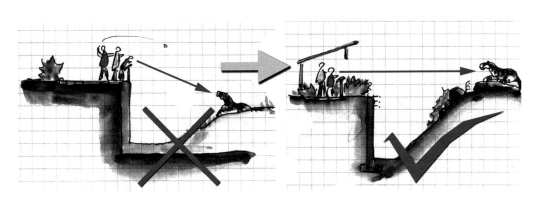

图5-26　俯视参观展示设计有损动物福利，平视参观或仰视参观对动物福利更有保障

·水平方向视线控制——原始动物园动物展区往往采用环视动物的参观模式，造成的视觉效果就像是一座马戏表演的舞台，动物得不到应有的尊重，且游客参观效果和参观体验单一，更不可能实现游客行进组织。如果游客在每处参观点看到的是同一景观，他们就会自己寻找一些新奇的变化——比如，喂喂动物（图5-27～图5-29）。

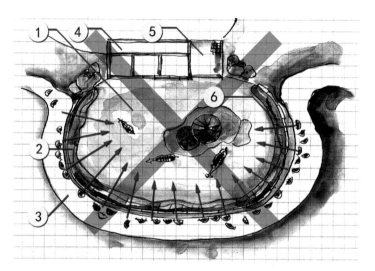

1—动物展区；
2—三面应用隔离壕沟；
3—游客参观道整齐划一；
4—兽舍；
5—动物隔离区，处于游客可见的位置；
6—游客参观视线。

图5-27　原始动物园展示设计特点——环视参观

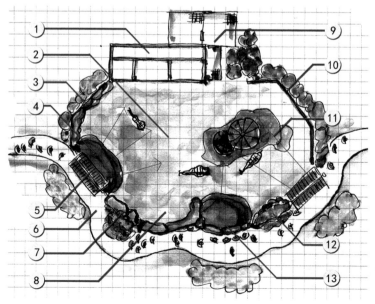

1—兽舍；
2—动物展区；
3—墙体隔障，为动物提供视觉屏障；
4—参观点壕沟隔障，形成通透参观视觉；
5—参观点遮阳棚，掩饰游客同时提供舒适参观环境；
6—参观道路根据参观点的布局适当变化；
7—参观区非参观点视觉屏障；
8—游客视线看不到的区域，提供动物躲避空间；
9—动物隔离区，游客不可见；
10—围网隔障，减少占用动物活动区域；
11—游客视线；
12—参观区视线屏障；
13—不同参观体验——通过狭缝观看动物。

图5-28　现代动物园展示设计特点：控制游客参观位点和视线方向，提供多种视觉效果

图解动物园设计（第二版）

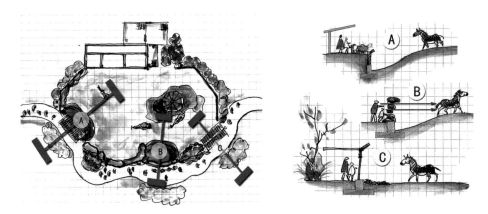

图 5-29　不同参观位点剖面说明

A—剖面 A 示意图—参观面壕沟隔障；
B—剖面 B 示意图—在"窥视孔"观察动物，创造新奇体验；
C—剖面 C 示意图—通过位于阴影内的玻璃幕墙隔障面参观动物，避免大量使用壕沟而占用动物活动空间。

## 2. 对象隐藏

·隐藏游客——使动物看不到游客。隐藏游客的目的是减少游客对动物的干扰，同时为游客创造近距离欣赏动物的机会。游客目光对动物产生的心理压力以往不被原始动物园所认识，现代动物园在展示设计中开始关注游客目光对动物造成的情绪影响，这种关注体现在尊重动物福利、尊重游客参观体验并取得双方利益平衡。在此基础上形成的系统性动物福利保障理论所转化出的实际行动，主要体现在以下两方面：

·游客隐藏于动物——通过降低游客区域光线照度、对游客进行遮挡、缝隙参观、孔洞窥视等手段可以减少游客对展区内动物的造成的视觉压力。

在动物园中，需要通过对游客本身的隐藏，减少动物的恐惧，使动物表达更多的自然行为、使游客获得特殊的参观体验。将游客置于封顶的棚屋中，使游客能够通过隔障的间隙或者玻璃橱窗观赏动物是一种最常见的游客隐藏形式。这样的参观形式可以为游客提供近距离欣赏动物的机会。棚屋不仅可以降低动物对游客的可见度，同时也为游客提供了遮阳、避雨的空间，在这个空间内，还可以安置大量的动物背景信息说明和保护教育展示内容（图 5-30 ~图 5-32）。

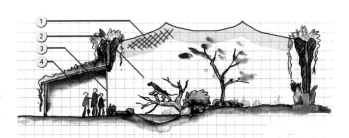

1—网笼顶网——不锈钢编织软网；
2—相对明亮的动物展区；
3—位于棚屋内的玻璃幕墙；
4—棚屋形成阴暗的参观区；

图 5-30　图示棚屋结合玻璃幕墙展示，减少对动物的干扰起到隐藏游客的作用

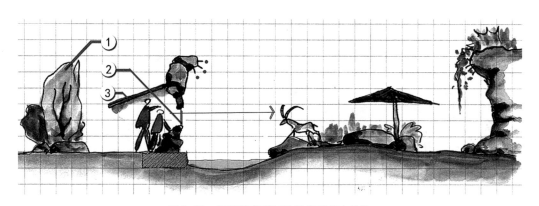

图 5-31　图示游客通过狭缝参观高山动物

1—参观点背侧的植物墙，减少反光；
2—狭窄的玻璃展窗，通过在内侧设置水体避免动物冲撞；
3—遮阳棚。

·游客隐藏于游客——避免让游客的视线穿过展区内的动物再看到对面的游客。这个设计要点实际上是杜绝 360° 视角参观设计要求的延伸。

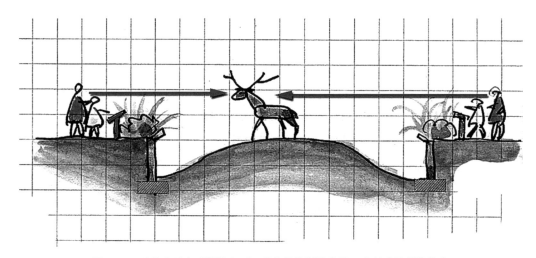

图 5-32　动物位于交叉视线之下，动物沦为环境装饰，难以成为关注焦点

在原始动物园中，展区往往被设计成 360° 环视参观，这不仅将动物置于类似马戏表演的位置，而且使游客更专注于对面的其他游客而忽视了对动物的欣赏，这样的展示设计方式实际上更加鼓励了游客对动物的不尊重，动物被视作人类环境的装饰和点缀而难以成为关注焦点。有些动物园已经开始改进，将参观面分散布局，但在位置选择和游客水平视角控制方面还有待提高（图 5-33，图 5-34）。

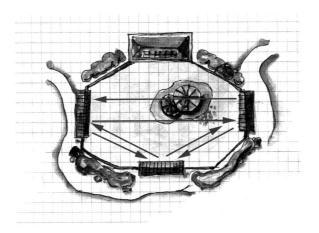

图 5-33　原始动物园展示设计中，参观区另一侧游客互相可见

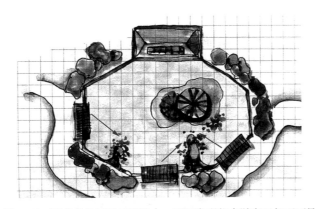

图 5-34　现代动物园展示设计中，不同参观位点游客互相不可见

　　将游客隐藏于游客除了图 5-34 中合理安排水平视线以外，还可以通过利用或营造地形起伏来隐藏一部分游客参观视野中的其他游客。

### 3. 参观节点布局和游客组织

　　游客参观位置和隔障位置的设置，必须确保游客在任何一点也无法纵观展区全貌，这是保证游客得到多种参观体验的基本手段。显然以往常常采用的环视参观展区不能达到这项要求。这种环绕参观的展示设计因为内容单一而使游客的参观兴趣难以维持。在这种状态下，动物仅仅成为公园景观的装饰，而不是游客注意力的焦点。即使动物获得了游客的关注，也会因为展示环境与动物本身应该承载的环境信息相去甚远，无从表达环境诉求。

　　按照一定间距分散排布的参观面（区域）可以将大群游客分散成小群，同时在参观区所在道路与游览干道之间形成分流，即参观区与环路（LOOP）的结合应用，会有效避免拥堵。在游客量符合设计容纳量的大多数情况下，无论在任何展区，都要尽可能为游客提供不同参观体验的特殊视点或视窗（图 5-35）。

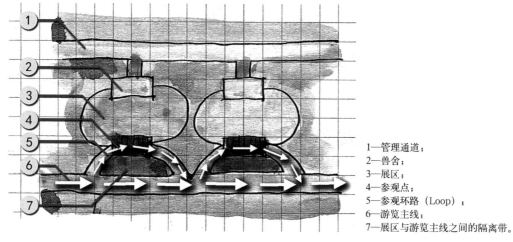

1—管理通道；
2—兽舍；
3—展区；
4—参观点；
5—参观环路（Loop）；
6—游览主线；
7—展区与游览主线之间的隔离带。

图 5-35　参观环路（Loop）与园区关系图解

对于那些吸引人的动物，游客参观区应设计成狭长的、能同时为更多的游客提供观赏机会的形式（图 5-36）。

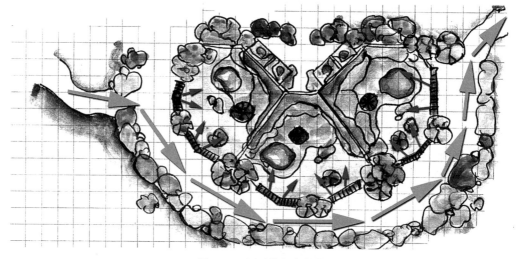

图 5-36　图示狭长参观道

通过设置视觉隔障，可以将游客的注意力集中到特定的展示范围内——展区内的动物和动物周边的环境。这种布局不仅利于创造不同的参观体验，还可以将建设资金主要用于游客的主参观面上，从而减少建设成本或在同样的投资额度下实现更好的展示效果（图 5-37 ~ 图 5-39）。

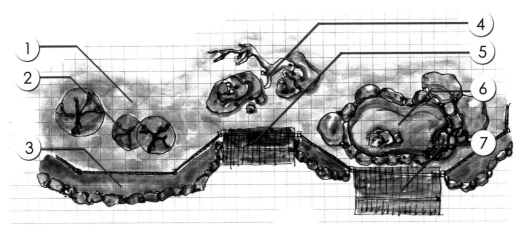

图 5-37　视觉屏障设计平面图解

1—动物躲避区；
2—展区内植被；
3—围网外侧绿化隔离带，形成视觉屏障；
4—展示面丰容，增加动物在参观点视野内出现的机会；
5—参观点；
6—展示面丰容，增加动物在参观点视野内出现的机会；
7—参观点。

图 5-38　剖面位置图示

A—非参观面隔障；
B—参观面隔障。

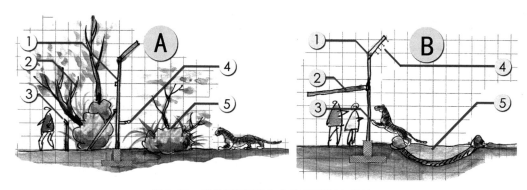

图 5-39　视觉屏障设计和参观面设计剖面图解

图 A：
1—围网隔障；
2—围网外围植物遮挡；
3—植被护栏，防止游客进入绿化带接近围网；
4—电网，阻止动物接近围网；
5—围网内侧植被，为动物提供庇护所。

图 B：
1—围网和反扣；
2—遮阳棚隐藏游客，减少反光，创造舒适参观条件；
3—玻璃幕墙；
4—电网；
5—展示面丰容，增加动物在参观点视线范围内出现的机会和展示自然行为的机会。

## 4. 视觉屏障应用示例（图 5-40）

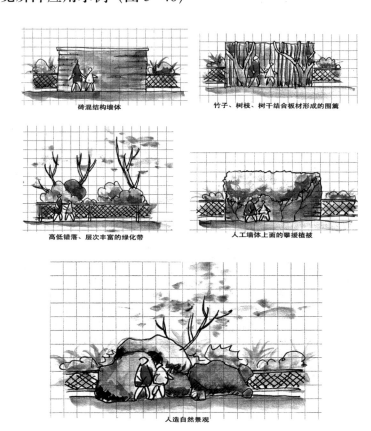

砖混结构墙体

竹子、树枝、树干结合板材形成的围篱

高低错落、层次丰富的绿化带

人工墙体上面的攀援植被

人造自然景观

图 5-40　视觉屏障应用示例

# 四、植被保护

植被是体现展区自然化的重要元素。植被更可以通过改善环境湿度、增加展示环境复杂性、创造遮阴和隐蔽所等途径提高动物福利（图 5-41）。

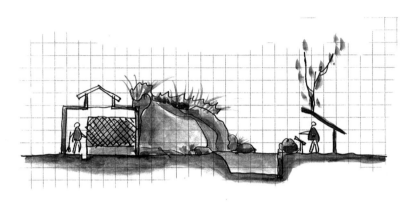

图 5-41　展区内、展区周边绿色植被使展区自然、生动

## 1. 新栽植被保护措施和适用动物

为保证新种植被的存活和生长，必须对植被进行保护，所采取的保护方式可以采用电网、电草、围网、木板（竹片）围裹、矮墙等（图 5-42 ~ 图 5-48）。

图 5-42　植被保护——金属勾花网包裹

防止动物啃食树皮，适用于多数马科、牛科和鹿科动物展区内树木防护。

图 5-43　植被保护——电藤缠绕

防止动物啃食树皮和攀爬，适用于多数食草动物和灵长类动物展区树木防护。

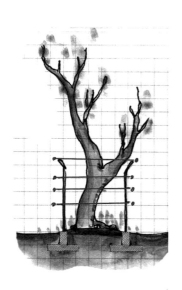

图 5-44　植被保护——电网围护

防止动物接近树木和树木周边植物，适用于多数食草动物和熊科动物，不适用于善于跳跃的灵长类动物。

图 5-45　植被保护——反扣防止攀爬

适用于多数熊科动物、浣熊科动物和其他多种小型食肉动物。

图 5-46　植被保护——厚木板围裹

防止动物破坏树皮，适用于绝大多数不善于攀爬的动物展区树木保护。特别是在狮、虎展区内应用时，还可以为动物提供磨爪的机会。

图 5-47　植被保护——种植池，抬高基座或者辅以电网

适用于大型食草动物展区内的植物保护，例如大象、犀牛、河马、野猪展区。

图解动物园设计（第二版）

除了大象和大型灵长类动物，几乎适用于其他所有动物展区内的树木防护。

图 5-48　植被保护——本杰士堆，适用于几乎所有动物

## 2.场地内原有植被的保护

在已经具有一定植被的场地设计自然风格的动物展区，对场地内现有的植被进行尽可能的保护至关重要。动物置身于与其原生栖息地尽量相近的场地内是保证展区自然风格的决定因素。展区内的自然风貌在很大程度上取决于场地原貌的保持和场地内的植被多样化。原有场地内的所有植被必须尽可能地保留——丰富的植被多样性有利于展区自然风貌的营造。特别是现状树必须得到必要的保护，以避免动物对树枝或树皮的啃食和破坏。现状树往往生长多年，可以提供大面积阴凉。对单独的树木或对一片大区域内植被的保护可以通过多种手段实现，这些手段包括围栏、在树干上缠绕围裹金属网或者电网等（图 5-49）。

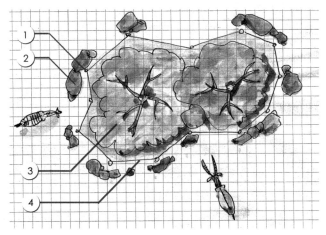

1—电网支架；
2—电网支架基础周边石块，
　保护支架基础；
3—电网封闭区内受保护植被；
4—电网。

图 5-49　绿化区域封闭、隔离图

但是很多动物需要有树干、树枝作为环境丰容元素，这时候应该为动物提供更多的能够发挥同样功能的死去的树桩、树杠，或者在展区内插或悬挂一些树枝。这些设计，都可以减少动物对植被的破坏（图5-50）。

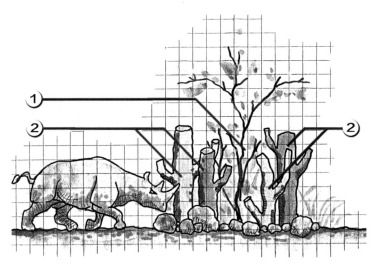

1—受保护的植被；
2—可以供动物倚靠、刮蹭、啃噬的树桩。

图5-50　为动物提供可以破坏的树桩

# 五、利益平衡

在游客参观效果、动物福利和操作的安全便捷性之间，设计师应与动物园方人员协商，权衡各方利益。

## 1.参观体验和动物福利

视觉无障碍参观模式往往采用壕沟、水体或玻璃幕墙等隔障形式，但上述方式的采用如果导致动物福利受损，如活动面积缩减、高温、通风条件差、丰容基础不足等情况时，应首先满足动物福利需求。对于善于攀爬的动物，封顶笼舍可以大幅度增加有限空间的利用率（图5-51，图5-52）。

## 2.避免游客伤害

在现代动物园设计中，游客对动物造成的任何故意伤害都不能被接受。动物园有责任通过改良隔障设计、增加警示标识来引导和规范游客行为，必要时甚至应当采取强制手段避免动物遭受来自游客的伤害。为了保证动物福利，有时不得不牺牲少数游客的参观体验（图5-53，图5-54）。

·禁止游客投打、投喂动物——隔障设计必须保证游客不能轻易地投打投喂动物，任何对游客不良行为的纵容都是以牺牲动物福利为代价的，这与动物园节操格格不入。

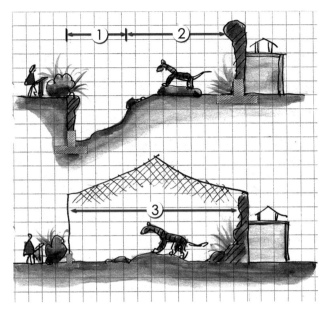

1—隔离壕沟，无效活动空间；
2—有效活动空间；
3—封闭网笼内均为有效活动空间。

图 5-51　图示采用壕沟与封顶网笼隔障空间利用率的差异（剖面图示）

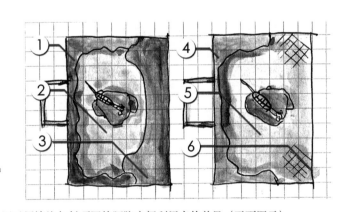

1、4—墙体隔离；
2、5—有效活动范围；
3—隔离壕沟；
6—封闭网笼。

图 5-52　图示用壕沟与封顶网笼隔障空间利用率的差异（平面图示）

任何人都没有权利以牺牲动物福利为代价来招徕游客、迎合少数游客的不良行为。对游客投喂的制止必须是坚决的、持之以恒的。在参观面应设置醒目的标识，并为动物提供躲避空间。必要的牌示包括禁止使用闪光灯、禁止投喂、禁止拍打玻璃、禁止大声喧哗等，所有牌示必须清晰明确，并让游客感受到对这些少数恶劣行为的严格禁止，这些措施除了避免动物受到伤害以外，还能保证最大多数游客的参观体验。

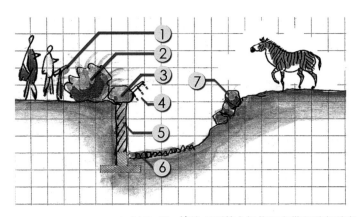

1—绿化隔离带防护栏杆，阻止游客进入绿化带接近动物，栏杆上加设禁止投喂的标识；
2—绿化隔离带，加大游客与动物间的距离；
3—壕沟掩饰，通过视错觉造成假象；
4—电网，防止动物破坏绿化带内植被和接近企图投喂的游客；
5—混凝土挡土墙；
6—壕沟底部石块铺垫，减少动物在壕沟底部滞留时间；
7—壕沟内侧坡面掩饰，同时为动物提供地形变化警示，避免动物进入壕沟。

图5-53　壕沟必须结合绿化隔离带以避免游客投喂动物

1—围网隔障；
2—棚屋，减少对动物打搅，同时创造舒适参观条件；
3—封闭的玻璃幕墙，保证游客接近参观动物时不能投喂食物；
4—植被，作为展示前景；
5—电网防止动物接近玻璃幕墙。

图5-54　避免游客投喂的通用设计模式

·通过双层展窗设计减少对动物的干扰——游客拍打展窗来刺激展窗内动物活动与投打投喂动物一样，严重地损害了动物福利，甚至直接引起动物惊撞导致死亡。对这种行为必须严格禁止，不仅如此，还要通过双层玻璃和振动阻断设计手段来减少拍打玻璃对动物的伤害（图5-55）。

·提供替代品增加游客参观体验——游客参观动物园过程中往往会追求特殊体验，例如与动物合影、近距离感受动物，甚至触摸动物、亲手饲喂动物等，这些与野生动物福利保障相悖的游客需求可以通过保护教育设计实现利益平衡，具体内容请参阅第九章"保护教育设计"。

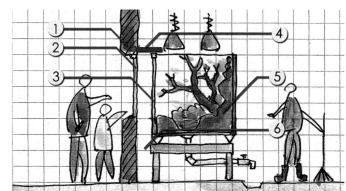

1—参观面挡墙;
2—玻璃参观橱窗;
3—展箱参观面玻璃;
4—挡光板,减少展箱照明对
  参观效果的干扰;
5—展箱;
6—展箱支架与参观面挡墙保
  留空隙,阻断振动传递。

图 5-55　图示双层玻璃和振动阻断设计图解

# 第二节　隔障分级

　　高水平的展示设计一定是多种隔障方式的组合应用,因为任何一种隔障的单一应用都难以同时满足动物福利、行为管理操作和游客参观体验的需要。组合应用隔障的前提是对各种隔障的形式、功能进行分级。

## 一、一级隔障——终极隔障

　　一级隔障也称为终极隔障,指动物在任何情况下均无法逾越的隔障。多种一级隔障组合在一起,可以确保将动物限制在日常活动安全区域和展示区内。一级隔障可以由展示区隔障、非展区网笼、围栏、动物夜间休息室和分配通道等部分组成。需要特别强调的是:一级隔障均采用物理隔障的方式,任何形式的电网均不能单独作为一级隔障。

## 二、二级隔障——区域限定

　　二级隔障的主要作用是对动物或游客进行活动区域限定,以保证展示效果、防止动物间伤害和游客对动物的伤害。二级隔障可以采用电网、栏杆等方式,可以是一些临时性的物理隔障,限制动物的活动范围,使动物不能接近一级隔障或者使游客不能直接接触动物。二级隔障常用于将动物限制在展区内的一定区域内活动,例如在展区参观点阻止动物进入壕沟底部的参观盲点,或阻止游客进入操作区域等。动物园周边的围墙,属于二级隔障。

## 三、三级隔障——功能实现

　　三级隔障的主要作用是对设施设备、绿化等区域的围护，避免动物或游客对设施设备及绿化造成破坏。三级隔障可以采用电网、栏杆等方式，往往应用于阻止动物接近受保护的植被区域或接近一级隔障。如使用不同形式的电网避免危险动物接近围网。为了考虑自然风格的需要，展区内的电网常被伪装成"电草""电藤"或"电根"的形式（图5-56，图5-57）。

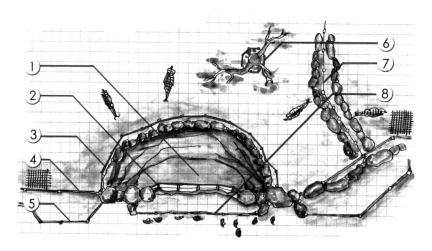

图 5-56　隔障分级平面图解

1—参观面隔离壕沟与挡土墙，阻止动物逃逸——一级隔障；
2—绿篱保护电网—三级隔障；
3—壕沟维护电网，避免动物进入壕沟—二级隔障；
4—围网隔障，阻止动物逃逸——一级隔障；
5—围网外侧绿化带护栏，防止游客进入绿化带接近围网—二级隔障；
6—展区内植被防护电网—三级隔障；
7—展区内动物隔离电网—二级隔障；
8—游客参观点护栏，防止游客进入绿化带接近壕沟—二级隔障。

# 第三节　隔障类型

## 一、围网（网笼）

　　围网（不封顶）或网笼（封顶）主要应用于展区非参观面或非展示兽舍，在展示区如果因为条件限制而造成展示效果和动物福利冲突时，应该优先考虑动物福利。应用围网或

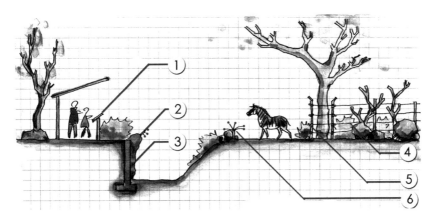

图 5-57　隔障分级剖面图解

1—游客参观点护栏，防止游客进入绿化带接近壕沟—二级隔障；
2—绿篱保护电网—三级隔障；
3—参观面隔离壕沟，阻止动物逃逸——一级隔障；
4—展区内动物隔离电网—二级隔障；
5—展区内植被防护电网—三级隔障；
6—壕沟维护电网，避免动物进入壕沟—二级隔障。

网笼以使动物获得更大的可利用活动空间——在灵长类动物展示中，同样占地面积条件下，网笼所提供的高利用率活动空间远远比壕沟限定的空间大得多。展区使用围网隔障时，在围网或网笼外侧与游客参观通道之间应设计隔离区域，最小隔离宽度为 1.5m（图 5-58）。

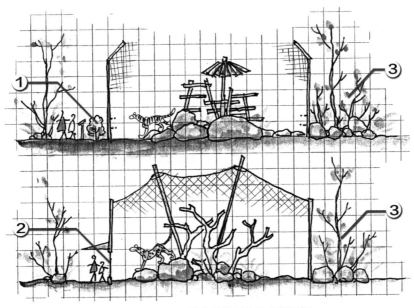

图 5-58　围网隔障和绿化隔离带应用图解

1—绿化隔离带宽度大于 1.5m；
2—局部应用玻璃幕墙作为集中参观面；
3—围网背侧的植被背景；

·硬质网——主要为钢绞线轧花编织方格网或点焊网，多应用于网笼侧壁竖向隔障，或在网笼展舍底部作为防止展示动物挖掘逃逸、防御鼠害的措施。硬质网能够为动物提供丰容环境基础，特别是为善于攀爬的动物创造活动机会。在动物园运行过程中，管理人员会逐步认识到硬质方格网的另一个优点：可以方便的"开洞"，形成行为管理操作的作业节点。

·软网——即不锈钢丝编织网，也称为绳网，多应用于网笼顶部。不推荐使用尼龙软网，因其各部位受到不同程度的雨淋、日晒，或受力角度不同，在其老化过程中很容易在局部首先变得脆弱、破损，但最危险的是那些隐形的薄弱环节，使管理人员无法采取主动的防御措施。因此，尼龙软网只能作为临时隔障（图5-59）。

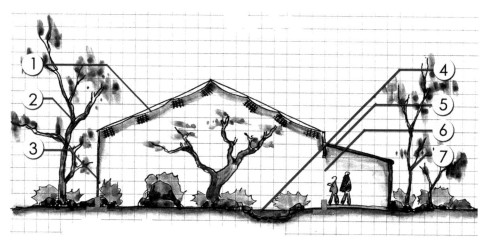

图5-59　通用型展示网笼软网封顶设计图解

1—软网顶网；
2—展示背景植被；
3—网笼侧壁硬质方格网；
4—展示内丰容，引导动物接近游客最佳观察位置；
5—棚屋；

6—玻璃幕墙；
7—参观区内植物种植，力求与展区内和展示背景植被呼应，并能表现展示物种的生态特征，这是沉浸展示设计手法的有效应用。

随着不锈钢绳网的普及，绳网封顶网笼已经成为最优选的动物园展示设计形式。这种曾经的"笼舍式"展示形式的代表，目前却在众多欧美先进动物园中逐步取代壕沟隔障等形式的开敞展区设计，究其原因，在于各动物园对动物福利认识的提高。封闭网笼可以为动物提供最高的空间利用率，为环境丰容创造更多条件。这种笼舍形式不仅适用于鸟类、灵长类动物，也适用于善于攀爬跳跃的食肉类动物。近些年，甚至出现了在封闭网笼中展示高山有蹄类动物的趋势，这一趋势，直接反映出动物福利在隔障取舍方面正在发挥越来越大的影响力。

与早期的硬质网笼支撑框架模式不同，绳网封顶笼舍往往采用内部支撑结合钢缆的"悬挂式"结构，这种设计可以建成大规模的网笼，并且因其具有一定弹性，可以有效抵御积雪的压力（图5-60～图5-62）。

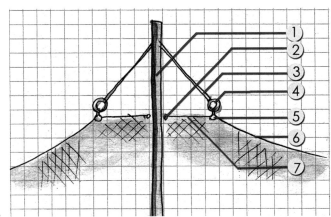

1—承重立柱；
2—立柱环箍；
3—吊挂承重支架；
4—吊挂承重环；
5—软网接合环箍；
6—软网；
7—立柱环箍与接合环箍之间的软网封闭。

图5-60　软网环状支撑图解（剖面）

图5-61　绳网封闭笼舍的新应用：高山有蹄类展示设计

## 二、栏杆

栏杆材质形式多样，设计原则是在保证动物安全的前提下防止动物逃逸，多应用于食草动物和走禽。在栏杆与游客参观通道之间应设计隔离区域，最小隔离距离为1.5m。

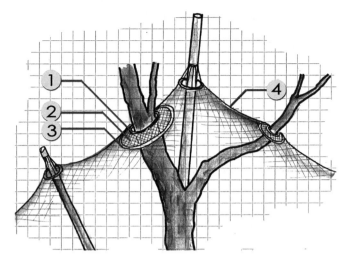

1—内侧环箍，可以通过螺杆调整与
　树木间的空隙，不妨碍树木生长；
2—两层环箍间的软网；
3—外侧大口径环箍，主要起到连接
　固定周边软网的作用；
4—不锈钢绳网顶网。

图 5-62　双环结构解决网笼内高大树木与顶网封闭的矛盾

图 5-63　大象与游客间隔离距离大于 3m

1—常见大象展示面隔障栏杆；
2—游客与隔障栏杆间距不少于 3m，如果考虑绿化隔离带，则绿化隔离带与大象栏杆之间距离为 2.5m。

大象展示面隔障栏杆往往采用竖向钢柱栏杆或横向牵拉的钢缆，因大象鼻子的攻击距离
为 2.5m，所以大象栏杆外侧应设置不少于 3m 的游客隔离带（图 5-63）。

　　相对特殊的栏杆隔障是钢琴线隔障。这是一种采用钢丝绳竖向排列而成的新型隔障
方式。紧张拉伸的竖排钢琴线可以在有效限制大型鸟类、小型哺乳类、部分猫科动物和

图 5-64　钢琴线隔障展示面应用、安装图解

1—人工岩石墙体；　　　　　　4—人工岩石墙体掩饰；
2—钢琴线展示面；　　　　　　5—钢琴线隔障参观面。
3—隐藏于岩石布景中的钢琴
　线周边槽钢或方管框架；

大型爬行类动物活动范围的同时，不造成恼人的视觉障碍。采用钢琴线隔障设计必须保证正确的安装工艺，使每根钢琴线都可以调节松紧度。受材料、工艺和弹性疲劳等因素的限制，这种隔障方式往往仅应用于相对较窄的展示面。大跨度展示面应用钢琴线隔障，不仅需要高强度支撑框架，且由于安装工艺复杂、后期围护难以保证，很少应用（图5-64）。

## 三、玻璃幕墙

　　这种隔障方式近些年在国内动物园，特别是一些大型动物园得到了广泛的应用，这种进步在一定程度上提高了游客观赏效果、避免了游客接触和投喂动物，但其绝非尽善尽美，甚至有时会对动物福利造成损害。

### 1. 玻璃幕墙应用注意事项

● 正确安装——根据不同的强度要求选择不同规格的多层夹胶玻璃，保证可以抵抗四倍于限定动物体重的力的冲击；在安装玻璃幕墙或展窗时，需要安装弹性垫层，玻璃四周需要围护通过螺杆固定的独立限位框架，以便于维护和更换（图5-65，图5-66）。

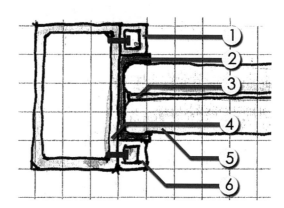

1、6—玻璃四周限位框架；
2—弹性橡胶垫层；
3—玻璃间夹胶；
4—玻璃幕墙边框；
5—玻璃。

图 5-65　玻璃与边框交接示意

1—玻璃幕墙展窗支撑框架；
2—玻璃幕墙展窗独立框架；
3—玻璃幕墙。

图 5-66　玻璃幕墙安装图解

● 防止高温——室外展区的玻璃幕墙应设置遮阴，以避免阳光照射使玻璃受热并对展区产生热辐射作用导致展区内温度过高，同时可以保证游客区域较展区光线暗，减少反光，也减少了游客近距离出现对动物造成的压力（图5-67～图5-69）。

玻璃幕墙通过内外遮阳板，使玻璃置
于阴影范围内。避免玻璃幕墙受到阳
光直射过热而导致对展区内的热辐射。

图 5-67　防止日光直射玻璃幕墙

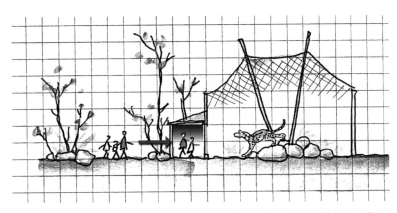

图 5-68　将玻璃展窗置于阴棚内，可以降低玻璃反光，并因为游客处于暗区
而减少对动物的干扰。

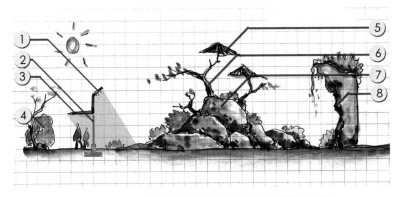

图 5-69　图示应用玻璃幕墙隔障展区的综合降温手段

1—围网隔障，可以为玻璃幕墙提供部分遮阳；
2—玻璃幕墙位于遮阳棚下；
3—遮阳棚；
4—参观点背侧绿化形成光线隔离墙，减少反光；
5—展区内动物遮阳棚；

6—高于周边隔障的栖架；
7—展区内起伏的地形和植被阻断热辐射路径；
8—展示背景墙面自然化处理，形成对辐射的漫反射，减少热
　辐射自激。

● 保证通风——玻璃幕墙设计必须考虑展区通风，通风口应设置于玻璃幕墙底部游客无法接触的位置。玻璃幕墙应与栏杆、围网等隔离方式分段穿插应用，以保证展区通风（图5-70，图5-71）。

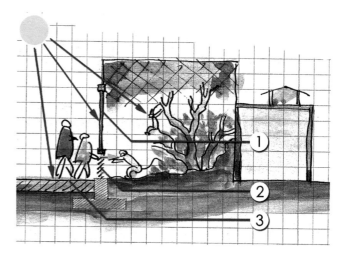

1—展示面没有遮阴，玻璃幕墙接受阳光直射产生大量热辐射；
2—通风格栅成为游客投喂动物的通道；
3—游客参观区硬质地面在阳光照射下温度远高于兽舍内部地表温度，不可能由外向内向兽舍内补充空气。

图5-70　常见的通风格栅错误应用，导致无效通风

1—遮阳棚；
2—玻璃幕墙；
3—游客参观栈道；
4—玻璃幕墙底部通风格栅，游客不能接近；
5—展区内热空气上升，局部形成负压；
6—展区外位于参观栈道下阴影区的低温空气流入展区。

图5-71　图示玻璃幕墙通风口位置：位于参观栈道之下，有效避免游客投喂；入风口位于低处阴影区域，形成温差

● 避免飞鸟撞击——室外玻璃幕墙必须采取措施以防止飞鸟撞击，谨慎选择玻璃幕墙的安装位置和贴附深色猛禽飞翔剪影，都可以降低野鸟撞击导致伤害的几率（图5-72～图5-74）。

● 组合应用——玻璃隔障与其他隔障方式的组合应用可以更好地实现各方利益的平衡，节约建设成本（图5-75）。

● 控制联排数量——作为展示面隔障，不能连续排列超过4个展窗，否则会对游客造成视觉疲劳，无法呈现动物的吸引力（图5-76）。

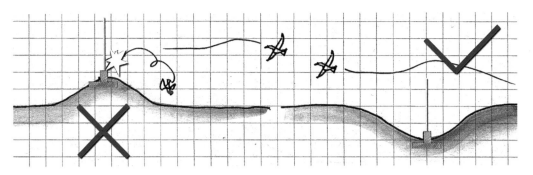

图 5-72　图示玻璃幕墙安装位置对飞鸟飞行路径的不同影响：安放于凸出位置会增加撞击伤害

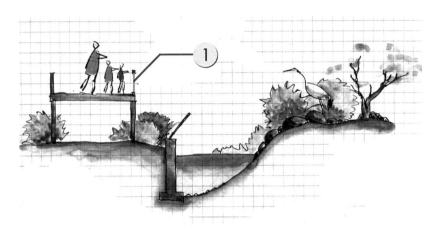

图 5-73　对园区飞鸟来说危险的玻璃幕墙安装位置——凸出于周边环境的玻璃围栏

1—室外开放展区中最容易导致飞鸟撞击的玻璃护栏安装位置

图 5-74　室外玻璃橱窗贴附猛禽剪影图案减少野鸟飞撞

图 5-75 图示玻璃隔障与围网和壕沟的组合应用图解

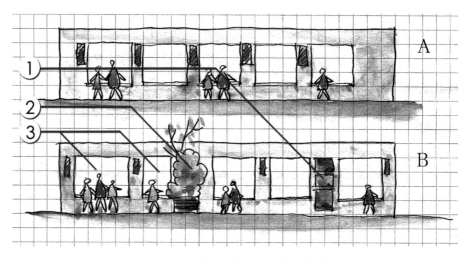

图 5-76 连续排列玻璃展示橱窗设计图解

1—增加保护教育信息展示牌示；
2—橱窗间绿化间断；
3—扩大或缩小部分橱窗。
A—连续展窗，造成参观疲劳；
B—变化的展窗，保持游客的参观兴致

## 2. 玻璃幕墙应用禁忌

● 鸟类慎用——鸟类室外展示禁止使用大面积玻璃幕墙，只能应用小块玻璃展示橱窗，且橱窗必须位于遮阳棚内，以防止展区内的鸟类撞伤（图 5-77）。

● 切忌过度应用——玻璃幕墙不能用于非展示面，这种设计严重损害动物福利。动物之间应用玻璃隔障，使动物无法避免来自相邻笼舍动物个体的视觉压力，同时多个玻

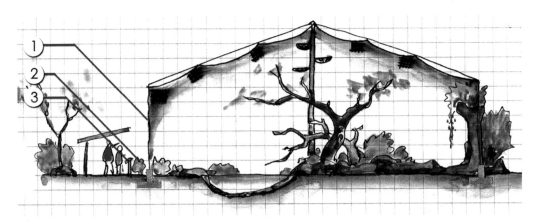

图 5-77　鸟类室外展示禁止使用玻璃幕墙

1—围网隔障；
2—游客与围网间绿化隔离带；
3—绿化隔离带防护栏。

璃反射面在自激作用下导致展示区内温度过高，这种应用除了防止动物之间肢体伤害以外一无是处（图 5-78）。

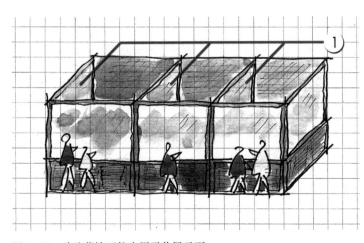

1—错误的玻璃幕墙隔障安装位置

图 5-78　玻璃幕墙不能应用于非展示面

## 四、壕沟

　　采用壕沟作为隔障方式的主要益处是创造了一个开敞、自然的展示空间，从而使游客获得身临其境的感受；应用壕沟的目的是为了保证参观效果和园区的景观效果，如果场地有限，壕沟隔障的应用并不会给动物直接带来福利的提高。在西方现代动物园中，用壕沟作为游客和动物之间、动物和动物之间的隔离方式始于 100 多年前，经过一个多世纪的发展，许多先进的动物园基于壕沟隔障的使用，结合其他展示设计手法，特别是大量沉浸设计元素的应用，往往在展区内形成令人惊叹的视错觉，使游客获得难忘的自然感悟。

　　壕沟可以分为 U 形壕沟和 V 形壕沟。U 形壕沟由于可能因为动物坠落造成伤害而逐渐被摒弃。如果受到场地限制不得不应用，也要注意在壕沟一端预留动物坠入后返回展示区的脱困台阶或坡道。U 形壕沟内侧与动物邻近的边缘，需要设置视觉警示带，例如大型石块或倒伏的粗大树桩，这些警示性隔障往往与作为二级隔障的电网组合应用（图5-79）。

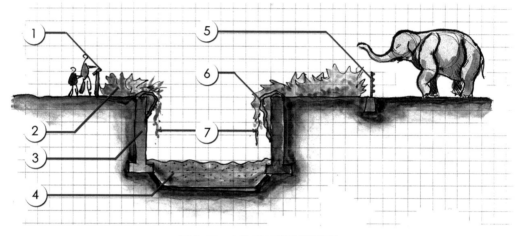

图 5-79　大象 U 形壕沟设计图解

1—游客护栏；
2—绿化隔离带，保证游客与壕沟间距不低于 3m；
3—混凝土挡墙；
4—壕沟底部铺设 40 厘米干燥沙土，防止动物坠落造成过度伤害；

5—壕沟防护电网，阻止动物接近壕沟不慎坠落；
6—壕沟内侧混凝土挡墙自然化表面处理；
7—壕沟宽度不低于 3m。

　　V 形壕沟可以创造更自然的展示效果，同时可以防止动物坠落造成伤害；壕沟隔障必须配合有效的排水设计和保证水位的溢水口（图 5-80，图 5-81）。

　　壕沟发挥隔障作用的道理与墙体隔障一致，只要保证动物无法翻越墙体即可限制其活动范围，基于这一点的理解可以更灵活地进行壕沟设计。

　　壕沟结合水体隔离，就形成了所谓的"湿壕沟"，是否采用这种形式，主要由圈舍内饲养的动物行为特点决定。例如，猕猴都是出色的游泳健将，采用湿壕沟隔障方式时可能需要电网或水面上设置挡墙等辅助措施；但叶猴和狐猴却不善于游泳，可以通过湿

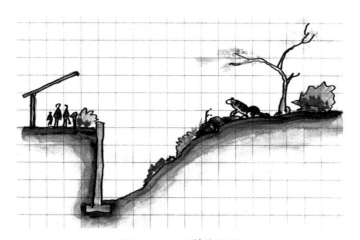

图 5-80　V 形壕沟图示

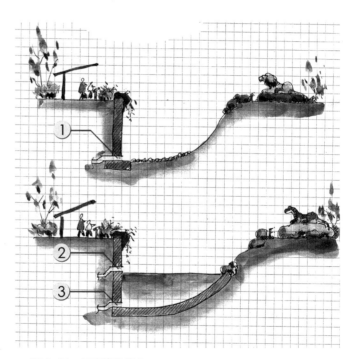

1—干壕沟底部排水；
2—湿壕沟需要设置溢水口，以保证安全水位；
3—湿壕沟底部排水。

图 5-81　图示壕沟排水

壕沟有效限制动物活动范围。

多数情况下，应用湿壕沟最主要的目的是再现"动物的自然景观"，这种情况下有时会将水体隔障和电网结合在一起，组合应用（图 5-82）。

应用湿壕沟的不利因素在于壕沟内水体可能因为不能及时更换而变质，甚至成为动物园中的疾病源头和传播途径。在地势平坦的动物园中，构建壕沟需要承受由大量的土方施工、有效的排水设施造成的高昂成本。

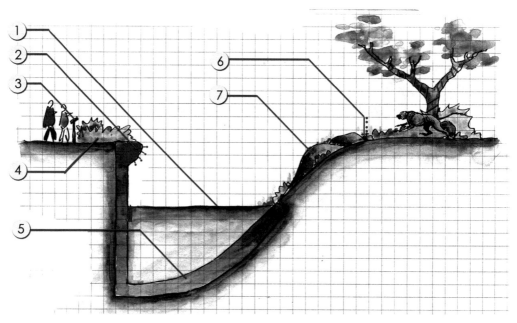

图 5-82  湿壕沟设计图解

1—壕沟内水体；
2—混凝土挡墙，上部形成反扣或增设电
　网；
3—游客护栏，阻止游客进入绿化隔离带
　接近壕沟边缘，同时保持视线高度；

4—绿化隔离带；
5—壕沟底部混凝土防渗层；
6—部分动物展区此处可增设电网，阻止
　其进入壕沟；
7—壕沟内侧自然化装饰布景。

　　湿壕沟隔障的主要价值在于创造自然的展示场景。对动物野外环境栖息地自然特点
进行忠实还原或营造参观视错觉，需要生物学、美学、建筑学等专业的结合，只有这样
才能实现"动物自由自在地生活、仿佛没有活动区域限制"的景观效果。通过综合知识
的掌握和应用尝试，可以发现湿壕沟并非实现自然展示效果的唯一选择（图 5-83）。

　　无论采用干壕沟或湿壕沟，都会占用一定的场地面积。这种曾经在 20 世纪初备受推
崇的隔障形式，近些年正在多家欧洲现代动物园中渐渐消失。对动物福利的重视，使越
来越多的老牌动物园选择使用现代工艺和结构搭建的绳网封顶笼舍替代壕沟。这种展示
形式表面上的"倒退"，恰恰反映出更深层面的文明进步。

# 五、墙体

　　墙体经过伪装，是一种可靠的、对动物来说更友好的隔障方式。通过对墙体表面进
行自然化处理和攀缘植物掩饰，可以形成自然的展示背景。

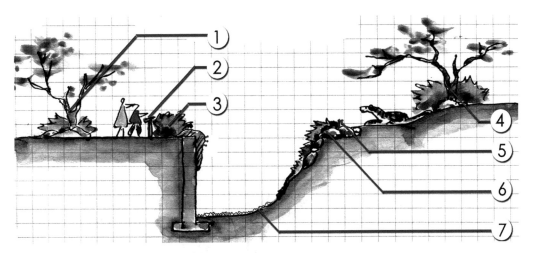

图 5-83　干壕沟模拟自然景观设计图解

1—展区周边植物种植符合展示动物生境特征；
2—游客护栏；
3—绿化隔离带，植物种类选择符合展示动物生境
　　特征；
4—展区内植物种植，种类选择符合动物生境特征；

5—电网，防止动物进入壕沟；
6—壕沟内侧自然景观处理；
7—壕沟底部铺设石块层，避免杂草生长，减少
　　动物在此停留的舒适度，以避免动物在壕沟
　　底部长时间滞留。

● 墙体隔障作为展示背景（图 5-84）

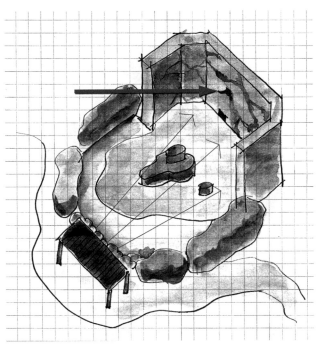

图 5-84　展示背景墙

● 展区内动物之间的隔障墙阻断动物之间的视觉压力（图 5-85）

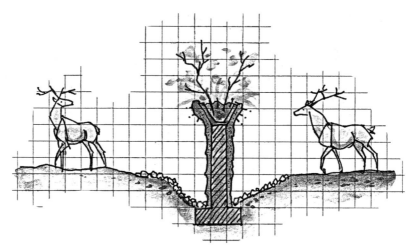

图 5-85　展区内动物之间的墙体隔障

● 特殊的表面肌理制造工艺保证墙体隔障发挥作用（图 5-86）

图 5-86　图示高墙隔障表面装饰肌理：使动物无法借力攀爬

● 墙体与地形起伏结合，作为挡土墙同时发挥隔障作用会形成更自然的展示背景，这种设计手法也是设计建造迂回参观通道的重要手段（图 5-87，图 5-88）。

图 5-87　隔障墙与地形起伏相结合，形成视错觉，营造沉浸气氛

图 5-88　挡土墙作为隔障，限定游客视线和活动范围，形成空间错觉，突破场地面积的局限

● 墙体掩饰，也可应用于建筑侧壁（图 5-89）

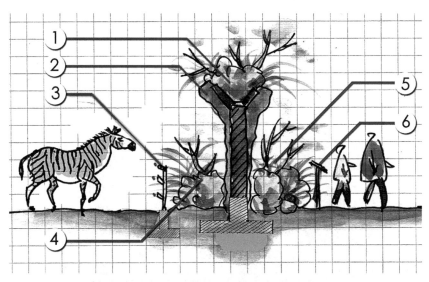

图 5-89　墙体隔障自然化设计图解

1—墙体顶部设置种植槽，　　　　4—隔障内部植被，实现更自然的展示背景；
　　同时形成墙体反扣；　　　　　5—墙体外侧植被，实现非参观区墙体掩饰，
2—墙体表面自然质感处理，　　　　　使游客忽视动物展区位置，形成空间错觉；
　　与反扣种植槽结合；　　　　　6—绿化带隔离护栏，防止游客进入绿化带。
3—隔障内部植被保护电网；

## 六、水体

水体隔障有多种应用模式，但都从以下三方面发挥隔障作用：

1. 利用部分动物惧怕水的特点使动物远离水体：如狐猴、长臂猿、黑猩猩等，在这类动物的水体隔障设计中，必须设置落水防护护栏，以避免动物不慎落水溺毙。这种途径对动物并不友好，且存在风险，不推荐使用（图 5-90，图 5-91）。

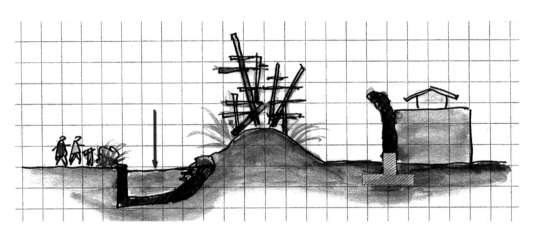

图 5-90  图示黑猩猩室外活动场隔障剖面（利用动物对水体的恐惧）

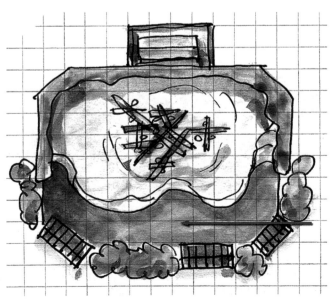

图 5-91  图示黑猩猩室外活动场隔障平面（利用动物对水体的恐惧）

图解动物园设计（第二版）

多家动物园发生过黑猩猩在隔障水体中溺亡的惨剧，甚至在动物处于极度恐惧、惊慌的情况下，深度只有 30 厘米的水体就可能造成幼年黑猩猩溺亡。所以，当不得不采用水体隔障时，必须安装落水防护栏杆（图 5-92）。

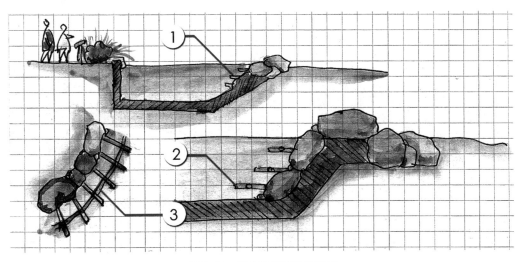

图 5-92　落水防护栏设计图解

1—水下落水防护栏的剖面位置；
2—落水防护栏安装方式；
3—水下落水防护栏的平面位置。

　　2. 利用水对跳跃能力的限制，使善于游泳的动物无法逃逸，如猕猴、老虎、有蹄动物等（图 5-93，图 5-94）。

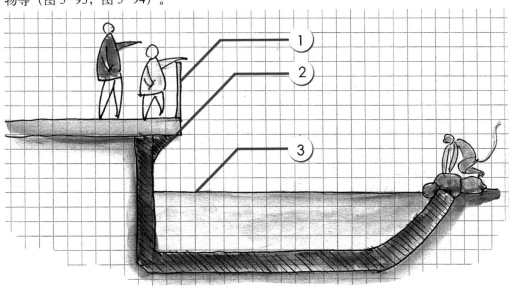

图 5-93　利用行为限制，在猕猴展区参观面应用水体隔障剖面图解

1—玻璃幕墙，由于高出地面，必须贴附猛禽剪影避免野　　2—此处形成反扣；
鸟冲撞；　　　　　　　　　　　　　　　　　　　　　　3—隔离水体，动物在水中无法蹬踏借力，限制猕猴跳跃。

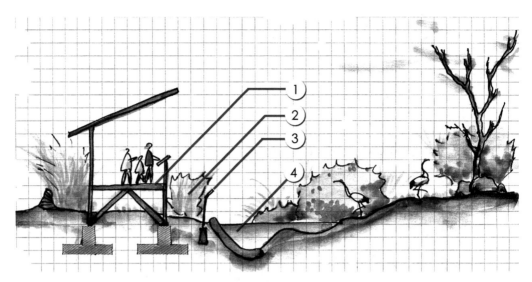

图 5-94　限制飞行处理后的涉禽展区参观面水体隔障剖面图解

1—游客参观栈道；　　　3—围网隔障；
2—绿化隔离带；　　　　4—水体，限制涉禽跳跃翻越隔障接近游客。

3. 水下展示面——水体内可见的动物行为是更高级的展示内容，应用于多种具有吸引力的水下行为展示的动物，如虎、河马、水獭、鳄鱼等（图 5-95，图 5-96）。

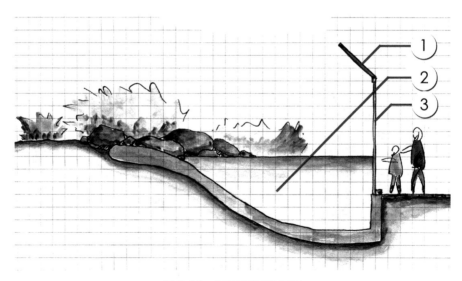

图 5-95　水下展示设计图解

1—玻璃幕墙顶部反扣；
2—隔离水体，同时形成水下展示参观面；
3—玻璃幕墙。

图 5-96　河马水下展示设计图解

1—防止翻越护栏；　　　　　　　　　　　　3—水下河马行为展示；
2—人工岩石幕墙顶部装饰，同时形成反扣；　　4—玻璃幕墙。


# 七、电网

电网本身并非绝对可靠，所以绝不能单独用作一级隔障，只能用于二级隔障或三级隔障。特别需要注意的是，展区中如果存在幼年动物，则严禁应用电网；电网导线间距不能造成肢体嵌塞，导致动物触电死亡。

电网的设计和安置形式都必须与动物园行业专家进行谨慎论证。在场地有限的情况下，不要使用电网。电网是通过电击"惩罚"动物，以减少它们再次接近电网的行为，这种行为结果有损动物福利；而且，就像所有通过"惩罚"让动物"学会"动作的一样，动物可能在承受巨大压力的情况下做出与人们的期望完全相反的举动，造成巨大的破坏或伤害。

1. 不同的电网形式：电网形式多样，采用哪种形式同时受到动物行为能力和展示设计景观需求的决定（图 5-97）。

2. 电网的安装位置：电网是否能够发挥辅助隔障作用与电网的安装位置关系密切，采用哪种形式和安装位置由动物行为特点决定（图 5-98）。

电网是对动物非常不友好的隔障方式，且日常维护成本高昂，不仅如此，大象、类人猿等高智商物种还可能利用展区内掉落的树枝、可移动的丰容物等"工具"破坏电网，从展区逃逸，甚至酿成更惨痛的悲剧。

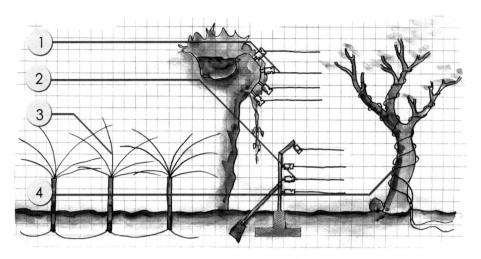

图 5-97　不同电网形式

1—挡墙高处贴附电网；　　3—电草；
2—地面电网；　　　　　　4—电藤。

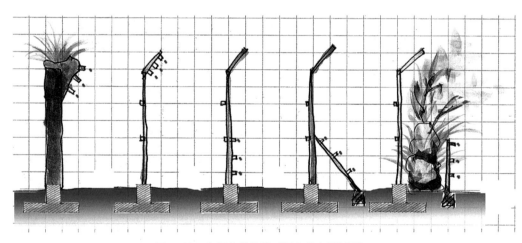

图 5-98　电网安装位置（圆点为电网切面）

## 第四节　动物行为特点、能力分析与隔障方式选择

　　动物园中饲养展示的野生动物逾千种，而隔障形式不超过 10 种。之所以采用少量的隔障方式就能使上千种动物被安全地限制在各自的展区内，缘于设计师们已经在采取一种特殊的"分类系统"对动物园中的野生动物进行分类。这种分类系统的分类依据基于动物的"行为能力"。

选择哪种物理隔障方式由游客参观体验、动物逃脱后可能对游客造成的伤害程度以及动物的攀爬、跳跃能力决定。没有任何一种隔障方式能够满足所有相关方的需求。正因为如此，应该采取不同类型的隔障组合。

以下"分类系统"的内容仅适用于动物园设计中隔障方式的选择，所有的举例说明都仅代表该物种的行为共性特点和能力。在特殊情况下，设计师需要了解动物的个体特点，特别是该个体的特殊行为能力和以往逃逸经历。这里绘制的所有示意图仅仅为了用更直观的形式对隔障设计进行说明，并不能反应严格的比例和尺寸（图5-99）。

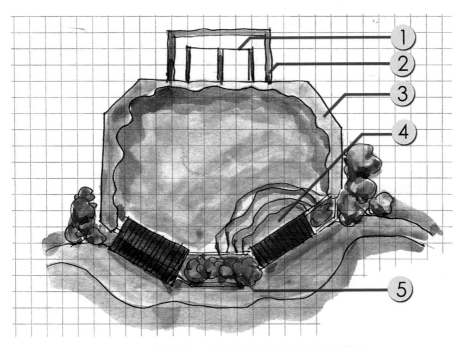

图5-99  本节文字与展示设计现场的位置对应和说明

1—非展示区操作面隔障；　　　　　　　　　　4—展示区参观面隔障，尽量保证视觉通透；
2—非展示区非操作面隔障；　　　　　　　　　5—展示区非参观面视觉屏障。
3—展示区非参观面隔障，作为展示背景；

# 一、善于跳跃和攀爬的陆栖动物——狮、虎的隔障设计

## （一）参观面（展示面）隔障推荐

### 1. 壕沟隔障

● 老虎：

老虎展示面，推荐应用 V 形湿壕沟隔障，因为在自然界老虎喜欢游泳。壕沟内侧的斜坡处理应该允许动物接近水体（图5-100）。

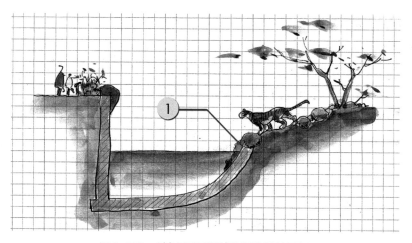

图 5-100　老虎展示面湿壕沟隔障设计图解

1—壕沟内侧边缘处理允许动物进入壕沟水体。

● 狮子：

狮展示面隔障方式推荐 V 形干壕沟，因为他们的生活环境相对干燥。壕沟内侧的挡土墙斜度应避免动物走进壕沟或藏在沟底（图 5-101）。

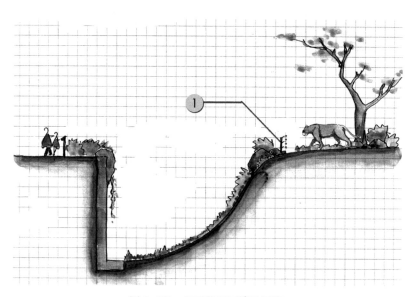

图 5-101　图示狮子干壕沟隔障

1—此处可以考虑设置电网避免动物进入壕沟。

● 壕沟设计注意事项：

湿壕沟内的巨大水体难以保持清洁，往往滋生害虫和疾病，而且老虎往往会到壕沟内饮用污水造成疾病，所以要重视湿壕沟本身水循环和周边地形的排水条件。在壕沟与游客之间必须种植绿篱，以形成缓冲带，这种缓冲带还可以保证游客视线角度，形成更自然的展示效果。绿篱本身必须得到必要的保护，在绿篱与游客之间应该设置围网栏杆以避免游客进入、破坏绿篱。即使是从追求"自然风格"的考虑不在绿篱外侧架设围栏，也应该在绿篱中间隐藏围栏，避免游客进入缓冲带并试图接近壕沟边缘。壕沟的挡土隔墙往往高于游客所处地面，形成与壕沟之间的围挡，在挡墙上种植攀缘植物会使壕沟看起来更加自然，减少人工痕迹。

在参观面壕沟隔障最佳参观区域内，应该增加环境丰容设计，吸引动物出现在期望位置，以实现最佳展示效果。

### 2. 围网或高墙结合玻璃幕墙展窗

尽管壕沟可以营造开敞、自然的展示效果，但在面积有限的动物园仅仅为了实现展示效果而牺牲掉动物的活动空间，则与动物园的宗旨相悖。面积有限的动物园更推荐围网或高墙与玻璃幕墙组合的隔障形式：在围网或高墙隔障的部分位置，通过遮阳棚与大块玻璃幕墙的组合，会形成非常受欢迎的展示参观面，这种方式提供了一种既不会过分打扰动物又可能使游客近距离观赏动物的参观点（图 5-102 ~ 图 5-104）。

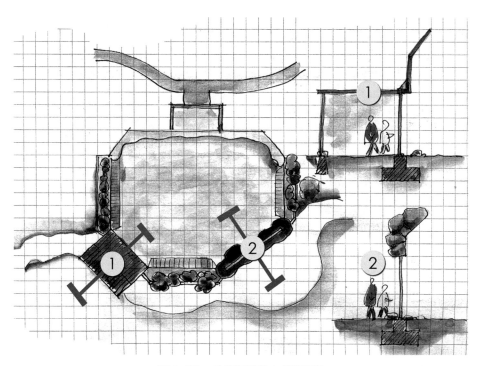

图 5-102　玻璃幕墙组合应用图解

1—围网结合位于棚屋内的玻璃幕墙所在位置及剖面图解；
2—高墙体结合玻璃幕墙参观点所在位置及剖面图解。

图 5-103　金属围网和棚屋、玻璃幕墙组合形成参观面

图 5-104　人工岩石墙体隔障与玻璃幕墙组合应用效果

## （二）非展示面隔障推荐

### 1. 金属编织围网

如果把围网处理成黑色或暗绿色，则围网很容易被在围网外侧种植的高大绿篱所掩饰，如果再加上围网内侧种植的灌木丛，几乎可以完全避免游客参观视线内围网造成的视觉干扰。网片必须安装在框架内侧，即动物一侧，以免动物通过框架借力攀爬（图5-105，图5-106）。

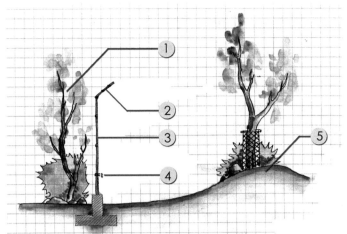

1—围网外侧植被；
2—围网反扣；
3—围网隔障；
4—电网，避免动物接
　近围网造成破坏；
5—围网内侧地形设计，
　以降低围网在游客
　视线中的高度。

图 5-105　狮、虎非展示面围网隔障设计示例

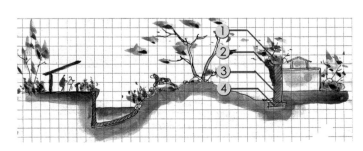

1—围网外侧植被；
2—围网隔障；
3—围网内侧受电网保
　护的围网前景植被。

图 5-106　围网隔障作为展示背景设计图解

## 2. 高墙体

高墙结合顶部种植槽和墙体表面自然化处理，会形成自然的展示背景，但造价较高（图5-107）。

1—高墙顶部种植槽；
2—墙体表面质感自然化
　处理，同时形成反扣；
3—混凝土挡墙；
4—挡墙基础降低，与挡
　墙前面地形起伏相结
　合，降低挡墙在游客
　视野内的高度。

图 5-107　高墙应用设计图解

## 二、善于跳跃、不善于攀爬的陆栖动物隔障设计

这类动物在动物园中很常见，往往都采取大面积群养的展示方式。主要包括犬科动物、鬣狗和平原生活有蹄类动物等。

### （一）参观面的隔障方式

均推荐 V 行平底干壕沟，因为这些动物本身的野外生活环境都比较干燥、远离水源。V 形壕沟与 U 形壕沟相比，不仅具有更自然的外观，而且造价更低、更可取。V 形壕沟唯一的缺点是动物可能进入沟底而降低可见度，可以通过增加展区内的丰容设施和项目、清除壕沟底部的杂草和在沟底铺设石块层等途径解决（图 5-108）。

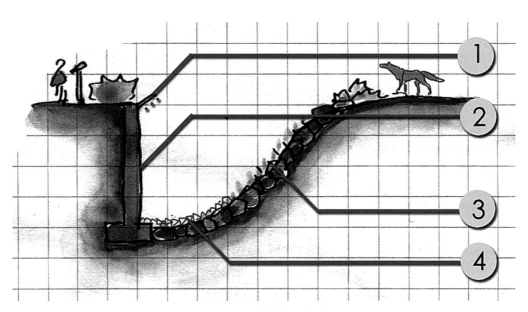

图 5-108　犬科动物隔障图解

1—反扣，可以与电网组合应用；
2—混凝土挡墙；
3—壕沟斜面铺设岩石护坡；
4—壕沟底部铺设石块层。

降雨导致泥土淤积会降低壕沟的有效深度，甚至导致动物逃逸。淤积的泥土来自动物对斜坡践踏后导致的土壤剥落，可以通过在斜坡地表下铺设防护网的方式对斜坡土壤进行固定。对于那些特别干燥的地区，建议在斜坡上面堆垒石块，保护石块间的植被根系免受动物破坏从而起到固定土壤的作用。这样的设计也可以使壕沟看起来更加自然（图 5-109）。

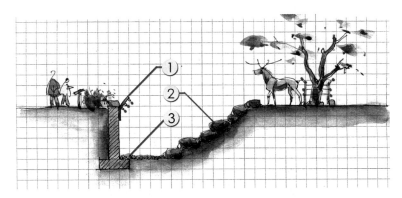

图 5-109　斜坡铺装岩石固定土壤图解

1—反扣结合电网，防止动物破坏绿化隔离带；
2—岩石护坡；
3—壕沟底部铺设石块，避免杂草滋生和动物
　　长时间停留。

如果受到场地的限制，狼、鬣狗的参观面隔障与狮、虎类似，都推荐围网或高墙和玻璃幕墙的组合形式，将玻璃幕墙置于棚屋内会使游客获得更好的参观体验。

## （二）非参观面的隔障方式

非参观面部分的隔障可以采用 2.5m 的高墙或 3.0m 高的金属编织网。采用细密的网眼可以避免动物的爪子或蹄子伸入，阻止动物攀爬或损伤四肢。将围网涂成暗色或黑色，并在围网外侧种植高大绿篱，使围网隐藏于树木的光影中。如果展示场地允许，可以在金属围网内侧大约 1m 高的位置增加一道电网，并在两层围网之间种植绿篱和攀缘植物，位于围网内侧的植物与围网外侧的植物一道可以很好地将围网隐藏起来（图 5-110）。

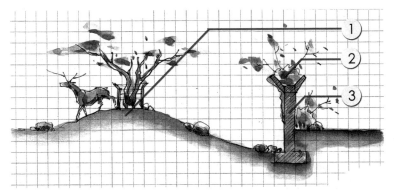

图 5-110　墙体隔障设计图解

1—地形起伏，降低游客视野内墙体高度；
2—墙体顶部种植槽；
3—混凝土墙体。

### （三）隔障特例

犬科动物中的特例是豺，他们跳跃能力强，善于借助围网之间的夹角飞檐走壁，在动物园中只建议采用封顶网笼展示（图5-111）。

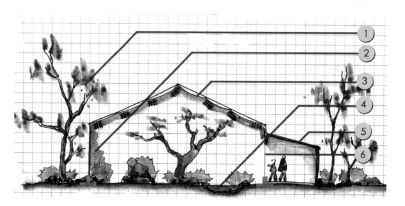

1—展区背景植被；
2—展示背景墙；
3—不锈钢绳网封闭顶网；
4—展示面丰容设计；
5—棚屋；
6—玻璃幕墙。

图5-111　豺封顶网笼隔障设计图解

## 三、善于攀爬、不善于跳跃的动物——各种熊

### （一）展示面隔障推荐

#### 1. 壕沟（图5-112）

1—绿化隔离带防护栏杆；
2—绿化隔离带；
3—挡土墙顶部装饰，形成反扣；
4—岩石护坡；
5—碎石块铺装，避免动物在壕沟底部滞留。

图5-112　大熊猫壕沟隔障设计图解

几乎每种熊都是攀爬能手，所以对于他们来说，展示面均建议采用V形平底干壕沟。由于V形壕沟比U形壕沟具有更自然的外观，并且造价更低而更受欢迎，需要注意的问题与其他V形壕沟一致——在斜坡上进行特别铺装和种植设计，避免雨水和践踏导致的土壤滑落、淤积。

对于大熊猫和马来熊，展示面建议采用5.5m宽、2.8m深的干壕沟作为隔障；对于黑熊、棕熊，展示面建议采用5.5m宽、4m深的干壕沟作为隔障（图5-113）。

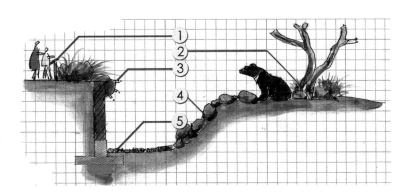

1—绿化隔离带护栏；
2—展区内丰容设计；
3—挡墙反扣，可以增设
　　电网，实现双重防护；
4—岩石护坡；
5—壕沟底部石块铺装。

图5-113　黑熊展示面干壕沟隔障

## 2. 围网或墙体结合玻璃幕墙（图5-114，图5-115）

1—围网隔障；
2—遮阳棚；
3—玻璃幕墙；
4—电网(可选)。

图5-114　参观面玻璃幕墙结合围网设计剖面图解

1—人工岩石挡墙，顶部反扣；
2—展示面丰容设计；
3—玻璃幕墙；
4—电网。

图5-115　参观面玻璃幕墙结合人工岩石风格挡墙设计剖面图解

### (二) 非展示面隔障

大熊猫和马来熊,非展示面隔断方式建议采用表面光滑的墙体,顶部构建反扣,防止动物攀爬逃逸。

当场地范围或建设资金有限时,建议采用高度 4.5m 的金属编织网,顶部 1m 为平滑倾斜钢板反扣。除展示面壕沟外,其他隔障部分均可采用符合以上要求的硬质编织网。对绝大多数熊科动物来说,最理想的展示模式是在展示面采用壕沟隔障,在其他部分采用表面肌理无法借力攀爬的高墙(图 5-116)。

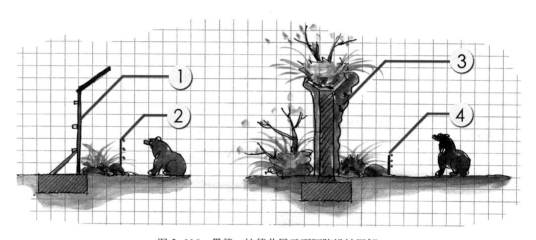

图 5-116 黑熊、棕熊非展示面隔障设计图解

1—围网隔障,顶部钢板反扣;
2—电网防护;
3—墙体隔障;
4—电网防护。

### (三) 展示设计特例

北极熊因为擅长游泳,往往将展示面隔障设计和水下展示相结合(图 5-117)。

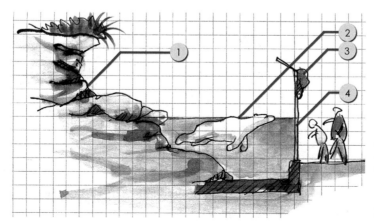

1—非展示面人工岩石高墙隔障,
形成展示背景;
2—北极熊水下行为展示;
3—玻璃幕墙上沿反扣;
4—玻璃幕墙。

图 5-117 北极熊参观面隔障设计图解

## 四、善于攀爬和跳跃的树栖动物

这类动物包括多种灵长类动物和豹等猫科动物，它们常常是动物园的展示亮点，但同时也是隔障设计的难点。封闭网笼对这些动物来说都是最安全的隔障方式，尽管在游客参观效果上有些折扣，但对动物福利来说却是最好的选择。到底采用哪种展示方式以及与展示方式相匹配的隔障方式，受到动物园场地条件、动物园建设资金、施工工艺和对动物福利的重视程度等多方面的影响。

### （一）猕猴、红面猴、熊猴、食蟹猴、狒狒等善于游泳的灵长类隔障设计

#### 1. 开敞展示参观面隔障设计推荐

● 壕沟——建议在展示面采用 4.5m 宽、4.5m 深的 V 形干壕沟隔障（图 5-118）。

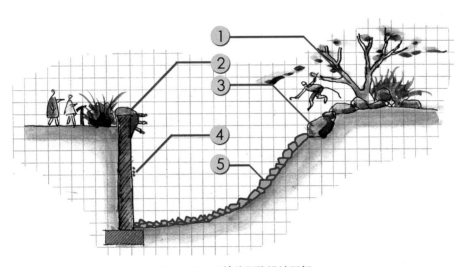

图 5-118　干壕沟隔障设计图解

1—展区内丰容设计；
2—壕沟挡墙顶部反扣，可与电网组合应用；
3—岩石护坡；
4—挡土墙表面电网，阻止动物接近挡墙；
5—岩石铺装，防止杂草生长。

● 水体结合墙体——利用水体限制动物跳跃能力的原理，在水面上方建设光滑的混凝土挡墙，水体深 1m，挡墙高 2m（图 5-119）。

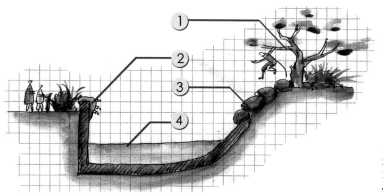

1—展区内丰容设计；
2—挡墙顶部反扣；
3—岩石护坡；
4—隔障水体，阻止动物跳跃。

图 5-119 水体结和墙体隔障设计图解

● 水体结合墙体和玻璃幕墙——隔障设计原理与水体结合墙体相似，用玻璃幕墙替代部分墙体，优势在于减少了壕沟挖掘深度（图 5-120）。

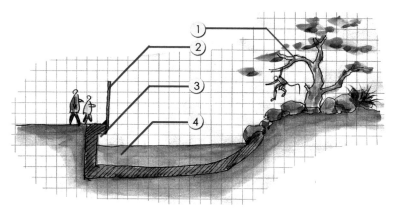

1—展示面丰容设计；
2—玻璃幕墙，此处玻璃幕墙容易导致野鸟飞撞，必须进行相应处理；
3—此处形成反扣；
4—水体限制动物跳跃。

图 5-120 水体结合玻璃幕墙隔障设计图解

● 金属围网或墙体结合玻璃幕墙展窗——这是一种节约建设成本，且容易达到利益平衡的隔障设计方案（图 5-121，图 5-122）。

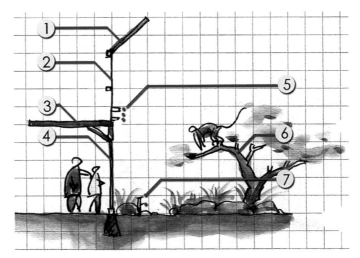

1—钢板反扣；
2—围网；
3—遮阳棚；
4—玻璃幕墙；
5—电网；
6—展区内丰容；
7—电网（可选）。

图 5-121 金属围网结合玻璃幕墙展窗设计图解

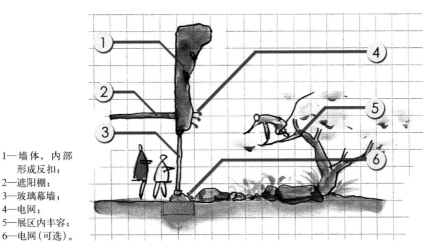

1—墙体，内部
 形成反扣；
2—遮阳棚；
3—玻璃幕墙；
4—电网；
5—展区内丰容；
6—电网（可选）。

图 5-122 墙体结合玻璃幕墙展窗设计图解

**2. 开敞空间展示非参观面隔障设计推荐**

● 墙体——在非参观面，同时作为展示背景的位置，建议采用 5m 高、顶部带反扣的墙体。墙体顶部可以设置种植槽，但需要特别注意所栽种的植物不会因为生长过盛垂吊到墙面成为动物逃逸的借力。可以考虑安装电网以防止动物觊觎绿色植物——对猕猴之类的灵长类来说，进食或破坏植物具有极高的诱惑（图 5-123）。

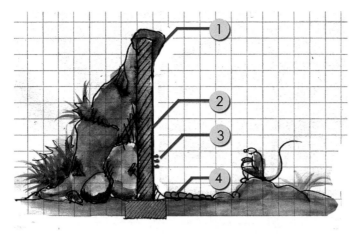

1—墙体顶部反扣;
2—表面光滑墙体;
3—电网防止动物接近墙体;
4—碎石铺装阻止杂草生长。

图5-123  墙体顶部反扣加电网设计图解

● 围网——作为墙体的替代物,5.5m高的金属编织网上面带有1m高的内倾钢板反扣也可以起到隔障作用。围网应配合电网,避免动物轻易接近。这种方式造价低,可以扩大场地范围并实现植被保护,但需要随时注意植物生长的枝条不要过于接近围网,成为动物逃逸的跳板。红面猴、熊猴、食蟹猴、狒狒等都可以采用与猕猴相似的隔障方式(图5-124)。

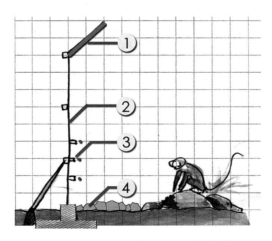

1—围网顶部钢板反扣;
2—围网;
3—电网,阻止动物接近围网;
4—碎石铺装阻止杂草生长。

图5-124  围网隔障设计图解

### 3.封闭网笼展示参观面隔障设计推荐

● 网笼结合玻璃幕墙展窗——如果在动物福利和观赏效果之间进行利益权衡,封顶网笼加上局部玻璃幕墙是最优选择(图5-125)。

1—封闭网笼;
2—棚屋;
3—玻璃幕墙;
4—展示背景墙体,创造自
　　然背景并作为物理丰容
　　基础;
5—背景墙顶部种植槽。

图 5-125　网笼结合玻璃幕墙展窗设计图解

　　这种展示隔障方式的设计要点是限制游客的参观位置,并保证在非参观区游客不能
接近网笼。封闭网笼是对动物最友好的展示形式,正因为对动物福利的重视,这种封闭
网笼展示形式正在现代动物园中重整旗鼓(图 5-126)。

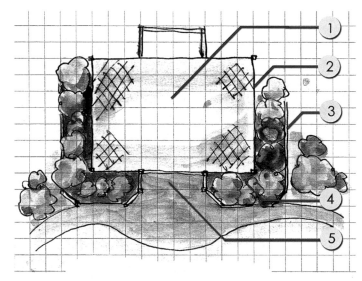

1—展示网笼;
2—网笼侧壁围网;
3—绿化隔离带护栏;
4—隔离植被;
5—游客参观活动区域,通过玻
　　璃参观(此处为了说明游客
　　活动范围而省略绘制棚屋)。

图 5-126　限定游客参观位置平面图解

## (二)叶猴、长臂猿、狐猴等不善于游泳的灵长类隔障设计

　　这类动物不善于游泳,甚至惧怕水体,利用这种行为特点,可以采用 7m 宽、2m 深
的湿壕沟作为参观面的隔障方式(图 5-127)。

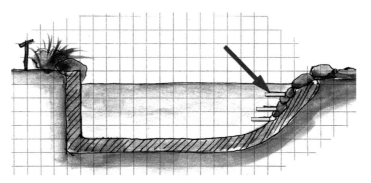

图 5-127　湿壕沟隔障及落水防护设计图解

在有条件的动物园，可以建设"孤岛式"展示模式。这种模式实际上是环状湿壕沟隔障的应用。类似的设计往往都是为了追求展示效果，有时甚至会忽视动物落水溺亡的危险。而且，某一物种的行为能力有时在同种个体之间差异巨大，例如黑猩猩，有些个体会远离水体，但有些个体则善于游泳。在选择这种展示方式之前，需要谨慎斟酌（图5-128）。

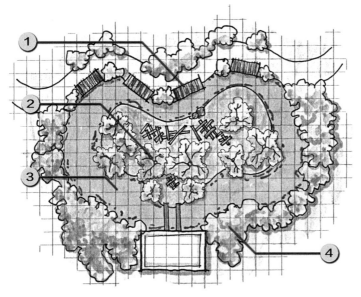

1—参观道、参观点；
2—岛上植被。由于这种展示方式为环视参观，必须保证岛上植被的数量和郁闭程度，为动物提供视觉庇护；
3—隔离水体；
4—非参观点视觉屏障。

图 5-128　孤猴岛设计平面图解

其他的隔障形式可以参照猕猴隔障设计建议。

## （三）豹的隔障设计

与所有树栖猫科动物一样，尽管他们都拥有高超的活动能力和捕猎技巧，但在人工饲养条件下却无一例外都属于"害羞"的一类，他们对游客的干扰十分敏感，善于隐藏，所以开敞的大面积的展示方式并不适合这类动物。对于豹的隔障方式，唯一推荐的就是高大的封闭网笼。为了保证网笼的面积和体量，建议采用不锈钢绳网作为顶网，网笼四周采用墙体或硬质钢网。在网笼中还需要大量的栖架和高低错落的植被，否则不利于动物表达自然行为（图5-129）。

1—展示背景墙，需要
　在高于游客视线位
　置提供动物栖息处；
2—封闭顶网；
3—双环结构与原有高
　大树木的接合；
4—网笼侧壁硬质围网；
5—遮阳棚；
6—玻璃幕墙。

图5-129　豹展示设计图解

采用大面积钢化玻璃幕墙可以提供无视觉障碍的参观面，但要注意在参观位点对游客的隐藏，以减少动物承受的压力。封闭或半封闭的棚屋可以有效降低游客参观区的光照强度，并避免玻璃幕墙的反光对参观视线的干扰。玻璃幕墙需要间隔布局，在非参观位点应特别注意视觉遮挡和保证游客不能接近网笼（图5-130）。

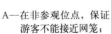
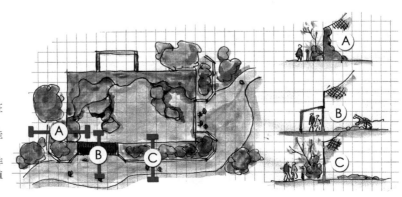

A—在非参观位点，保证
　游客不能接近网笼；
B—在参观区，提供最佳
　展示效果；
C—在游客活动区内的非
　参观位点，通过绿植
　创造视觉屏障。

图5-130　网笼安全防护设计图解

# 五、不善跳跃也不善于攀爬的陆栖动物

野牛、野猪、长颈鹿、犀牛和亚洲象等，虽不善跳跃，但力大无穷。隔障的强度是发挥作用的关键。

## （一）展示面的隔障推荐

这类动物都可以采用平底V形干壕沟作为参观面的隔障方式，这种壕沟可以避免动物不慎坠入壕沟而受伤。同时，V形壕沟也因为更加自然和造价较低而更具优势。唯一的缺点就是动物可能沿斜坡走到沟底而降低游客可见度，这个问题可以通过增加展区丰容和清除沟底植被或铺设石块层等方式解决。

由于这些动物体重大，难免对壕沟的斜坡造成践踏破坏，特别建议在壕沟斜面埋设石块以加强斜坡强度，同时石块缝隙间生长的杂草不仅可以使壕沟看起来更自然，还能起到保固土壤的作用，这样的处理比水泥斜面和整齐的砖砌更可取（图5-131）。

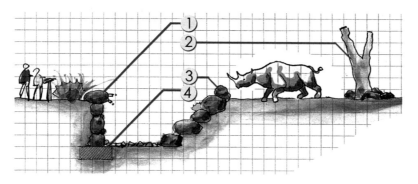

1—挡土墙顶部装饰，形成反扣，可以与电网组合使用防止动物破坏绿篱植被；
2—展区内丰容设计；
3—壕沟警示围护；
4—壕沟底部石块垫层阻止杂草滋生，减少动物滞留。

图5-131 犀牛隔障设计图解

## （二）非展示面的隔障设计推荐

### 1.壕沟

如果场地条件允许，同样推荐V形平底壕沟作为非展示面的隔障设计。在希望实现"哈根贝克式"的全景展示场景设计时，V形壕沟是唯一推荐的隔障形式（图5-132）。

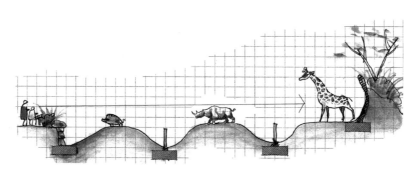

图5-132 全景展示隔障设计模式图解

## 2.墙体

场地有限的情况下，位于背景的隔障推荐处理成被水流侵蚀的泥土河岸表面效果的矮墙。如果背景隔墙后面的地形较高，则应对现状地形和原有植被尽量保留，实现更自然的展示效果（图5-133）。

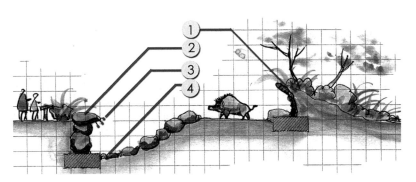

1—背景隔障墙；
2—壕沟挡土墙装饰，形成反扣；
3—电网；
4—岩石铺装防止杂草滋生，同时实现挡土墙基础保护。

图5-133 保留背景植被墙体隔障示意图

## 3.围栏

一般应用于操作区，但在资金、场地受限的情况下也可以应用于展示区非参观面。栏杆需要进行自然化处理，简单的方式就是结合粗大的树干和间隔排布的大块岩石，并在围栏外种植植物。

## （三）隔障应用示例

### 1.野牛

野牛的隔障方式可以采用4m宽、1.5m深的干壕沟，除展示面的其他部分可以采用2m高的石墙（图5-134）。

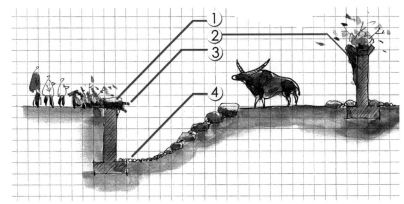

1—壕沟挡墙顶部装饰，形成反扣；
2—背景墙体隔障；
3—电网防止动物破坏绿篱植被；
4—岩石垫层阻止杂草滋生。

图5-134 野牛隔障设计图解

## 2. 野猪

野猪的参观面隔障可以采用 4m 宽、1.5m 深的干壕沟，其余部分可以使用 2m 高的厚实矮墙或金属编织围网。使用围网时必须保证围网强度和基础牢固，可以经受野猪的撞击和"拱地"对围栏基础造成的损害（图 5-135）。

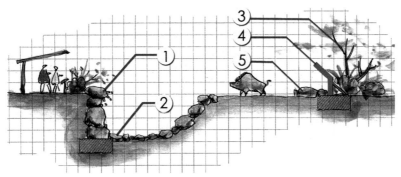

1—壕沟挡土墙顶部装饰形成反扣；
2—岩石铺装保护挡土墙基础，防止杂草滋生；
3—背景隔障外围植被；
4—背景栏杆隔障；
5—岩石保护背景隔障栏杆基础。

图 5-135　野猪隔障设计图解

## 3. 犀牛

展示面隔障建议采用 3.5m 宽、1.5m 深的干壕沟。其余部分的隔障可以采用高度为 1.5m 的厚实矮墙（图 5-136）。

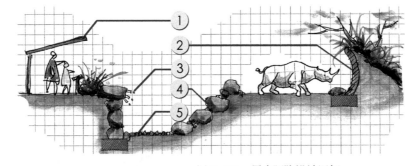

1—棚屋；
2—背景墙体隔障；
3—电网防止动物破坏绿篱植被；
4—岩石护坡；
5—岩石垫层阻止杂草滋生。

图 5-136　犀牛隔障设计图解

## 4. 象

展示面的干壕沟顶部宽度至少为 3.5m，深度为 2.5m。其余部分的隔障可以采用竖向钢柱围栏、竖向钢柱结合横拉钢缆或厚实墙体（图 5-137）。

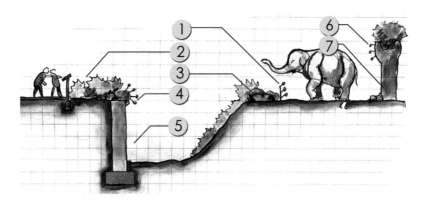

1—电网阻止大象进入壕沟；
2—宽度不少于 3m 的绿化隔离带；
3—壕沟警示围护，同时掩饰电网；
4—挡土墙上沿电网
5—壕沟宽度不少于3m；
6—背景墙体隔障顶部电网，防止动物破坏种植槽内植被；
7—墙体隔障。

图 5-137　大象隔障设计图解

### 5.长颈鹿

　　长颈鹿身形高大，体型特殊，身体重心分布接近肩甲位置，缓坡结合矮墙能够避免长颈鹿抬高前肢翻越展区边缘。这种设计实施简单，需要注意的是长颈鹿可能对绿化隔离带的破坏（图 5-138）。

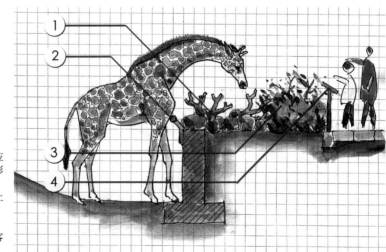

1—长颈鹿可以触及的范围应用岩石结合干枯树干等形式营造非洲草原气氛；
2—壕沟内侧防护栏杆，阻止动物接近壕沟边缘；
3—符合生态特征的绿篱；
4—绿篱防护护栏，阻止游客接近动物和投喂。

图 5-138　长颈鹿隔障设计图解

## 六、水栖和半水栖动物

### （一）隔障推荐

#### 1.参观面隔障设计推荐

　　对于河马、鳄鱼和水獭，推荐使用 V 形湿壕沟，壕沟内的水体可同时作为展示水池。

这些动物都是水栖或半水栖物种，这样的隔障方式也让游客感受到动物栖息地的生态特点（图 5-139）。

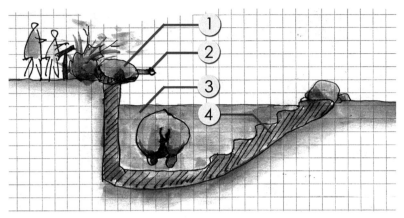

1—壕沟顶部装饰，
　形成反扣；
2—防止翻越护栏；
3—隔障水体；
4—动物进出水体
　的台阶或坡道。

图 5-139　河马湿壕沟隔障设计图解

更高级的设计是应用地面高差对这些动物进行水下行为展示，在保证水体清洁的前提下，会获得令人激动的展示效果。水下展示应使用钢化夹胶玻璃作为隔障，在水面上缘设置 1.5m 高的挡墙（图 5-140）。

图 5-140　鳄鱼水下展示设计、水面以上挡墙高度示意

## 2. 非参观面隔障设计推荐

### ● 墙体

除展示面以外，这些动物都可以采用矮墙作为具有自然背景效果的隔障。矮墙表面处理成被水侵蚀的河岸，再结合矮墙后面较高地势上的植被，将实现完美的自然展区风格（图 5-141）。

图 5-141 水獭挡土墙模拟被河水侵蚀的河岸

● **围栏**

一般应用于操作区，在资金受限的情况下也可应用于展区。栏杆需要进行自然化处理，简单的方式就是结合粗大的树干和大型石块，并在围栏外种植植物。

### （二）隔障应用示例图解

#### 1. 河马

展示面隔障方式采用宽度 3m ~ 6m，高度 1.8m 的湿壕沟。其余部分为 1.8m 高的墙体（图 5-142）。

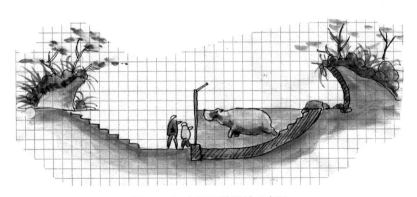

图 5-142 河马隔障设计示意图

#### 2. 鳄鱼、水獭

局部或全部采用 3m 宽、1.5m 深的干壕沟或湿壕沟作为鳄鱼的隔障，局部使用壕沟时，其余部分可以采用 2m 高的隔墙。在应用湿壕沟时，壕沟边缘应高出水面 1.5m（图 5-143）。

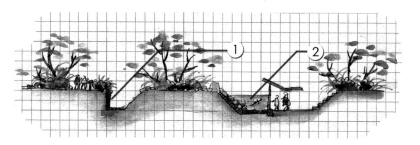

1—干壕沟隔障；
2—具有展示功能
的水体隔障。

图5-143　水獭隔障设计图解

# 七、鸟类隔障

## （一）飞鸟隔障设计推荐

根据不同的飞行能力和生活环境，飞鸟都可以饲养在绳网封顶的网笼中。小块的玻璃橱窗可以提供视线通透的参观面，但必须保证玻璃参观面位于较暗的棚屋之内，以免鸟类撞伤（图5-144）。

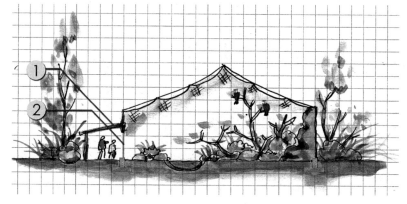

1—棚屋，用于降低游
客活动区域亮度，
突出动物展示；
2—玻璃展示橱窗必
须位于棚屋内，
以避免鸟类飞撞。

图5-144　玻璃幕墙位于棚屋内应用于鸟罩棚展区

可以尝试使用钢琴线隔障提高大型鸟类展示效果，但设计和建造工艺必须符合要求，且游客与钢琴线隔障之间距离不小于1.5m（图5-145）。

1—围网隔障；
2—高大植物，形成视觉屏障；
3—钢琴线参观面；
4—游客护栏，阻止游客进入隔离带接近围网。

图 5-145　钢琴线隔障

实践证明，大型罩棚只适合少数种类的水禽混养展示，其他鸟类不适合采用罩棚混养的展示方式。大型罩棚必须保证框架的稳固，且顶网材料需要选择不锈钢绳网，以抵御日晒、大风和降雪的侵蚀（图 5-146）。

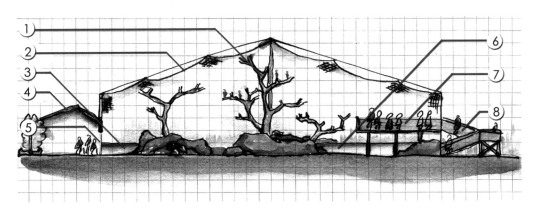

图 5-146　水禽混养罩棚设计图解

1—罩棚支柱装饰成为高大树干，同时为水禽提供不同的营巢高度；
2—封闭顶网，采用钢丝绳编织软网；
3—水截面展示；
4—棚屋；
5—位于棚屋内的玻璃幕墙；
6—水体；
7—进入式游客参观栈道；
8—位于罩棚外的栈道楼梯。

## （二）不能飞行的鸟类隔障设计推荐

### 1. 走禽隔障设计推荐

对于像鸵鸟、鸸鹋、美洲鸵鸟和食火鸡这样的大型走禽，可以采取与陆栖不善跳跃的哺乳动物同样的隔障方式：展示面采用宽 2m、深 1.5m 的干壕沟，其他部分的隔障采用 1.5m ～ 2m 高的隔墙或者金属编织围网（图 5-147）。

1—非参观面围网隔障;
2—岩石护坡,壕沟警示围护;
3—壕沟底部碎石垫层。

图 5-147　走禽隔障设计图解

### 2.飞行限制鸟类隔障设计推荐

　　动物园中有时会展出一些救护的因受伤而失去飞行能力的,或经过飞行限制处理的鸟类,特别是各种涉禽。对于这类动物,在参观面都可以采用水体隔障的方式,应用的原理就是水体对动物跳跃能力的限制(图 5-148)。

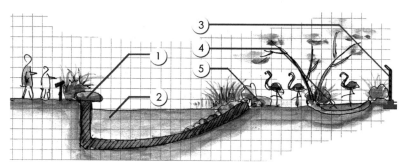

1—壕沟顶部装饰,形成反扣;
2—隔障水体;
3—非参观面围网隔障;
4—火烈鸟进食区域水体,此处水体与隔障水体保持隔离,单独设计上下水系统,以免造成大水体污染;
5—壕沟内沿装饰,警示围护。

图 5-148　火烈鸟隔障设计图解

　　·企鹅隔障设计推荐:

　　企鹅是一种能够在水下"飞行"的鸟类,展区隔障往往与水下活动展示面结合在一起,需要注意的是玻璃幕墙应高于水面 60cm,或者在水面上的玻璃幕墙顶端设置反扣。非参观面可以采用矮墙或方格网隔障(图 5-149)。

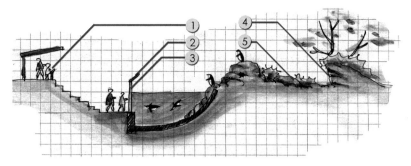

1—企鹅陆上活动参观平台；
2—玻璃幕墙上沿反扣；
3—玻璃幕墙；
4—非参观面墙体隔障，营造自然展示背景；
5—展区内丰容设计，为动物创造视线躲避空间和繁育区。

图 5-149　温带企鹅隔障设计图解

# 八、隔障选择提示

1. 利益平衡——游客希望得到的参观体验是丰富的、新奇的、充满变化和出乎意料的，一味地追求壕沟隔障并不能满足游客的参观需求。如果因为壕沟隔障的应用而使动物福利条件受到大幅度削弱，则应放弃这种占地面积较大的隔障方式。

2. 组合运用——鼓励尝试多种隔障形式的组合应用，包括电网、隔障隐蔽方式、玻璃幕墙视窗、形式灵活的栏杆等。没有任何一种隔障可以满足全部相关方的要求。应根据动物种类的不同、场地面积、动物行为能力、活跃程度、场地地形条件、当地气候条件和游客兴趣选择多种隔障方式进行组合应用。隔障组合还需要动物园改进动物行为管理方式进行配合。

3. 防腐处理——金属隔障应采用热镀锌技术进行防腐处理；用不锈钢绳网替代铁制编织网，延长笼舍使用寿命。

4. 注重丰容——除了隔障设计，丰容设计和设施同样重要。这些丰容设施包括展示平台、夜间休息兽舍、绿篱、巢箱、原木、原木取食器、木制平台、泥池、水池、木桩、栖架、植被、自然地表垫材等。在进行展示设计的同时，这些丰容要求也必须得到考虑。关于在设计阶段必须考虑的丰容设计内容，将在第七章"丰容设计"中讨论。

5. 运用自然材质——使用不同的隔障材料，特别是大量自然材料的组合应用，往往容易形成自然的隔障风貌，而且隔障本身也会成为有效的丰容项目运行平台。

6. 对动物友好——这是一个综合的议题，详细内容请参考《动物园野生动物行为管理》。

# 第五节　非展区隔障设计

在游客视线不及的操作区域，也就是我们常说的"后台"，隔障的主要功能就是安全高效的运行行为管理。

## 一、功能实现

非展区包括动物夜间休息区、隔离间、繁育区，设计的主要依据是行为管理五项组件的运行需求。

操作面隔障设计需要满足日常操作功能，视动物不同，行为管理工作重点也有差异。常见的操作功能设计包括：投食口、给水口；串门、操作门、保护性接触行为训练操作面、丰容操作面，等等。

操作面隔障设计需要满足动物福利需要：对于敏感期动物，隔障面设计应采取必要的遮挡措施，以避免日常操作对动物的惊扰。

## 二、隔障推荐

不同规格的钢绞线轧花编织方格网可以应用于大多数动物的非展区隔障。方格网及角钢、方钢框架应经过热镀锌防锈处理；马科、鹿科、牛科、长颈鹿科动物隔障下方1.2m高度应为矮墙或扁钢固定的木板板墙；大型食草动物，如大象、犀牛、河马等，应采用竖立无缝钢管栏杆隔离。关于这部分的设计细节，请参看第六章"设施设计"。

# 第六节　对游客的隔障

对游客的隔障设计一直未曾得到国内动物园应有的重视，造成的后果就是难以杜绝的游客投喂现象和对动物各种形式的干扰和伤害。对游客的隔障设计是动物园展示设计中的一项重要内容，不仅是为了保护游客和动物的安全，更是丰富游客参观体验、实现保护教育功能的重要领域。在现代动物园中，对游客的隔障设计是游客参观区设计的重要组成部分，而游客参观区设计甚至成为一个独立的领域。这一领域中常用的设计手法包括：

## 一、"步入同一环境"

简单的参观区沉浸设计，可能是游客参观点地面材质、视觉屏障墙面质感、周边植物景观等元素与展区内相同，从而使游客仿佛置身于展区的延伸部分。巧妙的设计甚至直接令游客产生"与动物同处一个环境"的错觉。这种特殊的参观体验需要通过对动物的行为管理来实现：丰容、行为训练、操作日程的调整，都直接影响参观效果。例如将延长动物取食时间的丰容喂食器或者鼓励动物探究行为的感知丰容项目放在特殊设计的展示窗口前，会使动物更频繁地出现在我们所设计的沉浸场景内。尽管如此，基于动物福利和日常操作模式等多方面的考虑，也不可能保证所有游客在各自希望的时间段看到动物，在这种情况下，沉浸式设计会带给游客更多的期待而不是失望。如果因为游客抱怨看不到动物而将动物长时间暴露于游客视线之内，不仅有损动物福利，更会导致游客对动物的不尊重、对动物园的不尊重、对我们传达的保护教育信息的怀疑和抵触，动物园的存在将变得毫无意义（图 5-150，图 5-151）。

1—玻璃幕墙上沿
　人工岩石反扣；
2—游客参观区域
　内的整块人工
　岩石外侧部分；
3—玻璃幕墙；
4—动物活动区域
　内的整块人工
　岩石内侧部分。

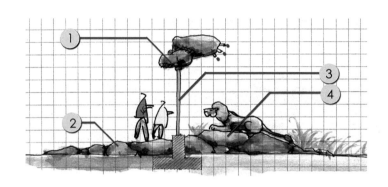

图 5-150　狮子沉浸展示剖面图解——图示玻璃幕墙对展区内外相同环
境组分的分割

1—游客参观区域内
　的整块人工岩石
　外侧部分；
2—人工岩石挡墙，
　作为玻璃幕墙的
　支撑框架；
3—动物活动区域内
　的整块人工岩石
　内侧部分；
4—玻璃幕墙。

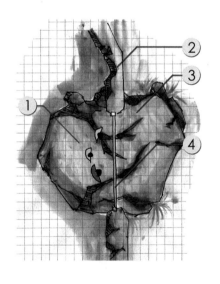

图 5-151　狮子沉浸展示平面图解——图示
玻璃幕墙对展区内外相同环境组分的分割

## 二、区域限制

　　限定游客活动区域，保证游客不能接触动物，特别应注意避免游客轻易投打投喂动物。视隔障方式的不同，动物与游客间的隔离距离不得低于 1.5m，大象与游客之间的隔离距离不低于 3m。隔离带应采用绿植以增加景观的自然属性。展区参观面应设置提示信息：

例如禁止翻越安全提示、禁止投喂提示、减少对动物伤害（如禁止使用闪光灯、禁止拍打玻璃、禁止大声喧哗等）的提示牌示、标志。

在世界上的任何一家动物园，仅仅依靠隔障设计，都不能完全阻止游客投喂。那些出于各种动因而热衷于投喂动物的游客总能发现隔障存在的漏洞，甚至采取一些破坏性的手段达到目的。因此，在相当长的一段时间内，动物园仍然要从教育、现场阻止以及尽量采用投喂难度较大的隔障设计来逐步消灭游客投喂现象。

有些动物园担心隔离带会拉大游客与动物之间的距离，或者担心绿化隔离带里面的垃圾难以清扫，并因此放弃对动物福利的维护而对游客投喂听之任之，这是不负责任的逃避，是对动物园"综合保护和保护教育"职能的亵渎。

## 三、视觉屏障和游客引导

隔障设计有别于"围栏设计"，主要体现在隔障所构成的视觉屏障和展示参观位点的组合，实现了在不同的参观位点观看同一展区时可以欣赏到不同的场景。同时，这种"通、阻结合"的设计，利于调动游客兴致，也便于对游客的行进节奏进行引导（图5-152）。

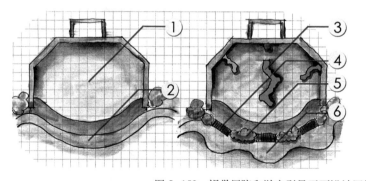

1—原始展示设计惯用手法——展区内部一览无余；
2—游客参观道整齐划一，在道路上的任何位置都能够看到展区，但视觉内容单一重复；
3—先进的展区内部局部建造隔断墙，为动物提供视觉屏障的同时形成不同的展示场景；
4—参观点位置分散，利于引导游客参观进程；
5—参观区非展示面采取视觉屏障，使游客快速通过；
6—参观通道接合参观点的位置在宽度上做相应调整，创造舒适参观条件。

图5-152　视觉屏障和游客引导平面设计图解

## 四、与保护教育信息相结合

对游客的隔障设计，必须注重保护教育信息的传递，除了在游客活动区营造与展区内动物活动区一致的风格、使游客获得沉浸的感受外，还应以此为基础，加强保护教育信息的传达。游客隔障面应设置动物信息牌示、保护教育信息展示，游客参观活动区内还应预留保护教育现场活动空间。关于这部分内容，详见第九章"保护教育设计"。

# 第六章　设施设计

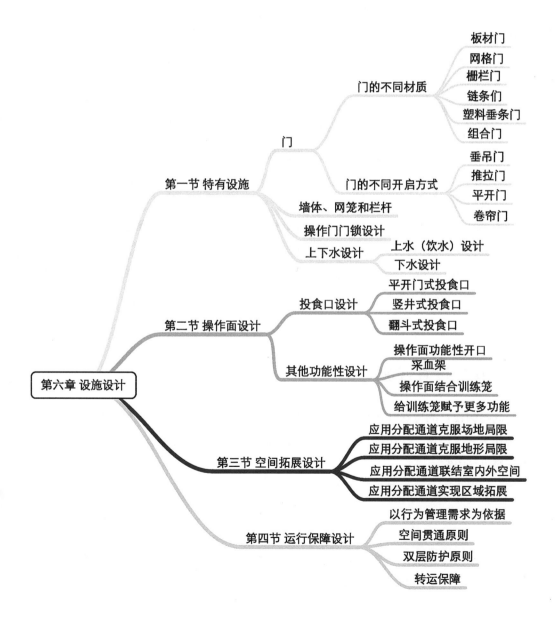

第六章 设施设计
- 第一节 特有设施
  - 门
    - 门的不同材质
      - 板材门
      - 网格门
      - 栅栏门
      - 链条们
      - 塑料垂条门
      - 组合门
    - 门的不同开启方式
      - 垂吊门
      - 推拉门
      - 平开门
      - 卷帘门
  - 墙体、网笼和栏杆
  - 操作门门锁设计
  - 上下水设计
    - 上水（饮水）设计
    - 下水设计
- 第二节 操作面设计
  - 投食口设计
    - 平开门式投食口
    - 竖井式投食口
    - 翻斗式投食口
  - 其他功能性设计
    - 操作面功能性开口
    - 采血架
    - 操作面结合训练笼
    - 给训练笼赋予更多功能
- 第三节 空间拓展设计
  - 应用分配通道克服场地局限
  - 应用分配通道克服地形局限
  - 应用分配通道联结室内外空间
  - 应用分配通道实现区域拓展
- 第四节 运行保障设计
  - 以行为管理需求为依据
  - 空间贯通原则
  - 双层防护原则
  - 转运保障

方案设计通过以后，动物园的设计进程进入到施工设计阶段。前期设计中所有的概念、意图、工艺构想等，都将转化成为严谨的数字。遗憾的是，由于目前国内多数动物园的设计建设仍处于原始阶段，所谓的"边设计、边施工、边改造"的"三边"工程屡见不鲜。这样的工程质量和结果往往演变成"游客不满意、动物不适应、饲养员不安全"的"三不"工程，这也是目前国内动物园难以达到现代动物园标准的主要原因之一。

尽管可能前期经过了多轮项目方案讨论，但只有到了施工图设计阶段才算给方案设计画上句号。就像第二章提到的那样：随着动物园设计进程的进展，可允许的变动幅度应越来越小。在施工设计阶段，允许的改动已经微乎其微。

与一般民用建筑不同的是，动物园的建筑设计，特别是特殊设施设计没有现成的"做法"和"图集"，这与动物园设计的特殊性、多变性和创造性有关。但是，目前在国内动物园首先要做的恰恰是规范动物园的设施设计。在国内动物园长则百年、短则不足十年的发展过程中，设施设计始终处于原始、落后，甚至危机四伏的状态，动物园有限的发展资金往往都投入到游客可以看到的展示部分，甚至有的场馆为了追求某些不知所云的"立意"动辄耗资千万。而我们常说的"后台"，是行为管理操作内容最集中的区域，也是各种保障设施最集中的部位，却一直处于阴暗、笨重、事故频发、动物福利状态最难以保障的状态。很多新建的，甚至正在计划新建的动物园由于仍旧忽视设施设计，导致动物园尚未建成，就已经落后百年以上。不仅如此，这种不负责任的粗制滥造往往令操作人员和动物都感到心惊胆战、痛苦不堪。

本章列举了一些动物园特殊设施的设计要点，并通过简单的图解加以说明，这些要点仅能提供最基础的设计参考。随着动物园行为管理水平的不断提高，设施设备也必然随之日益完善。总之，设施设计是一个不断持续的动态过程，建园之初完成的设施建设只是最基本的运行保障。

# 第一节　特有设施

动物园设计的特殊性在很大程度上体现在特有设施方面，主要包括各种门及门的开合操作方式、墙体、操作位点和安排、各种锁闭装置、隔障面、操作面、地面垫层、上下水等设计内容。

## 一、门

动物园的正常运行，可以简单地理解为控制不同的行为主体在各自所属的位点之间的驻留和移动，操作的主要内容是通过对各种门和通道的控制。

动物园的各种门，为了满足不同对象或同一对象的不同需要而多种多样。可以按照不同的属性将这些门进行分类，但分类只是为了加深对各种门的结构和用途的理解，满足行为管理需求才是最可靠的设计依据。

行为管理操作区往往靠近饲管理通道，并尽量远离游客参观活动范围。在此区域内，密布多个操作门、串门、转运门等，这种相对集中的设计是为了提高操作效率（图6-1，图6-2）。

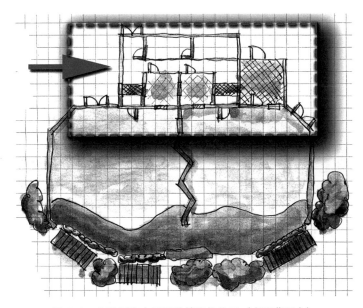

图6-1 各种门集中于饲养管理操作区（虚线范围内）

1—饲养管理用房；
2—饲养管理区域大门；
3—兽舍间串门；
4、11—饲养员操作门；
5、18—转运笼内侧推拉门；
6、17—转运笼外侧推拉门；
7、16—室外展区物料运输门；
8、19—饲养员进入室外展区操作门；
9、10—动物室内外笼舍间串门；
12—饲养员工作室；
13—隔离笼；
14—饲养员操作门；
15—室外展区和隔离笼之间的动物串门；
20—室外展区间串门。

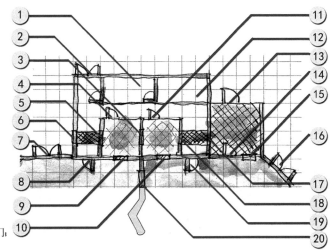

图6-2 饲养管理操作区内各种门和周边功能区域图解

## （一）门的不同材质：

### 1. 板材门

主要用于保温、动物之间完全隔离、防止动物借力攀爬等方面。按制作材料划分，可分为金属门、木门和塑料（PVC）板材门等。

·金属门

也称为铁皮双包门、钢板双包。金属板门的优点是坚固、耐冲击、表面光滑使动物无法借力攀爬、各种五金配件供应充足等；金属门板的缺点是保温性能差、不耐潮湿、易腐蚀、操作噪音大、自重较大、安装工艺要求高等。

金属板门的这些特点决定了其主要应用范围是大型危险动物，例如作为大型猫科动物、熊科动物、犬科动物、鼬科动物、大型类人猿等动物的串门（图 6-3，图 6-4）。

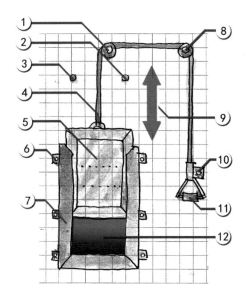

1、8—钢缆导轮；
2、3—限位桩；
4—钢缆（需要对动物可以接触的部分进行防护）；
5—垂吊门；
6—垂吊门滑动槽与墙体间固定点；
7—垂吊门滑动槽；
9—垂吊门行程方向；
10—锁孔；
11—把手；
12—墙体开洞。

图 6-3　金属板材串门（垂吊门）图解

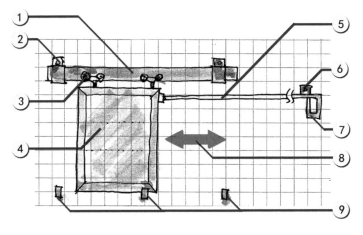

1—推拉门滑轨；
2—滑轨与墙体固定点；
3—滑轮组；
4—推拉门；
5—拉杆；
6—锁孔；
7—拉手；
8—推拉门行程方向；
9—限位桩。

图 6-4　金属板材串门（推拉门）图解

图解动物园设计（第二版）

根据应用需要，可以对金属板门进行适当调整以改进其自身缺点和操作方式。常用的改进措施包括：

——在双层金属板材之间填充保温材料，提高保温性能并降低操作噪音；

——在串门上安装带有插板的用于动物引见时"打招呼"的网格窗；在操作门上开观察孔提高饲养员操作的安全性（图6-5）；

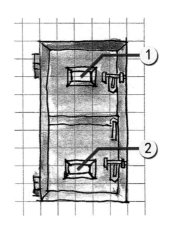

1—板材门与饲养员视线平齐位置开观察孔；
2—板材门低处的观察孔可以观察动物的趴卧位置。

图6-5 金属板材操作门的调整——增加观察孔

——在垂吊门操作控制点增加配重以增加操作的便捷性（图6-6）；

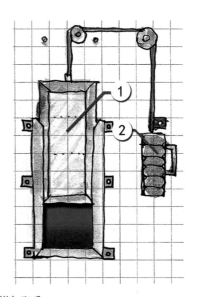

1—板材垂吊门往往自重很大，再加上钢缆导轮摩擦阻碍，令操作强度和危险性增加；
2—增加的配重比垂吊门自重少3～5公斤，有效降低操作强度，提高安全性。

图6-6 金属板材垂吊门的调整——增加配重

——在展示区内，金属板材门面向观众的一侧可以进行适当装饰以配合周围景观。

·木板门

木板门的优点：相对较坚固、保温性好、外观自然、自重较小，可以制作大型门。

木板门的缺点：不耐潮湿、不耐冲刷、不容易彻底清洁、强度较差、某些动物会啃食木板（图6-7）。

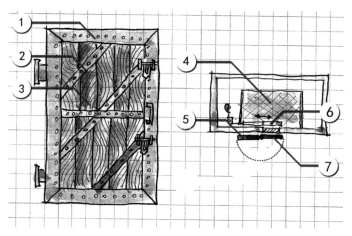

1—木板门边框用扁钢或槽钢包裹，防止动物啃噬；
2—木板加固钢条，通常采用双面加固；
3—木板；
4—室内兽舍；
5—保温门开启后，可以贴附墙面；
6—室内兽舍与室外活动场之间的推拉门串门；
7—保温门关闭状态。

图6-7　木质板材门——作为保温门

木板门的这些特点决定其主要应用范围是中型、大型食草动物的串门或保温门，如斑马、非洲羚羊、犀牛、长颈鹿等（图6-8）。

大型食草动物往往需要大型串门，特别是长颈鹿。从门本身的强度要求、建筑保温需要和操作便捷性等方面综合考虑，往往采用大型木制推拉门作为长颈鹿进出室内外的串门。

图6-8　木质板材门应用于长颈鹿串门

·塑料（PVC、亚克力）板材门

优点：耐潮湿、耐腐蚀、易于清洁、保温性能好、加工精度高、不易变形、厚度可选余地大、可以是透明或不透明、容易进行再加工（如打孔、安装纱网）。缺点：不能做得很大、局部受热易变形、材料老化影响使用寿命。

塑料板门的这些特点决定其主要应用范围是环境潮湿、清洁消毒频繁的小型的或冲击力小的动物串门。例如两栖爬行动物、小型鸟类、小型灵长类动物、鳍脚类动物、企鹅等（图6-9）。

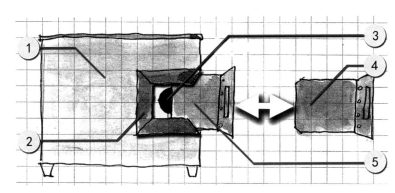

1—养殖箱；
2—插槽；
3—养殖箱开孔；
4、5—塑料插板。

图6-9 塑料板材门——养殖箱插门

### 2. 网格门——由周边框架和不同规格的方格网组成的门

网格门的优点：材料规格可选范围广、通透性好、强度高、利于通风、应用范围广泛。

网格门的缺点：不能保温、动物可能借力攀爬、不能提供视觉屏障。

由于方格网的选材可以从2mm×2mm的不锈钢纱网到孔径150mm×150mm、丝径10mm的钢绞线轧花编织网或点焊网，所以网格门几乎可以应用于任何动物的串门和饲养员操作门（图6-10，图6-11）。

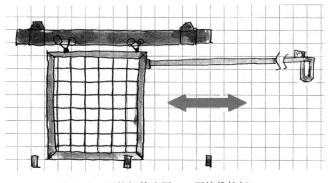

图6-10 网格门的应用——网格推拉门

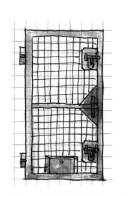

图6-11 网格门的应用——网格平开操作门

### 3. 栅栏门

栅栏门也称为栏杆门，优点是强度大、通透性好、利于在关闭状态下大件物体从栏杆间出入。

栏杆门的缺点：动物可以用力抓握，有可能对框架造成破坏，特别体现在大型类人猿对栏杆门的破坏；由于动物的口部或爪子可以伸出使饲养员容易受到攻击，操作安全性较差（图6-12）。

图6-12　栅栏门的应用——大熊猫饲养操作门

由于栏杆门强度大、自重小，往往用于大型危险动物的串门和操作门，最大型的栏杆门是大象的串门（图6-13）。

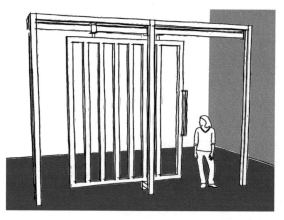

图6-13　栏杆推拉门，用作大象的串门

### 4. 链条门

链条门指用不锈钢链条或塑料链条并排悬挂构成的门，塑料链条底部需要坠重物以避免动物开启。用于游客进入式展示网笼，如鸟类、小型灵长类展笼、温室（图6-14）。

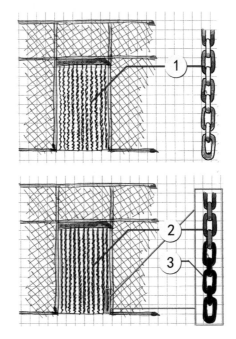

1—不锈钢链条;
2—塑料链条;
3—塑料链条底部的不锈钢坠环。

图6-14 链条门

### 5. 塑料垂条门

塑料垂条门保温性能优于链条门,但维护更换成本较高,游客体验舒适度差。除了用于游客通过的门以外,小型的塑料垂条门也应用于动物串门,在保证动物自由进出的同时维持室内温度。动物在初次使用这种门时,可能需要一定的学习过程(图6-15)。

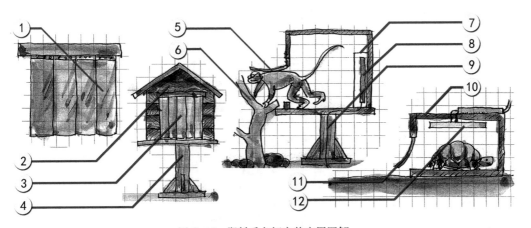

图6-15 塑料垂条门安装应用图解

1、3、5、11—塑料垂条,形成游客或动物可通过的保温门;
2—灵长类常用的室外保温小木屋;
4—木屋支柱,同时作为电缆保护;
6—动物出入垂条门所需要的栖架;
7—电热辐射板防护罩;

8—电热辐射板;
9—电缆,必须得到有效防护,防止动物啃噬;
10—陆龟温箱;
12—电热辐射板。

塑料垂条门在温带地区动物园的热带动物展示中具有广阔的应用前景，西欧、北欧的部分动物园，甚至为长颈鹿等大型热带动物也配备了这种门。垂条门的材质除了塑料以外，还有水龙带或橡胶，总之只要能同时起到保温和动物允许自由出入的目的即可。在一些冬季特别寒冷的动物园，在展示热带灵长类动物时，可以安装"垂条门保温阁"，这种设施具有两层垂条门，保温性能更好，给予动物更多的选择机会（图6-16）。

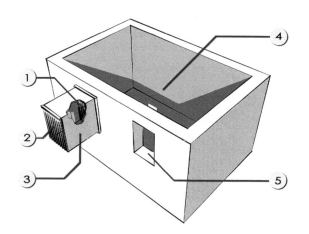

1—内侧垂条门；
2—外侧垂条门；
3—木质保温套筒；
4—动物内舍；
5—没有保温措施的室内外串门；

图6-16　两组塑料垂条门和保温套筒组成的保温阁安装应用图解

### 6. 组合门

　　每种材质制成的门，都有各自的优势和缺点。在动物园日常管理中，根据动物行为特点而设计的各种材质组合构成的门，应用范围最广泛。

　　常见的组合方式有：

　　·栏杆和网格的组合门，多用于操作安全防护（图6-17）。

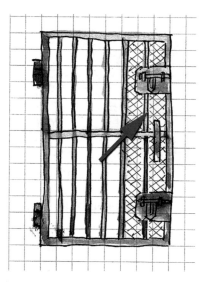

图6-17　锁、门把手邻近区域的方格网防护（也可以用钢板）

·栏杆和板材的组合门——上部应用栏杆，下部应用板材，多用于食草动物。原因主要有三方面：避免动物损伤蹄子、下肢；底部封闭，防止"扫地风"；动物卧下后可以避免来自其他个体的视觉压力（图6-18）。

·网格和板材的组合门——上部应用方格网，下部应用板材。应用领域和原因与栏杆板材组合门类似，但对动物和操作人员来说更加安全（图6-19）。

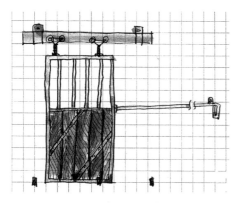
图6-18　上栏杆、下板材组合门

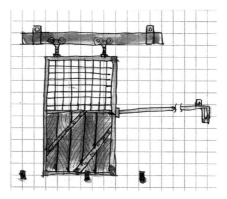
图6-19　上方格网、下板材组合门

·双门组合：

——用于室内操作区的组合门：内侧（动物侧）网格门，限制动物活动范围和作为饲养员操作面；外侧（操作人员）板材门，隔离操作道和动物展区，减少对动物的打搅，保温，为增加操作便捷和安全性，板材门上应预留观察窗（图6-20）。

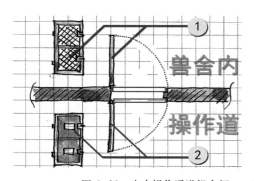

1—位于兽舍内侧（动物一侧）的平开网格操作门；
2—位于操作通道饲养员一侧的板材操作门，操作门
　上设置观察孔。

图6-20　室内操作通道组合门——动物侧通透（栏杆、网格）、操作侧板材

——用于室外操作区的组合门：同样是内侧网格门、外侧板材门。两扇门中间间隔空间需要保证饲养员在关闭外侧板材门时的操作安全，以满足操作位点双层隔障原则。动物一侧采用方格网格门。这种组合一般应用于室外展区的饲养员操作门，饲养员由此进入动物展区进行日常管理操作，且操作位置可能位于游客参观活动区域内，例如规模较大的网笼或围网构成的展区，需要更多的丰容操作面或兽医应急处理操作面（图6-21）。

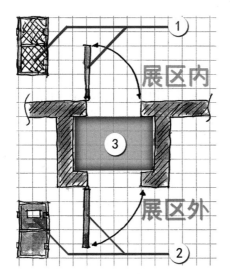

1—位于展区内侧（动物一侧）的平开网格门；
2—位于操作区饲养员一侧的板材操门；
3—两层门之间的围合空间不小于1.5×1.5m。

图6-21　室外操作组合门应用图解——内侧通透（栏杆、网格）、外侧板材，中间保留安全操作空间

## （二）门的不同开启方式

以不同开启方向，动物园中常用的门可以简要归纳为垂吊门、推拉门、平开门和卷帘门。

**1.垂吊门：**垂吊门往往应用于对动物串门的远距离操作，几乎可以应用于除灵长类以外所有动物。但垂吊门本身也有缺点，最难以克服的应用障碍就是闭合时只能靠自重，并且构造简单的垂吊门在闭合过程中难以锁定位置；再有就是垂吊门对建筑高度的要求——建筑内部净高起码要超过两个串门的高度，并预留传动器械安置空间（图6-22～图6-24）。

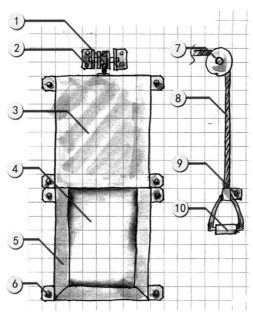

1、7—钢缆转向轮；
2—转向轮支架；
3—垂吊门防护罩；
4—垂吊门；
5—垂吊门滑动限位槽；
6—限位槽与墙体间固定位点；
8—钢缆；
9—锁孔；
10—垂吊门拉环。

图6-22　垂吊门安装图解

图 6-23　垂吊门应用图解

1、10—钢缆转向轮；
2—垂吊门防护罩；
3、7—钢缆；
4—垂吊门；
5—垂吊门滑动限位槽；
6—墙体开洞；

8—笼舍顶网（如此处无顶网，则需要对钢缆进行防护）；
9—室内网笼；
11—垂吊门拉动把手；
12—配重；
13—配重滑动限位桩；
14—操作面隔障。

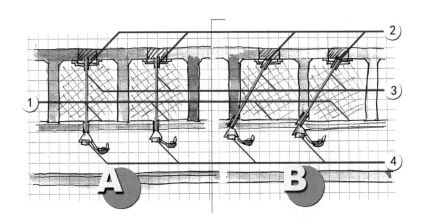

图 6-24　吊门操作方向（直向、斜向）和位点比较

1—操作面；
2—垂吊门顶部导轮位置；
3—钢缆；
4—操作点位置；

A—直向拉动钢缆，钢缆距离较短，便于召唤动物；占用操作面，锁定位置和配重安装不便；
B—斜向拉动钢缆，钢缆距离较长、钢缆导轮安装工艺复杂；不占用操作面，锁定和配重安装简便。

出于安全的考虑，同时也为了行为管理操作具有更大的工作面和更多的选择位点，建议将垂吊门拉手从动物隔障面转移到操作道背侧墙体上（图6-25）。

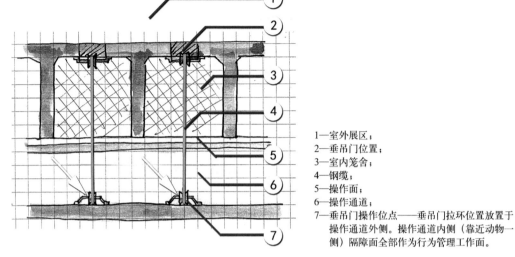

1—室外展区；
2—垂吊门位置；
3—室内笼舍；
4—钢缆；
5—操作面；
6—操作通道；
7—垂吊门操作位点——垂吊门拉环位置放置于操作通道外侧。操作通道内侧（靠近动物一侧）隔障面全部作为行为管理工作面。

图6-25　垂吊门与隔障面操作位点分离图示（俯视图）

对于那些自重较大的垂吊门，都应安装配重。有的动物园采用绞盘加摇把的开合方式，尽管转动摇把在开门过程中安全可靠，但是在重型垂吊门闭合过程中则难以控制，容易对饲养员造成伤害；由于钢缆频繁缠绕于钢轴上，很快导致钢缆扭曲、变形，甚至从导向轮槽内脱出，严重影响日常操作，所以不建议使用。最简单、最安全、最有效的解决方式就是在操作位点增加操作端配重，一般配重重量较垂吊门自重少3公斤左右（图6-26）。

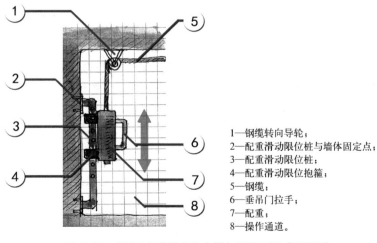

1—钢缆转向导轮；
2—配重滑动限位桩与墙体固定点；
3—配重滑动限位桩；
4—配重滑动限位抱箍；
5—钢缆；
6—垂吊门拉手；
7—配重；
8—操作通道。

图6-26　在垂吊门的操作位点增加配重图解（侧视图）

结合垂吊门自锁和配重滑动限位柱上的锁孔，可以实现垂吊门开闭行程中的定位（图6-27）：

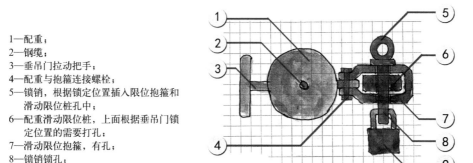

1—配重；
2—钢缆；
3—垂吊门拉动把手；
4—配重与抱箍连接螺栓；
5—锁销，根据锁定位置插入限位抱箍和
　　滑动限位桩孔中；
6—配重滑动限位桩，上面根据垂吊门锁
　　定位置的需要打孔；
7—滑动限位抱箍，有孔；
8—锁销锁孔；
9—锁头，锁定锁销，阻止配重上下滑动。

图6-27　操作位点垂吊门锁定（俯视图）

垂吊门的自锁系统，隐藏于门内，配合滑槽中对应位置的凹陷，可以实现不同位置的自锁。这种专利设计可以保证垂吊门自锁后，只有拉动钢缆才能开启，否则从门内和门外均无法开启（图6-28）。

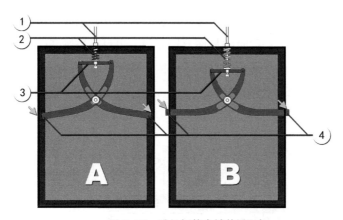

图6-28　垂吊门的自锁装置图解

1—钢缆；
2—压簧；
3—锁销联动横杆；
4—锁销；

A—拉动钢缆，压簧受力压缩。联动横杆带动锁销收缩，从
　　滑槽锁孔收回，垂吊门可开启；
B—垂吊门落下后，压簧伸展，联动横杆下压使锁销外伸，
　　进入滑槽锁孔内，垂吊门锁定。

**2. 推拉门**：推拉门一般应用可于近距离操作的动物串门，因此比垂吊门更可靠、有效。但在设计上很难保证所有串门操作位置的预留，而且很难实现对推拉门的远距离操作，所以也存在一定的应用局限（图6-29）。

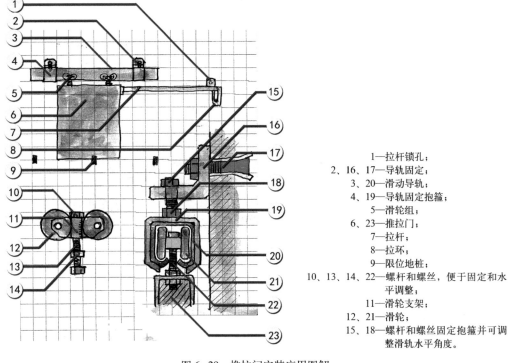

图 6-29　推拉门安装应用图解

　　用于控制大型灵长类动物的推拉门，必须安装限位装置，以保证串门单向行进。这种装置不仅可以避免动物大力开门时拉杆伤及饲养员，也可以控制开门的宽度，以便实现在阻挡动物通过的前提下实现通风的目的。可控宽度的、狭窄的门缝也可用于社群构建过程中的有限接触合群阶段（图 6-30）。

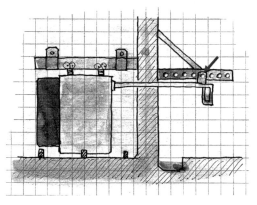

图 6-30　推拉门限位图解图

　　采用齿条和传动螺杆，可以实现用力方向和门行进方向的差异。在推拉门直接操作位点难以实现、又没有足够的高度空间安装垂吊门时，这种设计非常实用（图 6-31）。

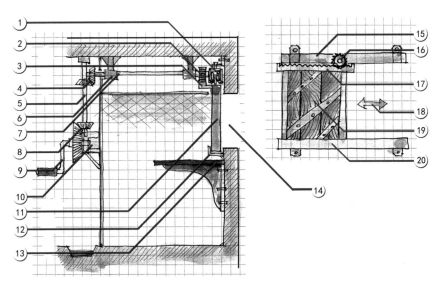

图 6-31　齿条传动控制推拉门——用于兽舍高度不足，无法安装垂吊门的情况

1、15—推拉门滑轨；
2、16—传动齿轮；
3、17—水平移动齿条，齿条固定于推拉门
　　上，带动推拉门水平滑动；
4、8—齿轮组，动力转向；
5、7—传动杆
6—传动杆限位箍；
9—摇把；
10—轮盘组支架；
11、19—推拉门；
12、20—推拉门滑动限位槽；
13—栖架，便于动物出入；
14—墙体开洞；
18—推拉门开闭方向。

在无法设置推拉门操作位点或场地空间不能满足拉杆行程的条件下，可以使用滑轮组结合牵引钢缆的方式控制推拉门（图6-32）。

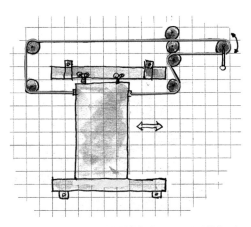

图 6-32　滑轮传动控制推拉门——用于拉杆无
　　　　　法操作的位点

更远距离的推拉门操控，只能使用电力驱动了，但请记住：电动门绝不意味着高级，而是无法设计近距离操作位点的无奈之举。电力驱动的途径主要有旋转螺杆或液压的方式（图6-33）。

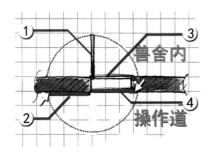

1—推拉门滑轨；
2—推拉门开闭方向；
3—推拉门；
4—推拉门滑动限位槽；
5—墙体开洞；
6—电缆（如果动物可接近，则需要保护）；
7—电机（如果动物可接近，则需要保护）；
8—转动螺杆。

图6-33　电动控制推拉门——应用于远距离操作危险动物的串门

**3.平开门**：平开门多用于饲养员日常操作门或保温门（图6-34）。

平开门的作用远不止于此，还可以和隔障或墙体组成灵活的通道或形成区域隔离（图6-35）。

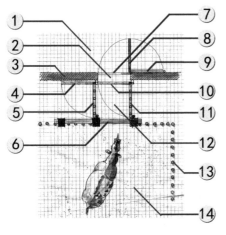

1—内侧（兽舍一侧，多为栏杆门或网格门）平开门开启位置；
2—外侧（操作通道一侧，多为保温门）平开门开启位置，开启后可贴附墙面，避免阻挡操作通道；
3—内侧平开门关闭位置；
4—外侧平开门关闭位置。

图6-34　平开门模式图——多用于饲养员出入和外层保温门，保温门开启后可以贴附墙体，箭头所指为锁定位置

1—犀牛室外活动区域；
2—建筑门洞；
3—建筑保温墙体；
4—左侧栏杆平开门关闭状态下，贴附墙体；
5—左侧栏杆平开门打开，固定于隔障面，形成犀牛通道左侧护栏；
6—推拉门滑轨，此处的推拉门控制动物进出；
7—室外保温平开门关闭位置；
8—室外保温平开门打开，允许犀牛通过；
9—室外保温平开门开启后贴附墙体；
10—右侧栏杆平开门关闭状态下，贴附墙体；
11—右侧栏杆平开门打开，固定于隔障面，形成犀牛通道右侧护栏；
12—两侧护栏形成的犀牛通道；
13—隔障栏杆；
14—犀牛室内活动区域。

图6-35　以犀牛为例——平开门形成过道平面图解

**4. 卷帘门**：卷帘门自身强度有限，但可以很好地发挥保温功能，特别适用于大型动物串门的保温门。需要特别注意的是卷帘门往往需要防护设计，保证动物不能直接冲撞、破坏（图6-36）。

图6-36　双层卷帘门在大象馆的应用

1—保温墙体；
2—卷帘及防护罩；
3—大象通道顶部防护栏，防止大象接触卷帘防护罩；
4—推拉门滑轨；

5—栏杆隔障，限制动物活动，保证不能接触破坏卷帘门；
6—推拉串门；
7—卷帘门关闭状态。

# 二、墙体、网笼和栏杆

墙体、网笼和栏杆大多属于一级隔障，它们的组合用用不仅可以控制动物活动范围，也为动物提供安全的、不受打搅的生活环境。

## 1. 墙体

除了展区中游客可见的墙体，位于"后台"的墙体大多应采用剪力墙，表面抹光、喷涂防水涂料或镶嵌瓷砖以便于清洁。墙体围合的空间可以使动物免除过多的打搅，敏感动物的产房往往需要类似的隐蔽空间。砖墙自身强度小，且抗震能力差，不适用于隔离大型动物。板材墙体在近些年也逐渐在动物园中得到应用，除了传统的木板墙，多种预制板材也逐步应用到较小面积的墙体，小型动物的展箱实际上也是小面积板材墙体的应用。墙体表面清洁是一项繁重的日常性操作，除了表面进行防水处理以外，墙体结合处的倒角设计也应避免藏污纳垢（图6-37）。

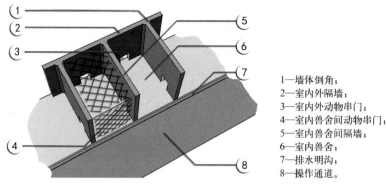

1—墙体倒角；
2—室内外隔墙；
3—室内外动物串门；
4—室内兽舍间动物串门；
5—室内兽舍间隔墙；
6—室内兽舍；
7—排水明沟；
8—操作通道。

图6-37　墙体应用位置和倒角图示

## 2.网面和栏杆

方格网是最常见的操作面隔障，安装方式应符合安全、牢固和便于操作的要求。栏杆作为操作面存在安全隐患，因为动物可能会伸出口部或爪子伤及饲养员；作为动物之间的隔障，也容易导致动物间的互相伤害。随着行为管理水平的不断提升和金属网格材料的普及，栏杆操作面将逐步被高强度方格网材料取代（图6-38）。

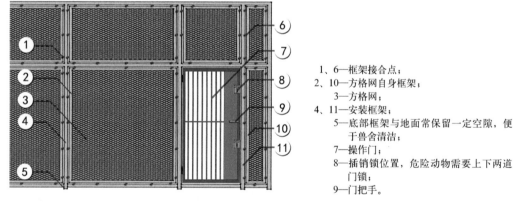

1、6—框架接合点；
2、10—方格网自身框架；
3—方格网；
4、11—安装框架；
5—底部框架与地面常保留一定空隙，便于兽舍清洁；
7—操作门；
8—插销锁位置，危险动物需要上下两道门锁；
9—门把手。

图6-38　方钢或角钢框架方格网操作面隔障图解

## 3.组合应用

墙体（木板墙）和方格网、栅栏的组合应用有利于充分发挥不同材料的特点，以满足更多的动物需求和行为管理需要（图6-39）。

## 三、操作门门锁设计

操作门的锁闭与作为动物串门的推拉门、垂吊门的锁闭设计同样重要。动物园中应用的各种门锁要求安全牢固和操作便捷。有时候为了提高操作效率，可以采用一把钥匙

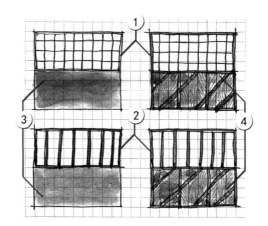

1—方格网——构成墙体上半部;
2—栏杆——构成墙体上半部;
3—砖混墙体;
4—木板墙体。

图 6-39　墙体四种组合形式

能打开一个特定区域内所有门锁的"通锁"设计（图 6-40）。

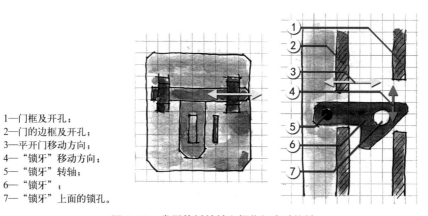

1—门框及开孔;
2—门的边框及开孔;
3—平开门移动方向;
4—"锁牙"移动方向;
5—"锁牙"转轴;
6—"锁牙";
7—"锁牙"上面的锁孔。

图 6-40　常用的插销锁和操作门自动撞锁

对于大型猛兽,例如大型类人猿、大象、犀牛等,门锁设计的重点是避免锁头本身受力。一般采取高强度锁销受力,锁头发挥的作用仅限于限定锁销的位置（图 6-41）。

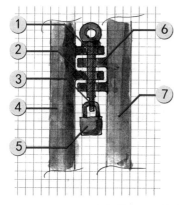

1—锁销,承受冲击力;
2—固定桩锁孔;
3—锁销锁孔;
4—固定桩;
5—锁,仅限定锁销位置;
6—门框锁孔;
7—门框

图 6-41　大象等大型动物应用的锁销设计图解

## 四、上下水设计

### 1．上水（饮水）设计

上水设计主要应用于提供动物饮水和清洗冲刷兽舍，保证动物生活环境的清洁。

给动物提供饮水的主要方式有水槽、自动补水饮水器、饮水乳头等。通过正强化行为训练，让动物拥有学习的机会，大多数动物都可以很快学会使用各种自动饮水装置。自动饮水装置各式各样，可以有效保障动物福利。动物园设计师可以参考畜牧产业的成熟技术，并将这些设施运用于动物园，在有必要的情况下进行特殊的防护设计即可（图6-42）。

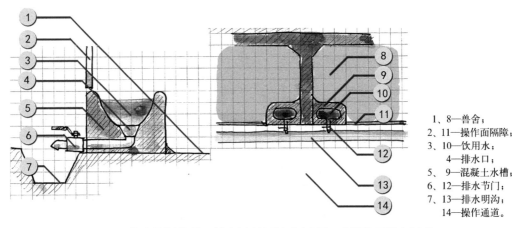

1、8—兽舍；
2、11—操作面隔障；
3、10—饮用水；
4—排水口；
5、9—混凝土水槽；
6、12—排水节门；
7、13—排水明沟；
14—操作通道。

图6-42 饮水槽设计图解（左侧为局部剖面示意图，右侧为平面示意图）

鸟类饮水池需要为鸟类创造不同水深（图6-43）。

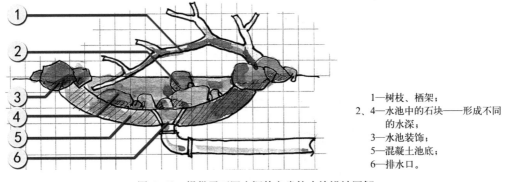

1—树枝、栖架；
2、4—水池中的石块——形成不同的水深；
3—水池装饰；
5—混凝土池底；
6—排水口。

图6-43 提供了不同水深的鸟类饮水池设计图解

有些爬行动物对饮水供应具有特殊要求，他们往往拒绝饮用水盘中的静水，而只选择流动水或粘在叶片或石头表面的水珠。在这类爬行动物展箱中，必须配备喷雾或定时滴流装置，以满足动物特殊饮水习性的需要（图6-44）。

图解动物园设计（第二版）

1—水雾喷嘴或滴流管;
2—树叶表面凝结水供部分种类的蜥蜴（如变色
　　龙）饮用;
3—植物种植池;
4—吸水垫材;
5—展箱排水。

图6-44　定时向植物叶片表面喷水凝结水珠或滴水为部分蜥蜴提供饮水

与这些秀气的蜥蜴相比，大象饮水是另一个极端，他们每次的饮水量往往超过几十公斤，为了保证大象随时能享用清洁的饮水，需要使用连通器原理和抽水马桶的补水装置为他们设计自动补水饮水槽（图6-45）。

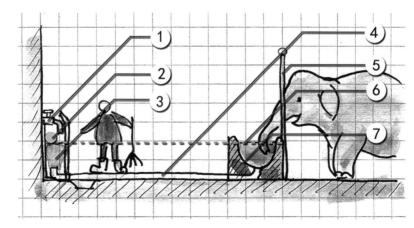

1—上水管;
2—水位控制浮球;
3—上水水箱;
4—连接水管;
5—隔障栏杆;
6—大象饮水池内保持
　　水位线;
7—大象饮水池。

图6-45　大象自动补水饮水池设计图解

## 2.下水设计

隔离壕沟、硬质地面和所有固定式水池、水槽、生态垫层都需要排水。排水是否有效主要取决于地面坡度和下水管道是否通畅。最常用的排水设计是兽舍地面有适宜的坡度，排水明沟设计在兽舍外侧操作区内。大象排水明沟应距离栏杆2.5m以上。

·排水明沟的位置（图6-46）：

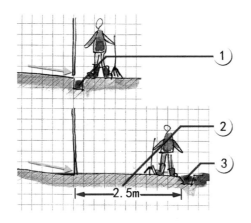

1——一般动物兽舍排水明沟位于兽舍
　　　外侧临近位置，便于排水；
2——大象操作通道竖向栏杆外侧排水
　　　明沟距离栏杆不少于2.5m；
3——大象操作通道排水明沟位置。

图6-46　兽舍坡度方向和排水沟位置

·防止阻塞：

打扫兽舍时，动物粪便往往和水混合在一起，如果不经过过滤和沉淀，很容易导致下水管道阻塞。动物园中有效防止阻塞的措施都是通过固液分离的原理实现的（图6-47）。

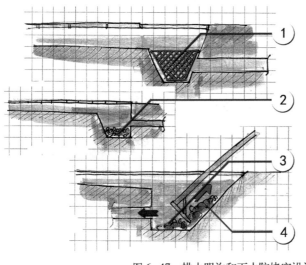

1—排水口篮筐，便于收集动物毛
　　发，以免阻塞下水道；
2—沉降池；
3—沉降池，保留一侧斜槽；
4—通过斜槽可以更便捷的清理沉
　　积物。

图6-47　排水明沟和下水防堵塞设计图解

·展箱排水：

小型展箱的排水设计，必须同时保证水池排水和展箱整体排水的通畅（图6-48）。

图解动物园设计（第二版）

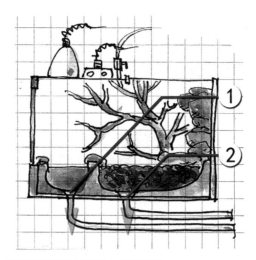

1—水池排水；
2—垫材排水（箱体排水）。

图 6-48　两栖爬行动物展箱排水设计图解

· 生态垫层排水：

生态垫层对提高动物福利和展示效果都具有不可替代的作用，能否保持生态垫层的安全、长期使用，最关键的就是排水设计。关于生态垫层的排水设计会在第七章"丰容设计"中详细图解（图 6-49）。

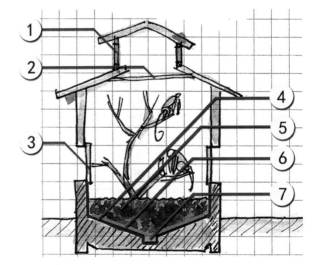

1—采光通风窗——应用室内生态垫层的必要
　条件；
2—通风天井护网；
3—串门——由于地面采用生态垫层，串门往往
　需要设置在较高位置；
4—建筑防水层；
5—木块生态垫层；
6—无纺布隔离层。
7—排水沟。

图 6-49　生态垫层所需要的排水地面设计图解

# 第二节　操作面设计

操作面大多位于"后台"，但也可能服从于保护教育展示需求而位于参观区内。操作面的设计决定了饲养员和动物之间的互动方式和内容。先进的操作面设计可以保证行为管理各项操作的安全、高效运行，不仅限于以下内容。

## 一、投食口设计

### 1. 平开门式投食口——可适用于多种动物（图6-50）

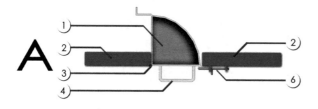

1—四分之一圆形食槽——平开门食槽关闭，食槽位于兽舍内，动物取食饲料；
2—操作门或操作隔障面；
3—食槽转轴；
4—食槽拉手；
5—平开门食槽开启，以便补充饲料或清洁食槽；
6—平开食槽关闭状态插销锁；
7—平开门食槽打开状态下通过侧壁锁孔锁定位置；
A—投食口闭合；
B—投食口开启。

图6-50　平开门式投食口设计图解（俯视图）

### 2. 竖井式投食口——竖井位于兽舍外侧，多应用于食肉动物操作面（图6-51）

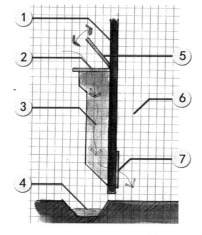

1—隔障操作面；
2—投食口；
3—竖井，硬质铝合金或不锈钢制作；
4—排水明沟；
5—投食口盖板，喂食时防止动物攻击；
6—兽舍内；
7—食物出口。

图6-51　竖井式投食口

### 3. 翻斗式投食口——应用于危险的、攻击力强的动物（图6-52）

## 二、其他功能性设计

操作面设计必须以满足该物种的行为管理操作需求为依据，甚至有时候还需要针对动物个体进行特殊设计，设计内容起码包括：

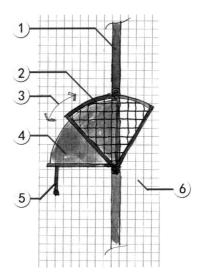

1—隔障操作面；
2—翻斗护栏——硬质方格网；
3—翻斗活动方向；
4—翻斗——不锈钢或热镀锌铁槽；
5—翻斗把手；
6—兽舍内侧。

图6-52 翻斗式投食口

# 1．操作面功能性开口（图6-53）

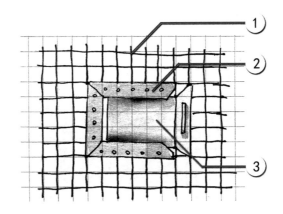

1—隔障操作面；
2—检查处理操作口插槽；
3—插板。

图6-53 操作面检查处理操作口图解

# 2．采血架（图6-54）

1—采血架防护固定挡板；
2—挡板开口（口径与采血管内径一致）；
3—隔障操作面挡板固定栏杆；
4—PVC塑料管或金属管上半部开口，作为采血操作工作面；
5—不同位置的成对空洞，用于在不同位置插入抓握杆，以调整抓握距离适应动物的臂长；
6—塑料或金属采血管；
7—采血管固定支架。

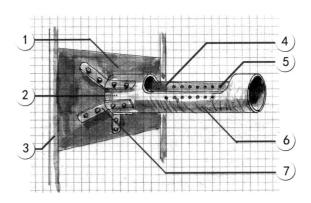

图6-54 操作面安置采血架示例

### 3.操作面结合训练笼（图6-55）

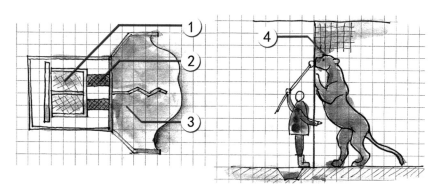

图6-55　训练笼位置和设计高度示意

1—室内兽舍；　　　3—室外展区；
2—训练笼；　　　　4—动物表达目标行为所需高度。

### 4.给训练笼赋予更多功能

在多数现代动物园中，往往会结合训练笼，进行一些多功能整合设计，以赋予这一节点更多功能（图6-56，图6-57）。

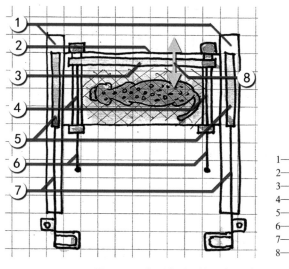

1—推拉门滑轨；
2—训练笼；
3—移动挡板；
4—移动挡板滑动限位；
5—推拉门；
6—移动挡板推拉杆；
7—推拉门拉杆；
8—移动挡板移动方向。

图6-56　挤压式训练笼示意图（俯视图）

## 第三节　空间拓展设计

空间拓展设计，指采用动物通道等方式实现展区拓展，有利于在有限的面积和地形限制条件下保障动物福利和展示效果。

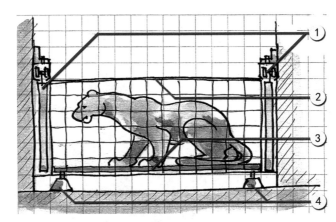

1—推拉门;
2—训练笼;
3—体重秤面板;
4—支架和重量感应器。

图6-57　动物分配通道与称重功能的结合

　　分配通道的应用是高水平饲养的要求,采用这种设计不仅需要饲养管理规程与之适应,也需要饲养员在日常行为管理过程中通过正强化行为训练让动物学习掌握这些通道的使用方法。

## 1. 应用分配通道克服场地局限 (图6-58)

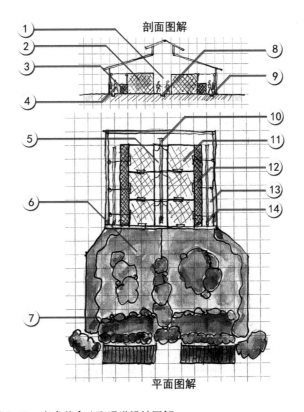

剖面图解

1、4、5、13—操作通道;
2、11—网笼;
3、12—分配通道;
8、9、10、14—排水明沟;
6—室外展区;
7—室外参观区。

平面图解

图6-58　老虎兽舍分配通道设计图解

## 2. 应用分配通道克服地形局限（图6-59）

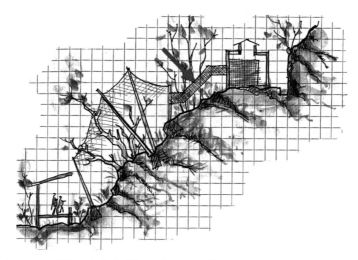

图6-59　利用分配通道克服地形限制，连接不同高差的功能空间设计图解

## 3. 应用分配通道联结室内外空间（图6-60）

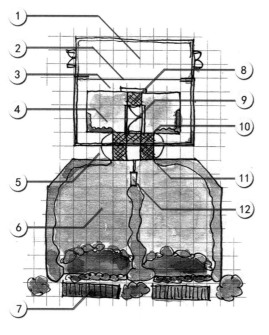

1—犀牛展示室内参观厅；
2—展示玻璃幕墙；
3—操作通道；
4—室内展厅；
5—室外操作通道；
6—室外展区；
7—室外参观区；
8—室内展厅连接通道；
9—行为训练操作区；
10—室内串道；
11—室外串道；
12—室外展区间串门。

图6-60　以犀牛为例图示展区空间连接

图解动物园设计（第二版）

## 4.应用分配通道实现区域拓展（图6-61，图6-62）

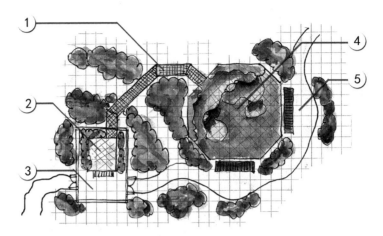

1—展区间连接通道；
2—室内展笼；
3—室内参观厅；
4—室外展示笼；
5—室外参观区。

图6-61　以南美热带小猴为例图示区域拓展

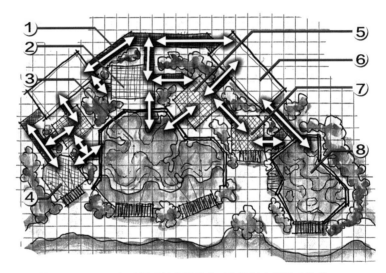

1—分配通道；
2、5—室外非展示笼舍；
3、8—室外展区；
4、7—室外展示笼；
6—动物内舍；

图6-62　进一步的区域拓展——便于提升行为管理水平和组织安排展示线索

# 第四节　运行保障设计

这一节的内容，可能超出了狭义的"设施设计"范畴，但所有的设施设计，都是为了保障动物园的安全、高效运行。结合历史教训和先进动物园设计经验，应从以下几方面检验设施设计是否能够达到现代动物园的基本要求。

## 一、以行为管理需求为依据

在《动物园野生动物行为管理》一书中，系统的介绍了行为管理对提高动物福利的重要性，而动物福利又是动物园一切运营活动的基础和前提（图6-63）。基于这种高度的认识，我们将很容易在为动物提供哪些资源方面作出抉择："爱它们有多少，就给它们多少。"

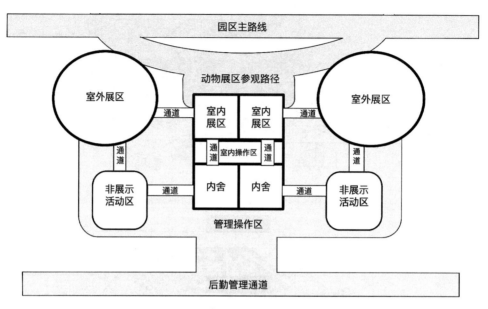

图6-63　展区功能空间模式图（引自《动物园野生动物行为管理》）

典型的动物展示，均需要四类空间：室内展示区、室内非展示区；室外展示区、室外非展示区。同时，联结这些空间的动物通道和饲养员操作路径同样是设计重点。

## 二、空间贯通原则

让动物可以安全、高效地在不同的功能空间之间移动，是日常饲养管理和展示安排的基本保障。除去管理人员行为管理操作水平的影响，各功能空间之间能否贯通以及空间联结的方式也是决定因素（图6-64）。

## 三、双层防护原则

双层防护是凶猛危险动物展区设计中的重要原则，保证所有饲养员日常操作的门都起码具备双层防护。只有一些特殊的动物能接触到的门不必进行双层防护设计，例如室外展区的物料运输门，但这些门的锁闭、自身强度和所发挥的隔障功能都需要进行特殊设计（图6-65）。

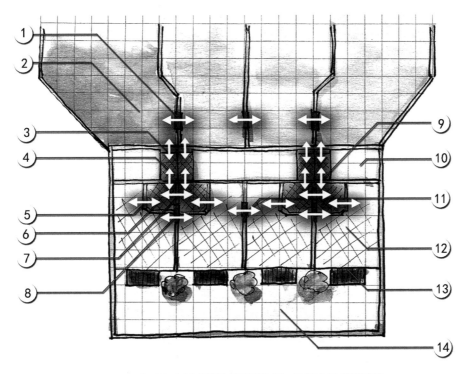

图 6-64　以灵长类展示设计平面图为例，图解空间贯通原则

1—室外展区间串门；
2—室外展区；
3、9—笼道推拉门；
4—笼道，用于动物穿过操作通道在室内展笼和室外展区间移动；
5—隔间与展笼间串门；
6—隔间，用于室内展区串笼操作；

7、11—隔间之间串门；
　8—室内展笼间串门；
10—操作通道；
12—室内展笼；
13—室内参观点；
14—室内参观区。

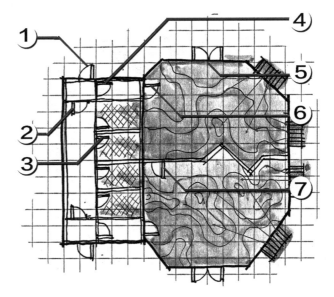

1—饲养员进出室内工作区操作门；
2、4—饲养员进出操作通道操作门；
3—饲养员进出室内兽舍操作门；
5—室外展区物料运输门；
6—饲养员进出室外展区操作门；
7—室外展区间饲养员操作门。

图 6-65　以大型猫科动物展示设计平面图为例，图解双层防护原则

## 四、转运保障：

物资运输和动物转运是维持展区正常运行的基本保障。物资运输的设计内容包括大宗饲料入库、垫料更换、展区运转所需要的设施设备以及展示更新所需要的物资和施工端口；动物运输更是动物园正常运营的基本需要，个体调换、群体数量控制、种群繁育管理，等等，都需要频繁的转运动物。在设施及展区功能布局方面，必须考虑转运设施和场地的空间关系，以保证安全、高效的实施转运（图6-66）。

设施设计是运行行为管理最直接的物质保障，也是保障动物福利和动物园运营水平的基础。这部分工作并非一蹴而就，也不是一劳永逸，需要随着动物园管理人员行为管理水平的不断提高而日益完善。本章所简单描述的部分设施设计，仅仅是最基础的设计参考。

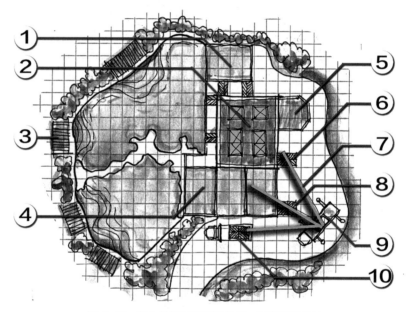

图6-66 以大象展区平面图为例，图解转运设计

1、4—大象室外非展示区；　　　　　　7—起重机吊臂；
2—大象室内兽舍；　　　　　　　　　8—从室外转运动物时的运输笼位置；
3—室外展区参观位点；　　　　　　　9—起重机工作位置；
5—草库；　　　　　　　　　　　　　10—重载卡车停放位置。
6—从室内转运动物时的运输笼位置；

# 第七章 丰容设计

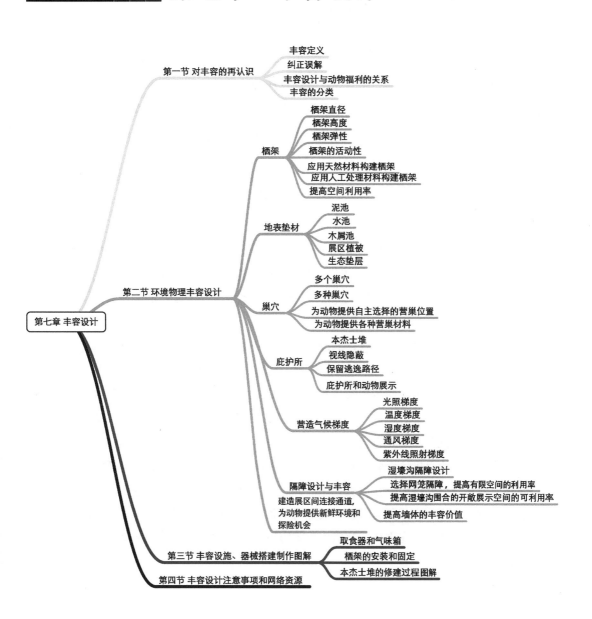

第一节 对丰容的再认识
- 丰容定义
- 纠正误解
- 丰容设计与动物福利的关系
- 丰容的分类

第七章 丰容设计

第二节 环境物理丰容设计
- 栖架
  - 栖架直径
  - 栖架高度
  - 栖架弹性
  - 栖架的活动性
  - 应用天然材料构建栖架
  - 应用人工处理材料构建栖架
  - 提高空间利用率
- 地表垫材
  - 泥池
  - 水池
  - 木屑池
  - 展区植被
  - 生态垫层
- 巢穴
  - 多个巢穴
  - 多种巢穴
  - 为动物提供自主选择的营巢位置
  - 为动物提供各种营巢材料
- 庇护所
  - 本杰士堆
  - 视线隐蔽
  - 保留逃逸路径
  - 庇护所和动物展示
- 营造气候梯度
  - 光照梯度
  - 温度梯度
  - 湿度梯度
  - 通风梯度
  - 紫外线照射梯度
- 隔障设计与丰容
  - 湿壕沟隔障设计
  - 选择网笼隔障，提高有限空间的利用率
  - 提高湿壕沟围合的开敞展示空间的可利用率
  - 提高墙体的丰容价值
- 建造展区间连接通道，为动物提供新鲜环境和探险机会

第三节 丰容设施、器械搭建制作图解
- 取食器和气味箱
- 栖架的安装和固定
- 本杰士堆的修建过程图解

第四节 丰容设计注意事项和网络资源

动物园的设计建设目的，是创造一个以行为管理为主要手段来保障动物福利，并以综合保护为机构目标的保护教育场所。丰容是行为管理的组件之一，在动物园的设计阶段对丰容予以应有的重视将为保障圈养动物的福利水平奠定基础，继而为动物园开展综合保护和保护教育活动创造条件。福利状态好的野生动物会表达更多的自然行为，这种行为展示给游客带来的参观体验和由此产生的教育作用，是其他娱乐形式和教育手段无法替代的。

# 第一节　对丰容的再认识

尽管在《动物园设计》《动物园野生动物行为管理》两本书中已经对丰容进行了大量说明，但近些年国内动物园的设计建设过程仍然显示出动物园和设计者双方对丰容的理解都存在误区。这一误区的长期存在令人不解，也许最根本的原因在于动物园行业自身的认识水平还有待提高——如果身为甲方的动物园对丰容都一知半解，怎么可能对设计方提出明确的丰容设计需求呢？

## 一、丰容定义

丰容是基于动物行为生物学及其自然习性的研究，改善圈养动物生活环境和条件的动态过程。改善生活环境目的在于增加动物的行为选择机会、诱导该物种自然行为的表达，从而提高动物福利。丰容工作已经成为现代动物园行为管理操作的主要内容，几乎体现于动物园运营的各个环节，当然设计也不例外。

"丰容是一项动物饲养管理的原则，这项原则旨在识别和提供必要的环境刺激，以使动物达到最佳的心理和生理健康状态"。在此认识基础上，越来越多的人倾向于认为："丰容是基于动物生物学特性和自然史信息而不断提高和发展动物圈养环境和饲养管理技术的动态进程。丰容通过改善圈养环境和提高饲养管理实践水平来增加动物的选择机会，使动物有机会表达具有物种特点的自然行为和能力，保持积极的福利状态。"丰容的实质是为动物提供适合物种特异性的各种挑战、刺激和机会，其中包括定期提供的动态环境因素、认知挑战、社交机会和与人类的良性互动等手段，这些手段促使动物表达能够引致正强化的自然行为，并有效应对动物承受的压力，在生理和心理层面使动物处于积极的福利状态。在现代动物园中，丰容设计是丰容项目运行的基础，也是展示设计的亮点和重点。

## 二、纠正误解

丰容设计具有重要的功能性，而绝非仅仅起到装饰作用。近几年国内动物园建设过程中，普遍存在的一个误区就是将丰容和展示背景的景观效果营造混为一谈，并把大部分的建设资金消耗在所谓的"丰容"建设上，其结果仅仅是使动物园在游客的视觉感受中显得更堂皇，但几乎完全不会对提高动物福利产生积极的影响。这一点需要动物园和设计方认真检讨，提高认识。

作为动物园方面，不能指望设计施工来解决全部丰容问题，丰容是动态、长期的变化过程，设计施工和基础建设只能为今后的丰容工作日常化奠定基础。例如，在室外展区或较大的室内展区、兽舍内修建"垫料池"就是一项有效的丰容设计：在日常动物饲养管理工作中，经常性的变换池中内容物，如木屑、沙土、稻草、秸秆，或者阶段性的作为水池，都会给动物生活的环境带来变化；在木屑或稻草中藏匿食物，也是最受动物欢迎的食物丰容项目。这些日常性的维护和变换，应该由饲养员按照丰容运行表操作执行（图7-1）。

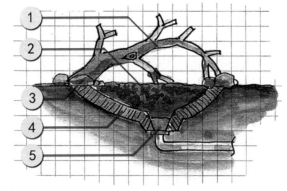

1—倒伏的树干；
2—自然材质的垫料；
3—垫料池岩石维护、装饰；
4—混凝土池底；
5—垫料池排水口。

图7-1 垫料池设计图解

作为设计公司应该了解：丰容不是景观装饰，而是基于动物行为生物学研究和行为管理需求的功能性设计。近些年在多家动物园设计建设中，大量采用GRC人工塑石作为展示背景，但很少结合动物的行为特点和需要进行综合考虑。在非洲狮和老虎的室外展区中，与其耗费巨资修建高大宏伟的人工塑石背景隔障墙，不如在展区内建造一些低矮的岩石平台，作为动物显示社群地位的栖息位点；如果把这些平台与展区参观面结合，也会使游客获得最佳参观体验。基于对动物更深入的了解，可以给这些人工岩石平台赋予更多的功能，例如在岩石内隐藏风道，根据季节的变化和动物的需要来调节局部气温，会在保障动物福利的同时提高展示效果（图7-2，图7-3）。

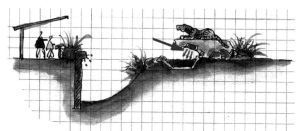

图 7-2　岩丘展示平台图示　　　　　　图 7-3　带有气候调节功能的岩丘展示平台图示

## 三、丰容设计与动物福利的关系

丰容设计为丰容工作的日常运行奠定基础，也是丰容工作的条件保障。饲养员日常主要精力将集中于阶段性地按照丰容工作运行表来执行丰容项目库中的项目内容，而项目库中项目的多少和项目本身的价值，往往受到展区设计建设过程中丰容设计水平的直接影响。一旦展区建成并投入运行，任何改造项目都需要协调大量的资源才有可能实施，在这种情况下，丰容项目的运行往往处于妥协的一方。所以，丰容设计应同设计工作紧密联系，在进行展示设计之初就开始着手，而不应该是在展区即将开放之前通过一些绿化种植和表面装饰进行的"美化"（图 7-4）。

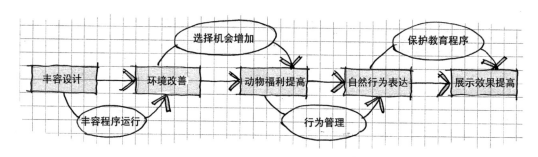

图 7-4　丰容是保证展示效果的基础

在动物园动物饲养管理发展过程中，几百年来先后经历了保证存活时代、关注繁殖时代、通过遗传管理建立圈养种群时代等阶段，现阶段以及未来相当长的一段时间内，动物园将致力于物种保护和保护教育。正如《世界动物园和水族馆协会动物福利策略》中所强调的：动物园的核心使命是物种保护，但核心实践是保证动物处于积极的福利状态。行为管理是主动提高动物福利的有效手段，丰容工作是行为管理的五项组件之一，丰容设计是丰容项目运行的基础和保障（图 7-5）。

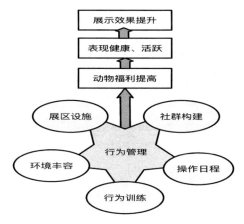

图 7-5　丰容作为行为管理工作的重要组成部分

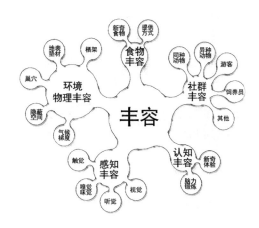

图 7-6　丰容工作的内容分项

## 四、丰容的分类

根据SHAPE（www.enrichment.org）提供的依据，丰容工作可分为环境物理丰容、食物丰容、社群丰容、认知丰容和感知丰容五大类。但实际上丰容工作各类别之间没有截然的界限，任何一个丰容分项都可能在其他方面产生积极的影响。作为动物园设计师，重点应该了解和执行"环境物理丰容"这一分项，并通过这一分项的实施保证其他丰容分项的运行（图7-6）。

## 第二节　环境物理丰容设计

## 一、栖架

栖架几乎是任何陆生动物和鸟类生活环境中都必不可少的环境设施。根据不同的动物种类和行为管理的不同需求，可以采用天然树干、成型木材、金属或混凝土、绳索、竹竿、石材等材料建成。全天然的材料可以实现最好的景观效果，但往往难以保证发挥最佳丰容功能；人工材料可以保证栖架发挥功能，但在视觉感官上可能不自然，所以最佳的栖架往往是各种材料的组合，兼顾功能实现和自然的外观（图7-7～图7-9）。

在设计展区栖架时，主要应考虑以下几方面内容：

### 1.栖架直径

不同动物由于行为方式的差异、体型的差异，对栖架直径的要求多有不同。解决这

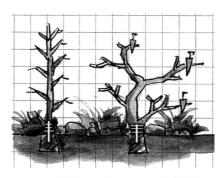

图7-7 自然树干栖架图示——外观自然，
但功能有限

图7-8 成型木材栖架图示——功能强大但外观不自然

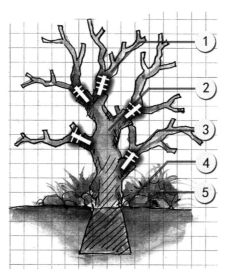

图7-9 自然树干与混凝土人造树干的组合
应用，兼顾景观和功能的需求

1—天然树干；
2—人工塑形混凝土树干基础；
3—天然树干安装基座；
4—稳固的混凝土基础；
5—大块岩石作为环境装饰、地面丰容和基础防护。

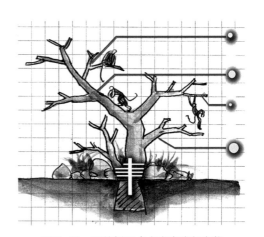

图7-10 天然树干本身存在直径变化

一问题的最佳方法就是提供不同直径的栖架供动物自主选择。这种设计方法还可以兼顾
群养动物中可能出现的幼年和老年个体、攀爬技术高超和笨拙个体的不同需要。自然树
干本身具有不同的直径，是一种最佳的选择，但受到材料本身尺寸和连接固定不便的影响，
自然树干很难搭建牢固的高大栖架，这时就需要考虑自然树干和人工框架或支撑的组合
应用（图7-10）。

## 2. 栖架高度

高低错落的栖架会为动物提供更多选择余地，提高展示空间利用率，同时也为群体饲养动物通过占据不同的高度以表明社群地位提供保障。为动物提供这种社群地位表达机会，有利于维持种群中的和谐关系，减少攻击行为的发生。即使对于单独展示的动物，特别是猫科动物和灵长类动物，让动物有机会驻留在高处，即高于游客视平线的位置，也有助于缓解动物承受的来自游客的视线压力。对于一些鸟类，在选择营巢位置时，也需要栖架高差——往往营造不同高差的栖架比单独的高大栖架更受欢迎（图7-11～图7-14）。

图 7-11　高低错落的栖架配备绳索，这种安全防护设计可以避免弱势个体受到攻击时坠落受伤

图 7-12　高低错落的栖架保证群养动物显示社群地位——种群中不同社会地位的个体都有机会占据各自的高度，从而维系和谐的社会关系

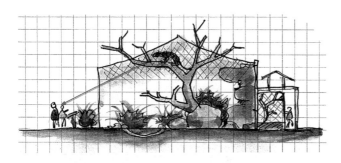

图 7-13　减少动物承受的目光压力——云豹等猫科动物需要高于游客视线的栖息位置

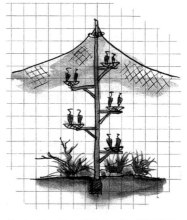

图 7-14　为鸟类提供不同高度的巢址供其营巢选择

## 3. 栖架弹性

自然界存在的"栖架"往往都是鲜活的、有弹性的树枝和树干，人工搭建的栖架弹性可以通过材料选择和特殊的结构设计来实现。直立的长竹竿或弹性好的木杆深受长臂

猿的喜爱；两端固定、中间贯穿木杠的橡胶绳是多种灵长类的最爱；在硬质的、缺乏弹性的树干下面安装有保护套的强力弹簧也会为动物带来自然的体验；对于大象、犀牛等力大无穷的动物，可以通过在地下埋设旧轮胎"套管"的方法增加粗重树干的弹性，对动物来说，栖架不仅用来攀爬，有时也会用来"蹭痒"，甚至与之对抗（图7-15～图7-18）。

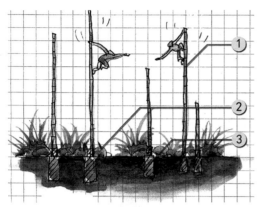

图7-15　具有弹性的直立竹竿深受长臂猿的欢迎
1—直立竹竿；
2—基础岩石防护；
3—牢固的基础。

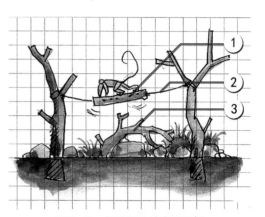

图7-16　橡胶绳设计应用图解
1—天然树干——可能需要表面钻孔并采取食
　物丰容措施以增加对动物的吸引力；
2—橡胶绳；
3—跌落防护。

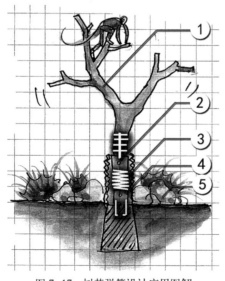

图7-17　树基弹簧设计应用图解
1—天然树干；
2—固定套管；
3—强力弹簧；
4—橡胶防护罩；
5—基础防护岩石。

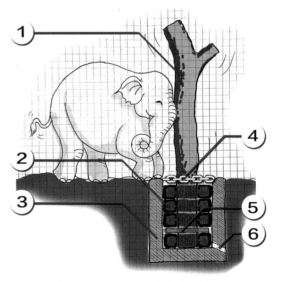

图7-18　树基轮胎设计应用图解
1—天然粗大树干；
2—大型轮胎；
3—混凝土竖井轮胎池；
4—轮胎固定链条，保证轮胎不
　会被大象从竖井中拔出；
5—树干锁销——钢管贯穿树
　干，夹在轮胎之间，以免
　树干被拔出；
6—竖井轮胎池排水。

## 4. 栖架的活动性

掌握平衡是动物在自然界生存的必备技能，在人工饲养条件下也应该使它们保持这种能力。同时，动物掌握平衡的高超技艺也是最佳的展示内容之一，彰显了动物的神奇之处，可以为保护教育项目的开展奠定基础。需要注意的是栖架的活动需要控制在一定范围内，以免伤及动物或设备设施；另外，毕竟活动栖架对动物来说是一种挑战，有时候为了吸引动物在活动栖架上活动,需要辅助其他的丰容手段,例如食物丰容(图7-19~图7-23）。

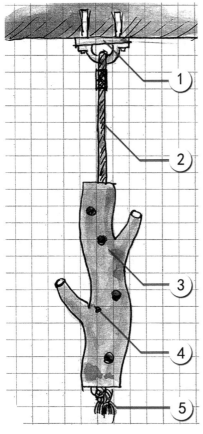

图7-19 竖立悬垂栖架的应用图示

1—绳索与顶棚固定基座；
2—粗硬绳索，保证不会缠绕，绳索长度限制
　栖架活动范围；
3—天然木质树干；
4—表面钻孔并配合食物丰容项目以增加对动
　物的吸引力；
5—绳结紧固，防止动物解开（细纤维容易对
　动物造成缠绕损伤）。

图 7-20 水平悬垂树干栖架，配合食物丰容

1—绳索固定基座；
2—绳索；
3—活动栖架；
4—食物丰容措施；
5—绳索末端紧固处理。

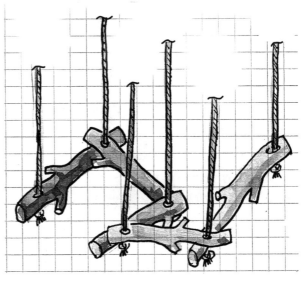

图 7-21 垂吊栖架组合应用图示

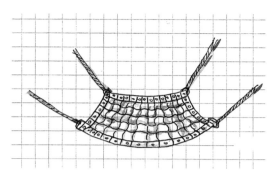

图 7-22 利用消防水龙带制作的吊床

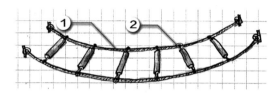

1—软质绳索；
2—硬质木棍，避免缠绕造成危险；

图 7-23 软梯——可以水平安装，也可以竖向安装

## 5. 应用天然材料构建栖架

如果既能够满足栖架的功能，又能在展区创造自然的展示环境，何乐不为呢？游客的感受会影响整体参观体验，展区中的自然元素有利于将展示个体与野外环境进行关联，甚至影响动物园开展保护教育工作的效果。可以通过以下一些手段增加栖架的自然特征：分散悬挂和固定带有新鲜树叶的树枝；通过大型天然树干的分解和拼接复原高大树干原貌；天然树干所需的人工支撑或框架的自然化处理等（图 7-24，图 7-25）。

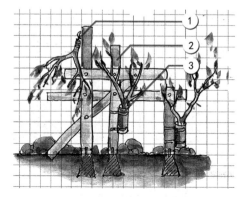

图 7-24 悬挂和插接天然树枝

1—天然树枝挂环；
2—人工处理材料组成的功能性栖架；
3—天然树枝插管。

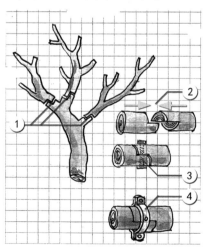

图 7-25 大型天然树干的分解和拼接图解

1—大型树干拆分处，保证各部分都能够运入展区；
2—接合方向；
3—固定螺栓；
4—固定抱箍。

大型树干组建的栖架或使用加工木材搭建的大型栖架，都需要征求工程师的意见，遵循正确的支撑结构，以避免栖架倒塌伤及动物或操作人员。特别需要注意的是栖架支撑柱与地面的固定，决不能在土地面上挖个坑直接埋入树干，这种建造方式会因为基础腐朽而导致栖架坍塌。采用混凝土固定的钢柱作为栖架的主要支撑结构是一种稳妥的方案，且利于栖架更新（图7-26）。

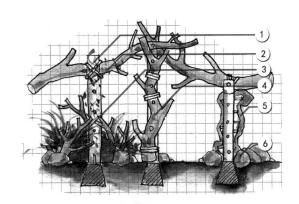

1—钢管栖架支柱；
2—攀援植物；
3—本杰土堆；
4—钢管支柱上捆绑固定的天然树干；
5—GRC 人工塑石；
6—基础防护岩石。

图7-26 大型栖架采用混凝土、钢柱支撑结构图解

## 6. 应用人工处理材料构建栖架

由于人工材料易于获得、便于安装、维修维护方便、材料尺度可控等多方面原因，出于利益平衡的考虑，有时候需要采用人工材料或人工加工过的自然材料搭建栖架。特别是大型灵长类需要的高大栖架，仅使用天然材料难以满足动物的活动需要（图7-27）。

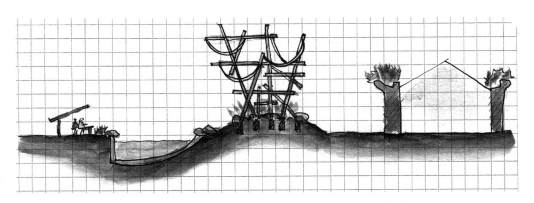

图7-27 黑猩猩室外活动场高大栖架往往使用人工处理材料构建

## 7. 提高空间利用率

几乎在所有的动物园，为动物提供的活动空间都受到场地限制而无法满足动物的自然需求，特别是那些牺牲动物活动空间而一味追求参观视觉无障碍的大量应用壕沟隔障

方式的动物园，给动物保留的活动区域更加有限。通过丰容建设，特别是合理搭建栖架，会大大提高有限空间的利用率（图7-28～图7-30）。

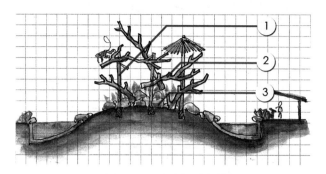

1—栖架支柱；
2—被抬高安装的天然树干栖架；
3—支柱基础防护。

图7-28　开敞展示空间增加栖架搭建高度提高展示空间利用率

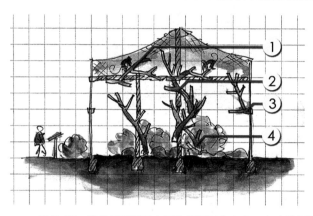

1—固定于网笼内部高处框架上的天然树干栖架；
2—固定于网笼支柱上的栖架；
3—固定于网笼侧壁硬质方格网上的栖架；
4—地表栖架。

图7-29　室外封闭展示空间的栖架固定高度，充分发挥网笼本身优势，提高空间利用率

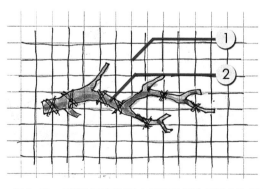

1—硬质方格网；
2—固定于网笼上的天然树干栖架；

图7-30　天然树干栖架固定于网笼侧壁硬质方格网上能够提高动物活动空间的复杂性

　　室内动物生活环境的栖架搭建，需要提前在墙体和屋顶安装固定锚点，这些固定构件应与墙体内的钢筋或钢结构框架连接，以保证锚件的强度。在大型类人猿的展区中，那些在建筑完成后试图通过在墙面使用膨胀螺栓固定锚点的努力往往都以失败告终（图7-31）。

图 7-31　室内封闭展示空间预留固定锚点

## 二、地表垫材

几乎所有的动物都需要地表垫材，即使是那些几乎不会到地面上活动的动物展舍内，自然材料构成的地表垫材也会在保持环境湿度和提升展示景观方面发挥重要作用。

如同动物园设计的各个部分一样，展区或展舍地表垫材设计的出发点是动物生态学和行为学研究成果以及行为管理需求的应用。在动物园设计建设阶段，最有效的丰容设计之一就是保证地表垫材的多样化。丰富多变的地表垫材不仅能够满足不同物种的行为需要，也能够为群养动物的每个个体提供选择机会，因为尽量满足每个个体的需求才是提高动物福利的本质（图 7-32）。

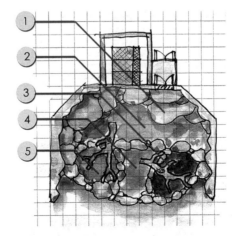

1—岩石地面；
2—腐殖土和地面绿化；
3—木屑垫料地面；
4—沙土地面；
5—水池。

图 7-32　展区俯视图——地表垫材多样性图示

以下是动物园中常见的地表垫材应用形式：

1. 泥池——泥池是一种最简单但却最有效的地表垫材应用形式。对于大多数食草动物来说，泥池为它们驱赶体表寄生虫、提供体表防护以满足动物避免蚊蚋叮咬和防止皮肤晒伤等自然需求。还有很多动物喜欢"玩泥巴"，就像我们小的时候。如此简单易行的设计，为什么不提供给动物呢（图7-33）？

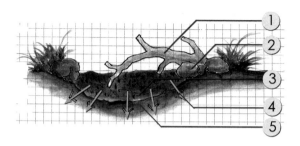

1—倒伏树干，增加环境复杂性；
2—泥池围护岩石，地表装饰；
3—泥土，同时也是其他丰容项目开展的基础；
4—渗水方向；
5—夯实泥土基底。

图7-33 泥池剖面图解

2.水池——和泥池一样，水池也会给很多动物创造福利，水池不仅提供饮水，也是炎热夏季动物纳凉的有效途径，北方动物园冬季可以把水排空后在池内堆放木屑、稻草、秸秆，为动物提供温和的栖息环境。对有些动物，例如浣熊，水池必不可少。需要注意的是水池也可能为动物提供饮水，所以每个水池必须单独设计排水系统，以便清洁消毒。对于那些体型小的动物，水池的深度需要全国动物专家确认；对于鸟类展区，在水池内摆放石块以形成不同的深度非常重要（图7-34～图7-36）。

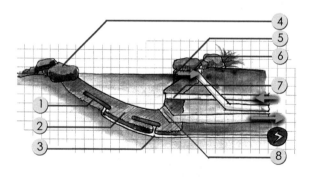

1—北方室外建造水池，需要预埋加热板，防止冬季水池结冰导致胀裂；
2—混凝土池底；
3—电缆；
4—水池围护岩石；
5—溢水口防护罩；
6—溢水口；
7—注水口；
8—排水口。

图7-34 水池标准做法图解

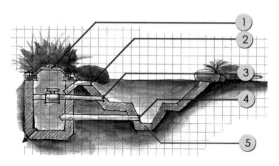

1—控制井，井盖须上锁；
2—溢水口；
3—注水口；
4—排水口；
5—沉淀池。

图7-35 简易水池做法

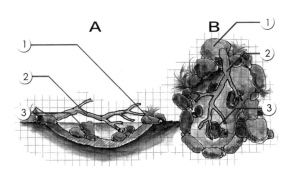

1—岩石围护；
2—倒伏树干，为鸟类提供饮水栖架；
3—池内岩石，形成局部不同深度。
A：剖面图解　　B：平面图解

图 7-36　水池内摆放石块以形成不同水深

水池还可以结合淋浴系统和喷雾系统，甚至经过精心设计形成展示景观，为动物和游客同时带来享受（图 7-37 ~ 图 7-39）。

多种规格、不同大小的塑胶一体成型水池已经大量应用于园林景观建设中，这种水池对于有些动物来说同样适用。

1—游客参观栈道，严格限制
　游客活动范围；
2—水池装饰反扣；
3—电网，阻止动物破坏绿化
　带植物；
4、5—水下防护栏杆；
6—人工瀑布出水口；
7—操作位点；
8—水管；
9—水泵；
10—上水管和排水口位置。

图 7-37　大象展区参观面淋浴水池设计图解

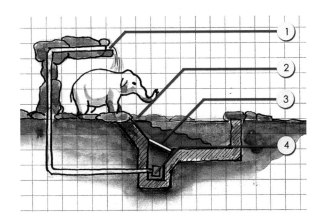

1—人工瀑布出水口；
2—水池斜坡，保证大象能够轻松出入水池；
3—设备防护罩；
4—水泵和上下水位置。

图 7-38　展区内大象淋浴水池设计图解

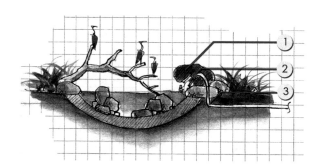

1—人工塑石掩饰喷嘴；
2—水雾喷嘴；
3—上水管。

图 7-39 鸟类水池结合喷雾系统图示

3. 木屑池——木屑池实际上是干燥的泥池或者地表简单围合形成的凹陷部分。在池内堆积木屑、稻草、秸秆等天然材料为动物提供舒适的栖息环境和作为藏匿食物的场所，以鼓励动物展示更多的探究行为和觅食行为、玩耍行为等。构造简单、更换便捷的小型木屑池特别适合在动物室内展区应用（图 7-40 ～图 7-44）。

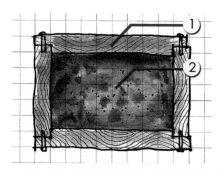

1—围合固定的木框；
2—木屑垫料。

图 7-40 在室内混凝土地面通过木框围合为动物提供木屑池

1—沙浴池；
2—混凝土地面；
3—砖块。

图 7-41 在室内混凝土地面为动物提供沙浴池

1—木屑池，作为食物丰容的基础条件；
2—大块岩石围合；
3—混凝土地面。

图 7-42 室内木屑池作为食物丰容的基础

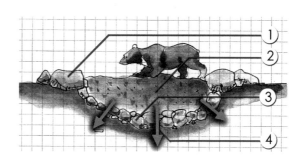

1—木屑池围护岩石；
2—木屑（或其他各种自然材料）；
3—岩石基底；
4—渗水方向。

图 7-43    室外木屑池设计图解

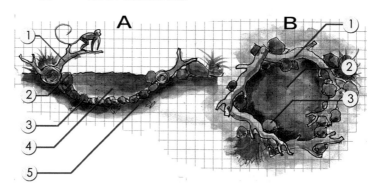

1—利用倒伏的树干围合木屑
　　池；
2—固定树干的岩石；
3—岩石池底；
4—木屑或其他自然材料；
5—渗水方向。
A：剖面图解
B：平面图解

图 7-44    自然风格的木屑池设计图解

4. 展区植被——动物展区内的植被不仅为动物提供选择机会，也能创造自然的展示环境，遗憾的是很多动物对植被的喜爱都表现为不同程度的破坏。在展区中种植和对植被的保护需要园艺栽培方面的专家提供协助——在展区中，特别是在室内展区中保持植物良好的生长状态相较动物饲养更具挑战性，往往需要光照、通风、温湿度控制等多方面的综合考虑。

● 小型展箱内绿化（图 7-45）：

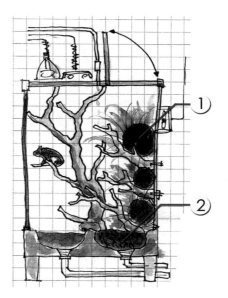

1—植物生长基质；
2—带有排水功能的吸水垫材池。

图 7-45    爬行动物展箱中的绿化设计要点

● 室外展区绿化及保护：

将种植与本杰土堆进行组合不仅能创造自然的景观效果，同时也能对绿植起到防护作用。这种设计适用于绝大多数动物（图7-46）。

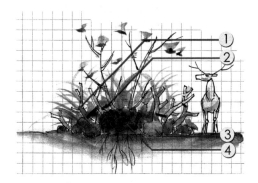

1—粗大树枝；
2—树枝间连接；
3—大块岩石；
4—掺有草籽的腐殖土，外围种植多刺荆棘植物也可以避免部分食草动物的啃食。

图7-46　室外展区地表植被保护——本杰土堆

5. 生态垫层——生态垫层是一种广泛应用于现代畜牧业的地表处理技术，在动物园中也被证实是一种提高动物福利的有效手段。在多数动物的室内展示或饲养环境中，生态垫层的应用都会为动物创造更安全、更舒适的栖息环境。生态垫层中的材料都是按照一定规格切碎的木块，注意不要采用树皮或木栓层的材料。木质部中含有的抑菌素在合理的光照、通风和排水设计的前提下，可以保证生态垫层的长期使用（图7-47）。

1—生态垫层；
2—垫层与混凝土倾斜基底之间的滤网，便于排水，防止阻塞排水槽；
3—排水槽，连通操作区排水沟；
4—结合生态垫层的丰容物；
5—垫料池倾斜混凝土基底。

图7-47　室内展厅生态垫层剖面图解

在室外展区，同样的设计原理也应用于那些有特殊需要的展示环境，例如那些强调水质清洁的展区。展区中的生态垫层创造了一片"无土"环境，减少了动物带入水中的泥土对水质的污染。带有水下活动展示的北极熊、水獭展区，生态垫层都是最佳应用（图7-48）。

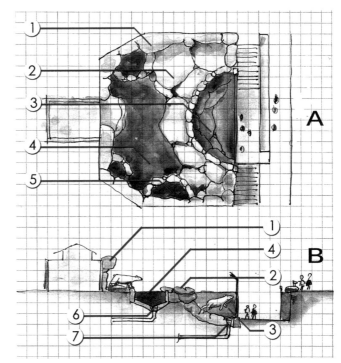

1—高墙隔障，往往装饰成冷峻岩石或
　冰崖；
2—木屑池与水体间的岩石过渡区域；
3—水体；
4—木屑池；
5—绿化种植池；
6—木屑池排水；
7—水池排水；
A：平面图解；
B：剖面图解。

图 7-48　北极熊室外生态垫层应用

任何一种地表垫材都有使用寿命，或者为了保证饲养展示环境的多变性而经常性的更换垫料，这时候都需要在展区设计时预留运输通道和路径。这样可以降低在动物园运行过程中饲养员开展丰容工作时的劳动强度。同时，对动物来说，往往在展区中简单的搬运和堆积各种自然材料就是受欢迎的丰容手段。

# 三、巢穴

对很多小型动物来说，即使是在室内兽舍，也需要足够的巢穴供其休息、隐蔽甚至繁育后代。在展区中，动物的营巢行为和哺育后代的繁殖行为都是展示亮点，是开展现场保护教育活动的最好素材。在动物园设计阶段，设计师应遵从动物专家的建议，并从以下几方面考虑：

1. 多个巢穴——群养动物需要比动物个体数量多的巢穴，单独饲养的动物也需要不止一个巢穴以供动物进行选择。

2. 多种巢穴——每个巢穴之间应该有所区别：位置、大小、开口方向、构建材料等。有些动物在巢穴中养育后代，对巢穴内部的观察可以获得宝贵的生物学资料并且能够监控动物的状态，这时候需要设计监视口。

3. 为动物提供自主选择的营巢位置——提供动物可以"建造"巢穴的基础条件，例如展区内岩石的缝隙、枯朽中空的粗大树干、动物可以挖掘的地表垫材、地下埋设的管道、鸟类可以营巢的凹陷处等（图7-49）。

图7-49　非洲展区埋设波纹管，以避免巢穴坍塌，给动物提供更多选择

4．为动物提供各种营巢材料——展区内为动物提供树叶、树枝、稻草、羽毛等自然营巢材料，以供动物选择利用。

## 四、庇护所

庇护所指动物可以免于外界打扰的栖身之所，这些打扰包括：来自游客的目光、喊叫、照相闪光、拍打玻璃幕墙甚至是投打等；来自饲养员操作带来的干扰、来自其他动物或群中其他个体的目光压力或攻击行为等等。

动物在夜间或其他非展出期间所处的室内兽舍基本上可以为动物提供安全的庇护，展区也需要为动物提供庇护所。设计建设庇护所，是提高展区内动物生活环境复杂程度的重要手段。

庇护所的形式多样，可能是高大的隔断墙，也可能是一块构造简单的竖立的木板；可能是为群养动物提供的打斗时落败一方逃跑的迂回路障，也可能是让弱势个体躲避强势个体目光压力的小土丘等等。

常用的动物庇护所有以下形式：

1．本杰士堆——本杰士堆不仅为动物提供迂回屏障，同时也能提供视觉屏障。展区中的本杰士堆还能为人工环境添加自然景观元素，是现代动物园中最常见的，也是本书最推荐的庇护所搭建形式（图7-50）。

2．视线隐蔽——从高大的隔断墙到竖立的木板墙，都可以为群养动物提供视线屏障。这种视线屏障可以减少动物个体之间的攻击行为，也可以让弱势个体免于强势个体的目光压力（图7-51，图7-52）。

图7-50　位于袋鼠混养区域内的本杰士堆为弱势个体提供庇护所

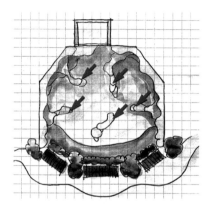

图7-51　熊展区内视觉隔断墙示意图

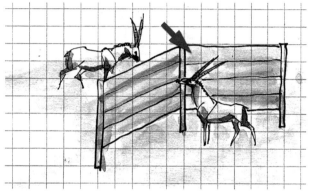

图7-52　群养或混养食草动物展区中竖立的木板墙形成视觉隔断墙和躲避庇护所

3.保留逃逸路径：在为弱势个体提供逃遁迂回屏障的同时，需要注意的是不能形成"死胡同"（图7-53）。

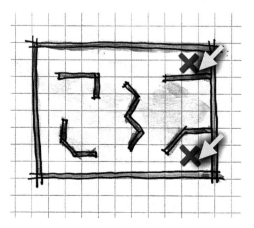

图7-53　迂回路径不能形成"死胡同"

4.庇护所和动物展示 为动物提供庇护所，并非是"不让游客看到动物"。研究表明，如果展区中拥有可以随时遁入的庇护所，则动物会更加频繁地暴露在游客视线之内。有些展示设计恰恰利用了这一特性创造出最佳展示效果，例如很多两栖爬行动物喜欢藏身于缝隙之中，如果把缝隙和展示面结合，游客就能近距离观赏动物，同样的设计原理也体现在细尾的展示设计中（图7-54，图7-55）。

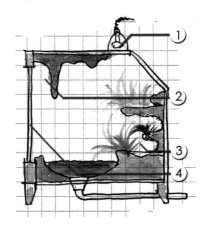

1—光源；
2—位于游客参观面设计的狭缝，往往成为动物栖身之所；
3—远离游客参观面的避光处，作为备选庇护所；
4—展示面玻璃。

图7-54 狭缝展示大壁虎图示

图7-55 细尾展区内在游客参观点透明穹罩外围设置庇护所，可以增加动物接近穹罩机会

## 五、营造气候梯度

单调均一的饲养环境对任何动物来说都是不可接受的。复杂多变的环境才能为动物提供更多的选择机会，使动物可以根据自身需要进行选择。以往在变温动物，特别是爬行动物的展区设计时，会强调"梯度设计"，事实上这样的设计思路应该推广至所有圈养动物。在圈养环境中，需要营造的气候梯度包括：

1.光照梯度——在展区内创造不同光照强度的区域供动物选择（图7-56）。

2.温度梯度——在展区内创造不同的温度范围供动物选择（图7-57）。

3.湿度梯度——在展区内创造不同的湿度范围供动物选择（图7-58）；

光照强度按照 1 → 2 → 3 → 4 的顺序递减，
形成不同光照梯度区域，供动物选择。

图 7-56 营造光照梯度设计示意

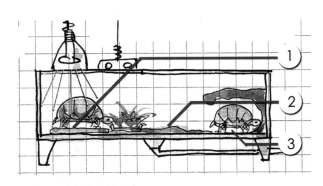

温度按照 1 → 2 → 3 的顺序递减，形成不同
温度区域，供动物选择。

图 7-57 营造温度梯度设计示意

1—水池；
2—吸水垫材；
3—干燥垫材。
湿度按照 1 → 2 → 3 的顺序递减，形成不同湿度区域，
供动物选择。

图 7-58 营造湿度梯度设计示意

4. 通风梯度——在展区内创造不同通风强度的区域供动物选择（图7 59）：

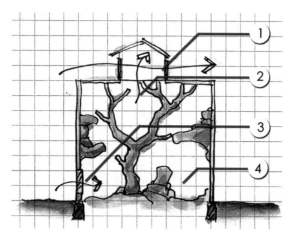

1—通风天井；
2—通风路径；
3—入风口；
4—避风区域。

图 7-59　营造通风梯度设计示意

5. 紫外线照射梯度——在人工紫外线照明的展区内创造不同紫外线照射强度的区域供动物选择（图7-60）。

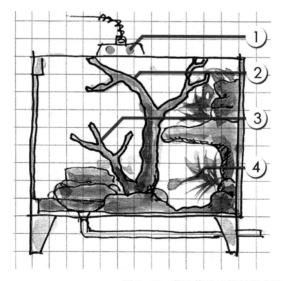

1—紫外线光源；
2—紫外线 UVB 有效照射区；
3—紫外线 UVB 无效照射区；
4—躲避紫外线照射区。

图 7-60　营造紫外线照射梯度设计示意

## 六、隔障设计与丰容

隔障控制动物和游客的活动范围、创造展示景观，不仅如此，隔障本身也是丰容的重要平台。

**1. 湿壕沟隔障设计——允许动物接近水体，沟底往往采用混凝土浇筑，以便于水体清洁（图 7-61）**

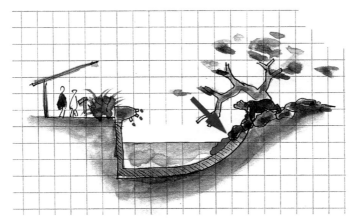

图 7-61  湿壕沟隔障同时作为动物活动水域

## 2. 选择网笼隔障，提高有限空间的利用率

网笼隔障尽管会在参观效果上稍逊一筹，但在动物福利方面的优势显而易见。对于所有善于攀爬的灵长类动物和猫科动物来说，网笼隔障本身就是动物活动面，是对有限的动物园空间的最有效的利用方式（图 7-62）。

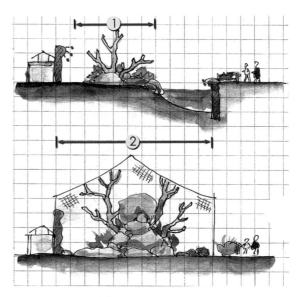

1—壕沟隔障开敞展区动物有效活动空间；
2—封闭网笼展区动物有效活动空间。

图 7-62  壕沟和网笼的应用空间比较

## 3. 提高湿壕沟围合的开敞展示空间的可利用率

身处四周环水的开敞空间展示的动物个体，本身对环境利用率就很有限。此时更应注重在动物活动范围的周边种植植被或创造掩体，以鼓励动物扩大活动范围（图 7-63）。

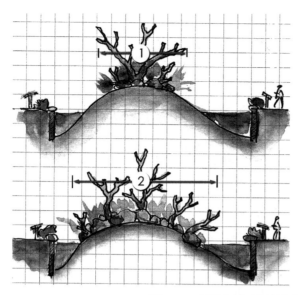

1—仅有中央植被区，则狐猴出现主要集中在中央区域；
2—岛屿四周进行绿化和庇护所建设，使狐猴的活动范围扩大到全岛。

图 7-63　狐猴岛剖面有效活动空间对比示意图

#### 4. 提高墙体的丰容价值

利用墙体的丰容设计不仅为动物提供更多的栖身之所，还可以增加动物更多的觅食行为和探究行为。如果把投资巨大的墙体隔障仅仅发挥限制动物活动范围的作用，则无疑是一种巨大的浪费。墙体作为展示背景，应与展区内的动物丰容需求建立关联，成为丰容运行平台，或形成高低错落的栖息位点（图 7-64）。

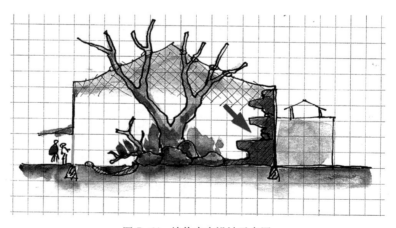

图 7-64　墙体丰容设计示意图

## 七、建造展区间连接通道，为动物提供新鲜环境和探险机会

对于那些健康的、福利状态良好的动物来说，还有什么比变换了一个全新的展示环境更有趣、更刺激呢？在不同种动物之间建造连接通道，可以使动物安全方便地到达其

他动物的展示生活环境，是一种先进的、高效的丰容设计发展趋势。这种先进的设计应用，需要行为管理作为保障，例如通过正强化动物行为训练为动物提供学习使用这些连接通道的机会（图7-65）。

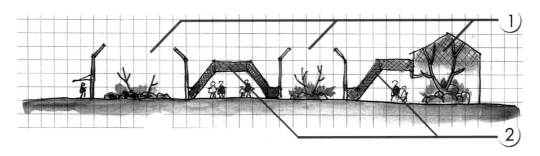

图 7-65　不同物种动物展区间连接通道示意图

1—不同物种展区；
2—展区间连接通道。

如果给展区内的所有动物提供一个可以轮流单独享用的"丰容屋"，或者其他的共用丰容资源，都会给动物们平淡的生活带来刺激（图7-66）。

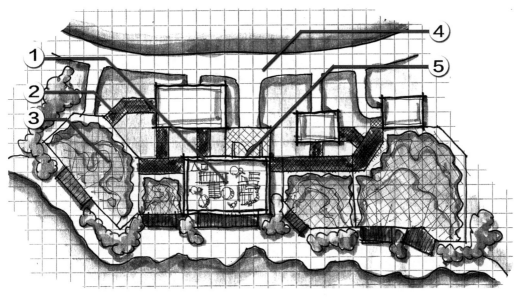

图 7-66　不同物种动物轮流享用的丰容屋布局设计图解

1—公共丰容屋（丰容区）；
2—连接通道；
3—动物展区；
4—直接与丰容屋相接的操作通道，以便于丰容项目的运行和更新；
5—丰容屋单独具有大型物料运输门，以保证丰容项目的执行质量和更新速度。

## 第三节　丰容设施、器械搭建制作图解

尽管丰容工作日常化主要体现在动物园建设结束并投入运行之后的日常饲养管理中，但在设计建设阶段，动物"入住"之前，应该完成基础的丰容器械构建工作。把这些丰容设计置于游客参观面的最佳位置，将直接提高展示效果。

### 1. 取食器和气味箱

取食器往往在动物饲养管理过程中不断补充和添加，但类似气味箱这样的丰容设施需要在设计建设阶段提前进行设计和安置（图7-67，图7-68）。

图7-67　气味箱位置——与展区参观面结合，鼓励动物出现在最佳参观位置，使游客获得最佳参观体验

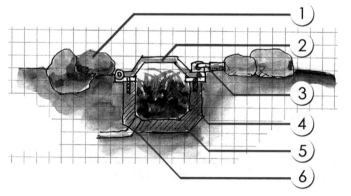

1—装饰固定岩石，避免动物移动气味箱；
2—方格网盖板；
3—盖板锁；
4—气味箱内容物——香料或带有食草动物味道的垫草或粪便；
5—混凝土箱体；
6—气味箱排水。

图7-68　气味箱设计、安置图解

### 2. 栖架的安装和固定

室内混凝土地面或混凝土基底的生态垫材地面上安装木质栖架支撑柱时，应保证支柱与地面之间或支柱与生态垫层之间留有大约2～3厘米的空隙，以避免日常冲刷或垫层内水分对木质支柱的侵蚀（图7-69）。

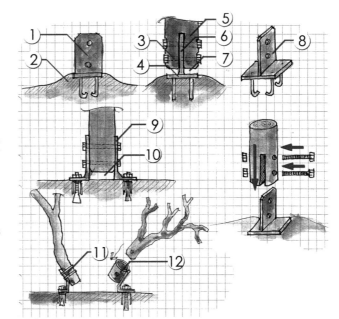

1—地面栖架固定插件钢板，预先打孔；
2—用于固定栖架的位置，应该比周边混凝土地面略高，以免存水而导致木材腐烂；
3—固定螺杆；
4—地面固定插件；
5—栖架立柱；
6—地面栖架固定插件钢板；
7—栖架立柱底部与插件之间预留 2 ~ 3 厘米空隙，以免存水；
8—地面固定插件；
9—大型栖架立柱双侧固定；
10—底部 1 ~ 2cm 空隙；
11—小型栖架固定方式；
12—小型栖架固定插管。

图 7-69　室内硬质地面栖架立柱的安装和防潮设计

室外展区安装栖架，木质支柱不能没入土中，以免腐蚀造成栖架坍塌（图 7-70）。

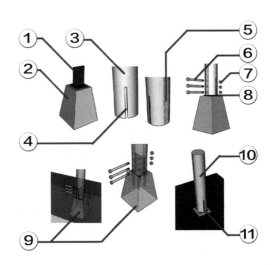

1—通过预埋铁与混凝土基座相连的打孔厚钢板；
2—栖架混凝土基座；
3—木质栖架支柱；
4—支柱下端开槽，宽度与钢板厚度一致；
5—与开槽方向垂直打孔，孔径与位置和钢板一致；
6—固定螺杆；
7—固定螺丝；
8—安装后支撑柱与预埋铁基座之间保留 1 ~ 2 厘米空隙，此时支柱重量落在钢板上沿和固定螺杆上；
9—安装透视图解；
10—安装好的支柱；
11—支柱安装完毕后检查此处是否能保留 1 ~ 2 厘米空隙，以免支柱被地表水侵蚀。

图 7-70　室外自然地面栖架立柱的安装和防潮设计

### 3. 本杰士堆的修建过程图解

本杰士堆形式多样，搭建方式也见仁见智。但在建造本杰士堆的过程中有必要估计展区风格的自然属性，避免造成篝火堆的误导。常见的搭建方式有两种（图 7-71，图 7-72）：

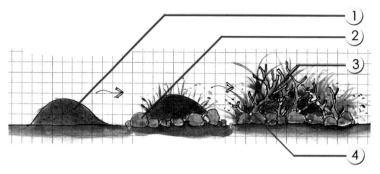

1—掺有本土植被种子的腐殖
　土堆；
2—土堆周边堆积大块岩石形
　成维护和植被生长空隙；
3—插接树干、粗大树枝，树
　枝间缠绕固定，对植被进
　行保护；
4—种植多刺荆棘植物缠绕整
　个本杰士堆。

图7-71　本杰士堆搭建方式之一

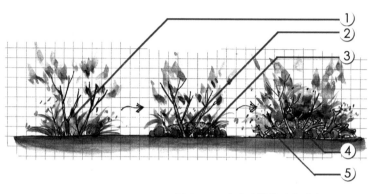

1—现场原有植物；
2—植物间摆放大块岩石，填
　充掺有本土植物种子的腐
　殖土，保护原有植被根
　系，为本土植被提供生长
　空间；
3—大块岩石围合原有植被区
　域；
4—插接树干、粗大树枝，树
　枝间缠绕固定，对植被进
　行保护；
5—种植多刺荆棘植物缠绕整
　个本杰士堆。

图7-72　本杰士堆搭建方式之二

# 第四节　丰容设计注意事项和网络资源

　　丰容设计首要的注意事项就是动物安全，在所有丰容设计进行中和完成后，都需要与动物园专业人员交流并取得认可。环境物理丰容设计中，最常见的失误是丰容物倒塌造成砸伤或掩埋动物，这样的事故在动物园中屡见不鲜。另外，丰容物本身的缝隙也可能造成动物头部或肢体的嵌塞，导致动物受伤。对于那些会以植物为食的食草动物或杂食动物，也要避免有毒植物在展区中存在。关于丰容的安全运行注意事项，请参考《动物园野生动物行为管理》一书中的相关内容。

　　另一方面，互联网也是一个信息量巨大、有价值的设计参考平台。各动物园、各动物园协会的网站都会提供大量丰容设计参考资料。最有参考价值的网站包括：

动物园设计共享平台：www.zoolex.org

环境丰容资源网：www.enrichment.org

活力环境组织：activeenvironments.org

美国动物园与水族馆协会：www.aza.org

美国动物园饲养员协会：www.aazk.org

　　以上网址仅仅是大量网络资源的一部分，通过以上网址的相关链接，可以发现海量的设计参考资料。

# 第八章　动物展示模式

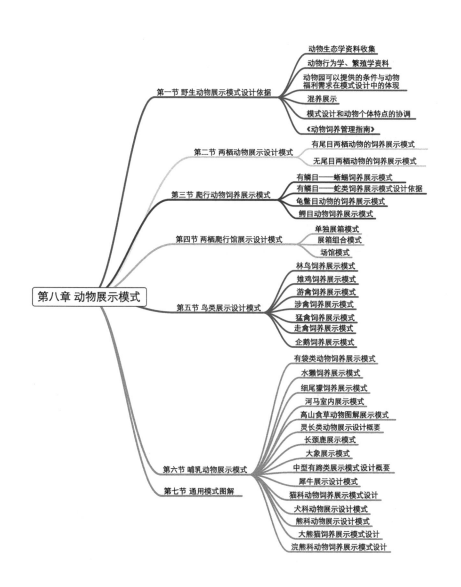

第一节 野生动物展示模式设计依据
- 动物生态学资料收集
- 动物行为学、繁殖学资料
- 动物园可以提供的条件与动物福利需求在模式设计中的体现
- 混养展示
- 模式设计和动物个体特点的协调
- 《动物饲养管理指南》

第二节 两栖动物展示设计模式
- 有尾目两栖动物的饲养展示模式
- 无尾目两栖动物的饲养展示模式

第三节 爬行动物饲养展示模式
- 有鳞目——蜥蜴饲养展示模式
- 有鳞目——蛇类饲养展示模式设计依据
- 龟鳖目动物的饲养展示模式
- 鳄目动物饲养展示模式

第四节 两栖爬行馆展示设计模式
- 单独展箱模式
- 展箱组合模式
- 场馆模式

第五节 鸟类展示设计模式
- 林鸟饲养展示模式
- 雉鸡饲养展示模式
- 游禽饲养展示模式
- 涉禽饲养展示模式
- 猛禽饲养展示模式
- 走禽饲养展示模式
- 企鹅饲养展示模式

第八章 动物展示模式

第六节 哺乳动物展示模式
- 有袋类动物饲养展示模式
- 水獭饲养展示模式
- 细尾獴饲养展示模式
- 河马室内展示模式
- 高山食草动物图解展示模式
- 灵长类动物展示设计概要
- 长颈鹿展示模式
- 大象展示模式
- 中型有蹄类展示模式设计概要
- 犀牛展示设计模式
- 猫科动物饲养展示模式设计
- 犬科动物展示设计模式
- 熊科动物展示设计模式
- 大熊猫饲养展示模式设计
- 浣熊科动物饲养展示模式设计

第七节 通用模式图解

动物展示模式是指根据野生动物自然史知识和行为学、动物生态学研究成果，结合人工饲养条件以及保护教育工作的要求，既能够满足动物福利需求又能够传达保护教育信息，同时也必须是动物园能够承受、便于安全有效地进行行为管理操作的展示模式。所有的展示模式都是在世界动物园发展过程中，特别是从传统动物园转变为现代动物园的过程中逐步摸索、完善和提高的技术成果。对这些饲养展示设计模式的理解和参考，是展示设计创新的基础。

# 第一节　野生动物展示模式设计依据

展示模式设计是动物展示方案设计的参考原型，其设计依据与方案设计相同，众多的信息可以归纳为动物自然史需求、行为管理需求和游客参观需求三方面。了解动物是设计的第一步，这是绕不开的学习过程，也是一位负责的设计师对自己的起码要求，在《动物园野生动物行为管理》一书中，分别以"友好设计"综述和各论的方式，列出了各个动物类群的展示设计要点。除了综合性的学习以外，还要从以下几方面予以特别的关注：

## 1. 动物生态学资料收集

动物生态学资料和在这一学科中取得的研究成果，是动物展示模式设计最有价值的参考资料。这些资料可以通过图书馆或值得信赖的网络资源获得。初步地对动物地理分布区的了解可以大致确定笼养条件的温度、湿度、光照、地表垫材和其他环境因子，整理动物与各生境因子之间的关联，以及在圈养环境中如何体现。这些资料的收集，是保证动物在人工饲养下存活的基础。

## 2. 动物行为学、繁殖学资料

动物行为观察和行为学研究成果，是保证展示水平的关键影响因素。我们必须认识到游客到动物园是来看"活动的动物"，而不是静态的标本。动物行为学知识的掌握可以让我们确定与动物行为紧密相关的环境因素，为动物表达自然行为创造条件。我们需要了解：动物生活在陆地上还是在树上？打洞吗？下水吗？水深多少合适？在泥中打滚吗？什么样的泥？动物是否喜欢晒太阳？偏爱在一天中的什么时候活动？动物是夜行性、日行性还是晨昏活动为主？　根据动物的行为特点，我们可以在设计中"引导"动物出现的地点或鼓励动物可能展现的自然行为，从而大大提高展示效果。

除了动物个体行为资料，设计师还应该与动物园专业技术人员一道，共同把握动物的社会行为特点，这些特点包括与展出空间相适应的种群大小、性别及年龄组成。在某些物种中，特别是独居的物种，雄对雌或雌对雄的引入方法、时间、频率和需要哪些特殊的设施保障？了解动物的社会需求和展馆内部科学、可靠的设施设计，就可以安全有效地运行个体的引入和转移。与之相配套的管理设施、转运门、保障通道的特殊设计非常重要。这些设施，也是展示模式的重要组成部分。

动物个体发育、成长和繁殖学资料，同样影响展示模式设计：圈养动物的成功繁殖要求笼舍设计必须符合动物的繁殖特点。笼舍设计必须保证饲养员可以控制动物的交配，并提供机会或场地让动物安全地交配，避免求偶交配过程中可能造成的伤害，并实现繁殖管理。

### 3．动物园可以提供的条件与动物福利需求在模式设计中的体现

这部分内容主要指丰容设计。在进行丰容设计时，需要保证动物安全、合理的营养供给和卫生消毒标准。动物的心理需求必须得到足够的重视：为动物提供必要的退避空间与设计展示开放空间同样重要。大多数动物有时需要避开观众、"室友"及其他可能带来压力的环境因素。庇护所可以设计成灌丛、小土堆、折曲墙体、岩洞、大树、本杰士堆等。

### 4．混养展示

物种混养展览可以丰富展示内容，按照合理的展示线索构建的混养群体还能够有效传达环境保护教育信息。混养展示模式设计的基础是对每个物种和每个个体的了解和认识，通过整合各物种的展示模式共同点实现混养展示设计。混养展示是更高水平的展示模式，与设计能力相比，更需要的是动物学知识和生态学知识的综合应用；混养展区的正常运行，则必须依靠高水平的行为管理。

### 5．模式设计和动物个体特点的协调

模式设计往往是某一类或某一种动物的最佳展示设计形式，但动物园中有些动物个体由于不同的成长经历可能会有特殊的需求。教科书和参考资料只能提供物种信息，不可能涵盖动物个体的特点。因此，在确定展示模式时，需要了解动物个体的档案资料。动物福利的目的是使个体获益，没有哪一只动物的福利应该为了"顾全大局"而被牺牲，那些弱势个体应该得到额外的重视。

### 6．《动物饲养管理指南》

动物园展示模式设计，最直接的参考资料就是世界动物园和水族馆协会（WAZA）、欧洲动物园水族馆协会（EAZA）或其他动物园组织编写的《动物饲养管理指南》，在每一份指南中，都特别介绍了与野生动物人工饲养紧密相关的动物自然史知识和动物对人工圈养环境的特殊要求和展示设计要求。遗憾的是这些指南目前多数仅限于各协会会员单位之间分享交流，而且都没有中文版本，尽管如此，这些宝贵的参考资料还是值得动物园从业人员和动物园设计师尽量收集和参考学习。尽管指南中某些内容和要求需要以西方发达国家细致的社会分工、经济、科技发展水平为基础，很多指标在国内动物园发展现状目前看来还"遥不可及"，但其所具有的参考价值是其他资料不可替代的。本章节中所讨论的动物饲养展示模式，是《饲养管理指南》和国内动物园发展现状的结合，很多内容与《指南》中的要求还差得很远，只是为了改善现状和为圈养动物提供最基础

的福利需求和保证动物园物种保护和保护教育职能的初步实现。

中国动物园协会近些年也在着手组织翻译和编写多个物种的《饲养管理指南》，这些资料会为动物园展示设计提供越来越多的可靠资料。

# 第二节　两栖动物展示设计模式

两栖动物是脊椎动物从水栖到陆栖的过渡类型，皮肤裸露，表面没有鳞片、毛发覆盖，但可以分泌黏液以保持身体的湿润；幼体在水中生活，鳃呼吸，成体肺兼皮肤呼吸。两栖动物可以在陆地活动，但一般不能远离水源。这类动物最显著的特征是发育有变态的过程，其幼体与鱼非常相似，需要在水中生活，而成体可以离开水环境在陆地生活，当然也有特例。

两栖动物广泛分布于热带、亚热带和温带地区，但随着环境破坏，他们所面临的环境压力和生存危机日益严峻，这些自然信息必须经由动物园通过科学的展示和与之相配合的保护教育工作呈现给观众，并引起公众对这一现状的关注。这是动物园的使命和不可推卸的责任。

## 一、有尾目两栖动物的饲养展示模式

有尾目两栖动物基本来自温带，对环境温度的要求不高，多数物种特别不耐受高温环境。按照动物不同的栖息环境，可以简单地划分为水栖型和水陆两栖型。这类动物不需要特殊的紫外线光照，也不需要太大的饲养空间，食量、活动量小，存活时间长。一般情况下，一个一面通透（指游客的参观面）的防水的小空间（展箱或水族箱）就可以为各种有尾目动物提供最基础的饲养展出条件。

### 1. 水栖型物种展示模式

水栖型有尾目动物所需要的饲养展示环境基本可以参照水族箱，在低温季节通过加热棒调节水温，困难的是在高温季节或高温地区，需要使用空调或水循环保持水温不超过25℃。水质的保持和水中含氧量的保证是动物存活的关键，在展示模式设计中需要有水循环、水温控制、过滤、灭菌和增氧设备（图8-1）。

### 2. 水陆两栖型物种展示模式

除了保证清洁的水环境以外，这类动物还需要在展箱内部铺垫吸水性好的天然材料垫材，如水苔，然后根据动物的需要布置水盘和自然的隐蔽物（植被、树皮、椰子壳、瓦片等），并始终保持垫材的湿润。展箱内除了保持垫材的湿润外，不要过多地增加湿度，整个展箱还要注意保持通风。这类动物基本的生活温度应该控制在20℃左右，过高和过

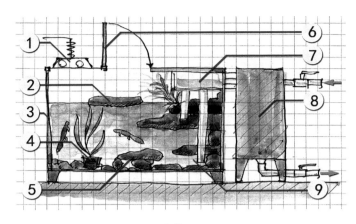

1—展示照明；
2—位于水面的浮板，提供阴影区庇护所；
3—展示面玻璃；
4—水草栽植；
5—水族箱底部模拟动物栖息环境；
6—操作门；
7—水过滤垫材；
8—水温、水质控制；
9—水族箱内为动物提供多处庇护所。

图 8-1　水栖有尾两栖动物展示模式简图

低（变化幅度超过 5℃～10℃）的温度会对动物存活形成威胁。在这类动物饲养过程中要特别注意环境的清洁，尽管"在人们眼中展示环境还算干净"，但实际上动物的粪便或食物的残渣已经对环境造成了污染，两栖动物稚嫩的皮肤对这些污染十分敏感，如果环境没有得到及时的清洁，很快会导致动物死亡，这不仅是饲养管理问题，也需要在设计时充分考虑有效的排水设计（图 8-2）。

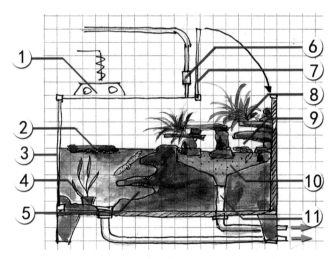

1—展示照明；
2—位于水面的浮板，提供阴影区庇护所；
3—展示面玻璃；
4—水草种植；
5—水下环境模拟；
6—滴流管；
7—操作门；
8—绿化种植；
9—陆上活动范围、庇护所；
10—吸水垫材，往往使用水苔；
11—垫材排水。

图 8-2　水陆两栖有尾两栖动物展示模式简图

### 3. 展示模式示例——大鲵

大鲵是现存体型最大的两栖动物，成年后身长可达 1m，有些个体甚至更大。大鲵野外栖息环境为清澈、低温的溪流或者天然溶洞，肉食性，独居，主要分布于长江、黄河及珠江流域，常见于山上的清澈溪流中。人工饲养展示大鲵需要水温范围为 18℃～24℃，水体清洁、含氧量丰富的流动水体。大鲵展示设计时必须考虑在水循环回路中应加入冷水机和过滤和消毒系统，以保持水质。大鲵视力退化，饲养环境应避免强光刺激，且水下有足够的岩石或沉水木桩构成的掩体（图 8-3）。

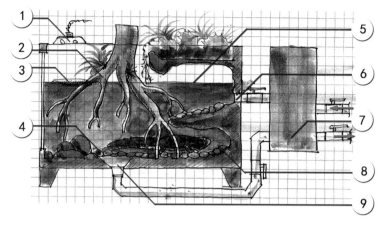

1—展示照明；
2—环境模拟，提供庇护所；
3—水面浮板，提供阴影庇护所；
4—水池底部环境模拟；
5—位于阴影区域的水面；
6—进水口；
7—水处理，温度控制系统；
8—底部阴影区庇护所；
9—展箱排水。

图 8-3　大鲵展示模式图解

## 二、无尾目两栖动物的饲养展示模式

蛙类和蟾蜍的饲养与水陆两栖型有尾目两栖动物的饲养模式基本相同，不同的是部分蛙为树栖型，饲养展出的空间要求较高，需要更丰富的植物配置。蛙类和蟾蜍中的许多物种非常敏感，外界的刺激会引起动物剧烈冲撞，造成伤害。双层玻璃和振动阻断是必需的设计要求。高温、高湿和恶劣的通风条件会很快导致动物衰竭、死亡。一般情况下环境温度长期超过 24℃ 会引起动物的衰竭。环境卫生同样值得关注，及时的清洁饲养展出环境需要有效的排水设计，保持环境卫生可以避免病害的发生。两栖动物的皮肤进化不够彻底，不能保证控制体内水分的丧失，气体、液体的通透性高，微小的刺激源都会给动物带来大的伤害。目前应用效果最好的展箱模式均采用"复合底层设计"。

### 1. 陆栖和树栖型有尾目两栖动物展示模式（图 8-4）：

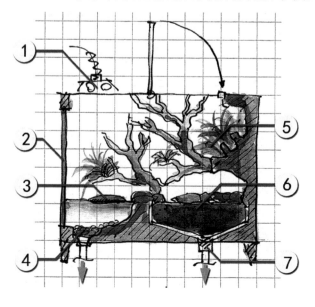

1—展示照明；
2—展示面玻璃；
3—水面浮板，提供阴影庇护所，同时提供动物活动位点；
4—水池、池底丰容和排水；
5—绿化种植；
6—吸水垫材；
7—垫材排水。

图 8-4　陆栖和树栖型无尾目两栖动物展示模式简图

## 2. 复合底层设计（图 8-5）：

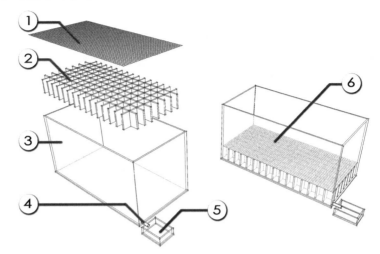

1—尼龙纱网；
2—塑料格栅；
3—水族箱；
4—水族箱排水；
5—集水槽；
6—复合底层安装位置。

图 8-5　两栖动物展箱复合底层设计模式

## 3. 展示模式示例——角蛙

角蛙中最常见的是阿根廷角蛙，分布于阿根廷、乌拉圭和巴西的热带雨林中。角蛙体形巨大，雌性个体体长可达 16 厘米，雄性个体略小，约为 11 厘米。它们是贪吃的肉食者，几乎会吞掉一切从眼前经过的能够吞入的移动物体。角蛙的人工饲养技术成熟，对饲养条件的要求相对简单。一个具有良好排水性能的水族箱就可以提供基本的环境需要。在水族箱中摆放比动物身体大一些的浅水槽，保持水位不要没过整个动物身体；在其他部分摆放深度可以允许角蛙将自己掩埋的水苔、树叶、椰壳碎屑或其他吸水的自然材料，并保持湿润。由于他们会吞食所有能够吞入口中的物体，所以展箱中不能有小石块，以免动物在进食过程中误食。展示环境温度保持在 26℃ ~ 28℃，相对湿度范围控制在 60% ~ 70%（图 8-6）。

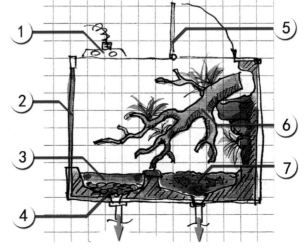

1—展示照明；
2—展示面玻璃；
3—浅水池；
4—水池排水；
5—操作门；
6—环境丰容，模拟生境；
7—吸水垫材，需要单独设计垫材排水。

图 8-6　角蛙展示模式图解

第八章　动物展示模式

241

## 第三节　爬行动物饲养展示模式

与两栖动物不同，爬行动物已经能够完全适应陆生环境，他们在身体结构、习性和行为能力方面的进化令人惊叹，这也是爬行动物始终是动物园中展示亮点的原因。爬行动物主要分布于热带和温带地区，和两栖动物同属变温动物，需要通过接近或远离热源来控制体温以维持正常的代谢功能。如在进食后消化食物的过程中需要较高的体温，而在休息或休眠过程中仅需要较低的体温。由此可见，在爬行动物展示环境中创造温度梯度是保证动物存活的关键因素。多数爬行动物为独居，适应多种变化迥异的生存环境，在动物园中需要按照物种的动物自然史资料设计建造展示模式。

动物园中常见的爬行动物主要是有鳞目动物（包括蜥蜴和蛇）、龟鳖目动物和鳄目动物。

## 一、有鳞目——蜥蜴饲养展示模式

蜥蜴已经完全适应陆生生活，但变温动物特有的生理特点决定了他们对环境温度的依赖，所以蜥蜴的饲养环境中温度梯度的建立至关重要。按照蜥蜴不同的习性，我们可以将它们划分为树栖型和地栖型；按照活动节律可以分为日行性和夜行性；按照生活环境的湿度变化可以分为湿润型和干燥型，等等。以上的分类方式不具有严谨的生物学意义，划分出不同的类别是为了便于选择不同的展示设计模式。

### 1.树栖型蜥蜴的饲养展示模式

树栖型蜥蜴的饲养展出空间设置应该较高，根据不同个体的大小，一般展箱高度在70厘米以上，而且展箱内应布置大量的植物或栖架供动物攀爬和休息。展示环境中应创造温度和紫外线光照梯度，但对于夜行性的蜥蜴来说这一点并不重要。在树栖型蜥蜴的饲养展示过程中要特别注意饮水的供给，有时即使在展箱底部设置了水盘也不能解决动物的饮水问题，在这种情况下，需要通过向展箱内植物或栖架表面喷水的方式为动物补充水分，因为许多树栖型蜥蜴只会通过舔食树叶上的水滴补充水分。另外，由于树栖型蜥蜴的展箱较高，在展箱底部设置通风口可以有效地改善通风条件，避免局部加热导致的整体温度提高造成的温度梯度失效。树栖型蜥蜴的加热方式一般采用加热灯。饲养过程中紫外线 UVB 的照射对日行性树栖型蜥蜴的成活至关重要。紫外光源的照射距离有限，应该在距光源10～15厘米范围内为动物设置可以接收到紫外光照射的停栖处（图8-7）。

### 2.地栖型蜥蜴的饲养展示模式

地栖型蜥蜴也可以分为日行性和夜行性，按照不同的湿度需要又可以分为湿润型和干燥型，等等。日行性蜥蜴需要较多的紫外线 UVB 的照射，夜行性的蜥蜴不需要UVB，但为了在白天给游客提供较好的展示效果，应该在展箱内设置发出蓝紫色光线的

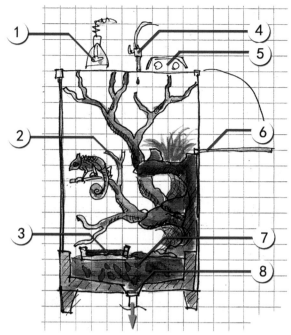

1—热源光源；
2—栖架；
3—水盘；
4—滴流管；
5—紫外线光源；
6—操作门，开启方向和方式受展箱内部环境布
　　局影响；
7—吸水垫材；
8—吸水垫材排水，同时也作为展箱整体排水。

图 8-7　树栖型蜥蜴展示模式简图

夜灯。无论是哪种类型的地栖型蜥蜴都需要合理的垫材：沙土、椰土、石子、树皮、木屑、腐殖土、苔藓等，根据动物对湿度的不同需要和原生态环境特点灵活搭配。地栖型蜥蜴的加热方式可以采用加热灯泡、加热石或电热膜（图 8-8）。

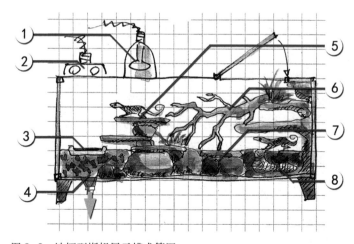

1—热源光源；
2—紫外线光源；
3—水盘；
4—自然垫材和展箱排水；
5—位于热源光源下的石板；
6—环境丰容；
7—石块基础；
8—泥土或沙土，为善于挖掘的动物
　　提供展示自然行为的机会。

图 8-8　地栖型蜥蜴展示模式简图

## 3. 展示模式示例——美洲鬣蜥

　　美洲鬣蜥分布于中美洲和南美洲的大部分地区，其生境特点是多树、近水。美洲鬣蜥为日行性树栖动物，他们不仅是攀爬的能手，也是游泳健将。幼年美洲鬣蜥为杂食性，

成年后以植物的叶、花和果实为食，体长可达1m以上。人工饲养展示美洲鬣蜥应该需要大型的展示空间，环境温度范围为26℃～35℃，湿度范围60%～80%，室内展示环境内必须提供充足的人工紫外线光源照明，并营造温度和光照梯度。展示空间底部需要布置水池或摆放水槽，整个展箱需要排水顺畅（图8-9）。

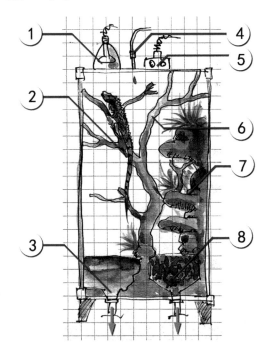

1—热源光源；
2—栖架；
3—水池及排水；
4—滴流管；
5—紫外线光源；
6—距离紫外线光源15厘米范围内，必须为动物提供栖身之所；
7—环境丰容；
8—自然垫材及垫材排水。

图8-9 美洲鬣蜥展示模式图解

## 二、有鳞目——蛇类饲养展示模式设计依据

蛇类饲养展出的成功与否决定因素就是展箱的大小和是否单独饲养。一般来说，太大的单调饲养环境会对蛇类动物造成紧张感，蛇类动物往往在一个相对狭小的空间中才会获得安全感，常规蛇类的饲养展箱的对角线长度不小于蛇类体长的1/2即可，而且，在这样的饲养展示空间中仍然要为它们提供隐蔽的场所和水盘，只有这样才能减少这类"胆小"的动物由慢性应激导致的"莫名死亡"。必须强调：群养对几乎所有蛇类都是不适合的（图8-10）。

各种蛇类对环境的布置要求都较高，树栖蛇类尤其需要足够的栖架，很多蛇类还需要足够大（能够容下整个盘曲的身体）的水盆。多数蛇类在蜕皮过程中需要较高的环境湿度，而且顺利的蜕皮需要展箱中有足够的"剐蹭物"，例如石块、树枝或树干、树皮等天然的相对粗糙表面的物体。蛇类一般不需要特殊的UVB光线照射，但对环境的温度要求较高：多数蛇类在20℃左右的温度范围内可以正常存活，少数产自热带的大型蛇类，如树蚺要求环境温度较高，为24℃左右。同高温会加速动物的代谢甚至导致动物死亡一样，

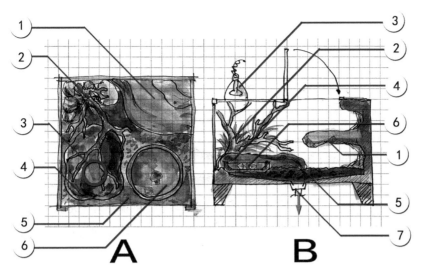

图 8-10　地栖蛇类饲养展示模式（ A：平面、B：剖面）

1—探出的石板，其上下能同　　　　5—自然垫材；
　　时为动物提供栖身之所；　　　　6—水盘或水盆，保证动物能够全
2—环境丰容；　　　　　　　　　　　　身浸泡；
3—热源光源；　　　　　　　　　　7—展箱整体排水。
4—热源光源下的岩石石板；

低温会降低动物的代谢，直接的结果就是体内食物的滞留腐败，或引起动物拒食，最终导致动物死亡，一般情况下蛇类在消化食物时需要的局部环境温度为 30℃ 左右。饲养毒蛇的操作空间必须足够宽敞、整洁、明亮，便于饲养员躲避毒蛇的攻击或及时发现逃逸的动物（图 8-11）。

1—热源光源；
2—栖架；
3—环境丰容，蜕皮剐蹭；
4—水池；
5—水池排水；
6—滴流管；
7—顶部操作门；
8—绿化种植；
9—背侧操作门；
10—保护所；
11—自然垫材；
12—垫材排水。

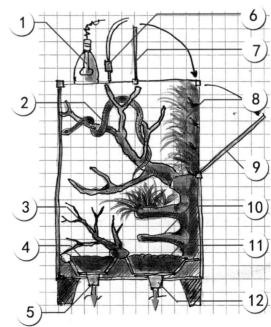

图 8-11　树栖蛇类饲养展示模式

### 三、龟鳖目动物的饲养展示模式

按照物种不同的生活环境特点与行为管理需求和展示环境布置方式，也可以将龟鳖动物划分为陆栖型、水栖型和水陆两栖型。

#### 1. 陆栖型龟（陆龟）的饲养展示模式

陆龟往往需要较大的饲养展示空间，以满足他们大活动量的需求。陆龟以植物性饲料为主，食量大，排泄物多，展箱垫材的选择既要自然又要易于清理。室内饲养的陆龟对紫外线 UVB 的需求较高，如果条件允许，经常让它们接受阳光的直接照射会产生积极的效果。陆龟对加热方式要求也很高，往往需要同时提供加热灯和电热石。在人工饲养条件下的陆龟往往需要每天的温水浴来刺激排便，这种坚持不懈的温水浴会大大降低陆龟患泌尿系统结石的几率（图 8-12）。

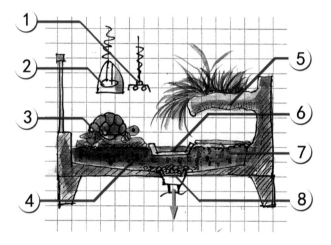

1—紫外线光源；
2—热源光源；
3—热源光源下的岩石石板；
4—自然垫材；
5—庇护所；
6—水盘；
7—庇护所内加热板；
8—展箱整体排水。

图 8-12　陆龟饲养展示模式简图

#### 2. 水栖型龟鳖的饲养展示模式

即使是完全水栖的龟鳖的饲养展箱中，仍然需要一小块干燥的陆地（或浮于水面可供动物休息的漂浮物），面积一般不超过水面的 1/3，漂浮物也可以为水生龟鳖提供隐蔽的场所。除了水温的加热以外，在干燥的陆块上方还要布置加热灯泡，含有 UVB 光谱成分的全光谱光源对绝大多数种类来说也是必备的器材。清洁的水质也是成功饲养展出水栖型龟鳖的关键。爬行动物排泄物中含有大量的尿酸，会使水质迅速恶化。污染的水质会严重刺激动物的皮肤和黏膜，甚至导致动物死亡。因此，有效的排水设计和水质保障系统必不可少（图 8-13）。

#### 3. 水陆两栖型龟鳖的饲养展示模式

一般来说，这类动物需要三分之二的陆地环境和三分之一的水面环境，基本都需要全光谱照明，直接接受阳光的照射会对动物健康有益。加热方式以聚热灯泡为主。这类

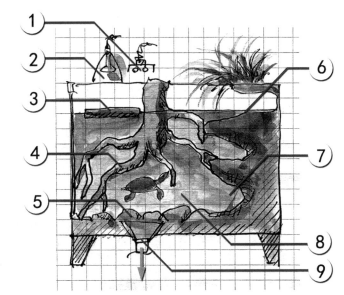

1—紫外光源；
2—热源光源；
3—水面浮板；
4—水体环境丰容；
5—岩石铺装池底；
6—浅水斜面；
7—水下庇护所；
8—水体清洁往往需要单独的水处理系
　　统，为了保证展示效果，建议将水
　　处理系统置于游客视线外；
9—水池排水。

图 8-13　水栖龟饲养展示模式简图

动物往往为杂食性，食量较大，而且食物的残渣多，容易造成污染，所以有效的排水设计必不可少。龟鳖动物基本上都是胆小的动物，饲养展示过程中应该避免游客过度的刺激，双层玻璃和振动阻断是展示模式的重要组成部分（图 8-14）。

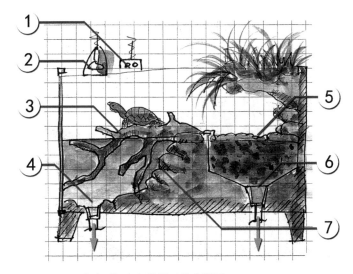

1—紫外线光源；
2—热源光源；
3—水面栖架；
4—水池排水；
5—陆上活动区；
6—自然垫材排水；
7—水下环境丰容。

图 8-14　水陆两栖龟饲养展示模式简图

## 四、鳄目动物饲养展示模式

　　所有的鳄目动物都是游泳能手和凶狠的猎食者，成年的鳄会对饲养员造成威胁，所以在展示模式设计中需要特别考虑饲养员的操作安全。鳄目动物展示环境中，水体环境意义重大，不仅是动物栖息所必需的条件，也是这类动物的展示亮点。根据种类的不同，成年鳄目动物体长可达3m至6m，尽管如此，鳄目动物并不需要特别大的饲养展示环境，但在展示环境中必须提供水池、日光浴平台、遮阴和自然材质地表垫材（图8-15，图8-16）。

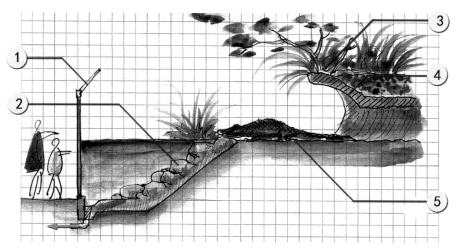

图8-15　鳄鱼室外展示模式图解

1—隔障反扣上沿高出水面1.5m；　　4—矮墙隔障，同时作为种植槽；
2—水下环境丰容；　　　　　　　　5—陆上活动区域。
3—背景种植；

图8-16　鳄鱼室内展示操作通道位置示意图

1—屋顶采光、通风天井；　　　5—背景矮墙隔障，同时作
2—饲养员操作通道；　　　　　　　为种植槽；
3—游客参观面环境布置；　　　6—陆上活动范围；
4—展示水体；　　　　　　　　7—水下庇护所。

## 第四节　两栖爬行馆展示设计模式

### 一、单独展箱模式

除了鳄目动物和大体型的巨蜥，几乎所有的两栖爬行动物饲养展示都可以应用规格不同、风格各异的展箱作为饲养展示设计模式。每个展箱都需要一套独立的生命保障系统，这套系统对维持动物生命和展示效果都是必不可少的（图8-17）。

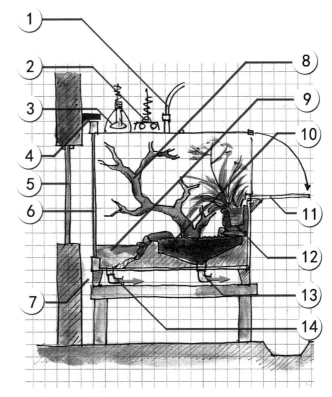

1—滴流管；
2—紫外线光源；
3—热源光源；
4—遮光板；
5—游客能接触的展示面玻璃橱窗；
6—展箱展示面玻璃；
7—展箱和支架或底座与游客触及面无
　　直接接触；
8—展箱丰容；
9—水池；
10—自然垫材；
11—操作门；
12—绿化种植；
13—垫材排水；
14—水池排水。

图 8-17　展箱单体设计模式

### 二、展箱组合模式

为了充分利用展示空间、创造展示主题，需要将单独的展箱进行组合以构成更丰富的展示面。展示面中展箱的位置、布局应首先考虑展示线索的合理性、游客参观的需要，然后再考虑操作的便捷性。尽量为饲养管理操作后台留出空间，以克服操作的繁琐和不便。毒蛇展箱不宜过密组合，展示后台特别需要宽敞明亮，以防毒蛇逃逸、隐匿造成危害（图8-18，图8-19）。

在爬行动物展示设计时，还要考虑到大多数幼年爬行动物在人工饲养环境下会迅速生长，而且爬行动物的生长会伴其一生，所以在设计展区面积时应予以充分的预留空间。另外，对于展示后台或饲养员操作区域，必须足够宽敞、整洁，避免动物从展箱内逃逸后藏匿于工作人员无法触及的角落。

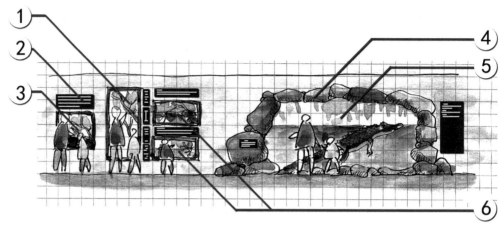

图 8-18　展示面图示

1—树栖爬行动物展示；　　　4—大型展窗自然化装饰；
2—保护教育、展示说明牌示；　5—鳄鱼展示；
3—陆栖爬行动物展示；　　　6—展箱组合。

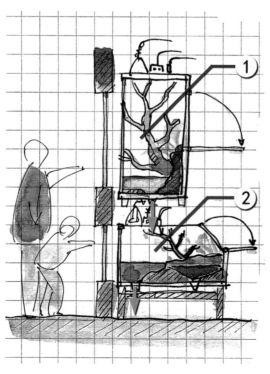

1—树栖物种展箱；
2—水栖或陆栖物种展箱。

图 8-19　展箱组合剖面图示

图解动物园设计（第二版）

## 三、场馆模式

### 1. 简易型两栖爬行馆模式

除了热带地区，所有的两栖爬行动物场馆都应该保证游客所处的参观环境与动物的展示生活环境具有相似的温度和湿度，以避免展示面起雾，同时也便于运用嵌套原理控制温度。展厅内的光照强度差异也必须保证展箱内更加明亮，以保证参观效果（图8-20）。

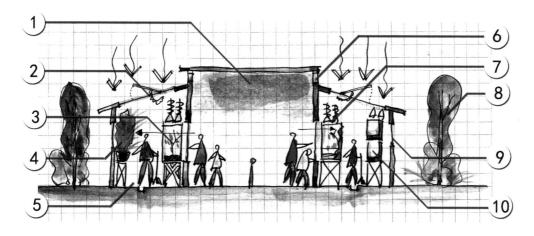

图8-20　简易型两栖爬行馆模式图解

| | |
|---|---|
| 1—游客参观厅，光线较暗； | 5—操作区； |
| 2—动物展示区和操作区采光屋顶，<br>　　设置可开启天窗，天窗下需要<br>　　金属网防护； | 6—参观厅通风、采光窗；<br>7—展箱人工照明和温度控制； |
| 3—展箱； | 8—展馆周边绿化遮挡； |
| 4—展示背景绿化； | 9—操作区通风窗；<br>10—后备展箱。 |

### 2. 半温室型两栖爬行馆模式

相比简易模式的进步体现在游客身处的活动范围中引入了展示物种的生态元素，初步营造了沉浸参观氛围（图8-21）。

### 3. 完善型两栖爬行馆模式——可以发挥更多的保护繁育职能

展示形式不再是唯一追求，工作重点转向在保证动物福利和展示效果的前提下，致力于物种保护。往往把更多的空间和展示内容集中于珍稀物种繁育和关于物种保护的信息传递，例如本园参与就地保护项目的进展和取得的成就，以获取更多的公众支持（图8-22）。

### 4. 两栖爬行动物在温室展示中的穿插布局模式

随着生态主题展示和沉浸展示模式的推行，两栖爬行动物逐渐摆脱了独立场馆展示的传统模式，更多的穿插出现在主题温室展区。这种模式能够使展示线索更加完整，同

图 8-21　半温室型两栖爬行馆模式图解

1—温室内动物展区可开启天　　4—游客参观活动区内的生态
　窗，用于局部温湿度控制；　　　元素，例如典型植被等；
2—动物展区通风窗；　　　　　5—展箱。
3—后备展箱；

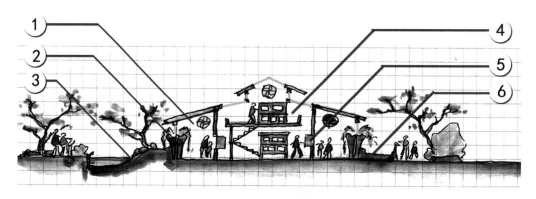

图 8-22　完善型两栖爬行馆模式图解

1—游客参观厅；　　　4—充裕的饲养管理区，可以开
2—建筑掩饰；　　　　　展物种保护性繁育；
3、6—室外展示；　　　5—展箱。

时使生态系统中各个元素之间的依存关系更清晰、全面，从而使生物多样性价值观念更深入人心（图 8-23）。

## 第五节　鸟类展示设计模式

　　在国内动物园中，由于鸟类"更新成本"较低，一直得不到应有的重视。但在那些欧美最先进的动物园中，多年以来始终把鸟类的展示繁育水平作为评估一个动物园是否

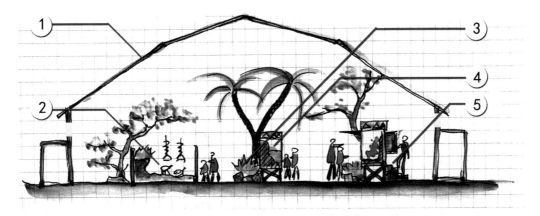

图 8-23　两栖爬行动物在温室展示中的穿插布局模式

1—大温室；
2—陆龟展示；
3—展箱背侧绿化防护；
4—展箱；
5—展箱操作区位于温室内，注意与
　游客参观活动区域的隔离。

达到顶级动物园的主要依据之一。鸟类超过 9000 种，几乎分布于地球上的每一个角落。不同种类之间在解剖结构、行为方式、繁育策略、栖息环境、食物种类和取食方式等各方面的差异都是显著的，所以在动物园中需要根据鸟类不同的"类型"，确定饲养展示模式。按照动物园建设和饲养管理长期以来形成的惯例，一般将圈养鸟类分为林鸟、雉鸡、游禽、涉禽、猛禽、走禽和一些特殊鸟类。这种分类方式的出发点是动物习性和行为特点，以及在饲养操作方面的相似性，作为展示模式的选择依据具有实际意义。

设计师需要与动物园技术人员一道，了解鸟类自然史知识、动物生态知识和行为学知识，给圈养的鸟类创造一个平静、安全和复杂的生活环境，保证这样的环境中的每个个体都有选择的机会。

# 一、林鸟饲养展示模式

所谓的林鸟，主要指树栖的中小型鸟类，也称为"鸣禽"。在这类鸟中，各种鹦鹉相对比较特殊，有人甚至将各种鹦鹉专门分为另一类——攀禽。但实际上鹦鹉的特殊之处主要体现在行为方式和对植被的毁灭性破坏方面，其环境需求基本与其他林鸟相似，所以在这里归为一类。

林鸟的饲养展示模式必须包括以下设计内容：

1. 必须每天供给新鲜、洁净的饮水。可以通过喷雾的形式，也可以通过浅水池或水盘提供。

2. 饲料供给设施：由于鸟类都有较高的代谢率，所以每天都要多次进食新鲜的食物。

3. 地表垫材：有多种铺垫物可用于鸟舍，并建议将各种材料组合应用。各种大小、各种类型的石块可供鸟栖息、躲藏，还可以用来砌水池，将不同类型的垫料分隔开。石块堆垒可用于建造更大的生态要素，如墙、瀑布和岩壁。其他自然材料，如土壤、沙土、木屑、树叶，等等，都是林鸟需要的环境丰容要素（图8-24）。

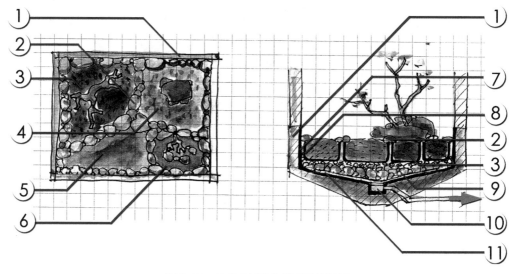

图8-24　地表垫材组合运用设计图解

| | |
|---|---|
| 1—建筑墙体； | 6—水池； |
| 2—沿无纺布拼接缝覆盖岩石保<br>　护层，同时起到装饰作用； | 7—建筑防水层；<br>8—不同材质垫材之间的无纺布隔离层； |
| 3—木屑池； | 9—不同粒度沙石层，保证展区排水； |
| 4—沙土池； | 10—排水槽； |
| 5—腐殖土、绿化池； | 11—沙石与建筑防水层之间的无纺布保护过滤层。 |

4. 栖架：林鸟的饲养展示环境需要安放不同高度、不同直径的树枝作为栖架；栖架还可以用作植物的支撑材料，如凤梨或攀缘植物，同时栖架本身也可作为展区中的景观元素。

5. 植被：天然植被让鸟和游人都觉得舒适、美观，并能为鸟类提供庇护所。遗憾的是几乎所有的鸟类都会破坏植物，采取功能分离设计原理可以保证展示环境更加自然。对某些喜欢撕扯树叶的鸟类，例如鹦鹉、巨嘴鸟、织布鸟等，植物是一种丰容手段，所以展区内也应该为鸟类提供一些"供鸟类破坏"的盆栽植物或鲜嫩树枝。

6. 光照：鸟类羽色丰富多彩，最好的照明光源就是来自亚克力窗户或天窗的自然光，需要强调的是玻璃会阻碍阳光中紫外线 UVB 的射入，长期生活在室内的鸟类需要全光谱光源的照明（图8-25）。

7. 通风：鸟类展舍的通风条件是环境设计的重要指标，如果通风不良，会引发疾病，也不利于室内植物生长，无法实现生态化展示效果。

8. 排水系统：良好的排水系统对于鸟舍的清扫和排除异味非常重要，也是展馆地面

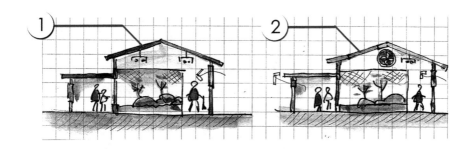

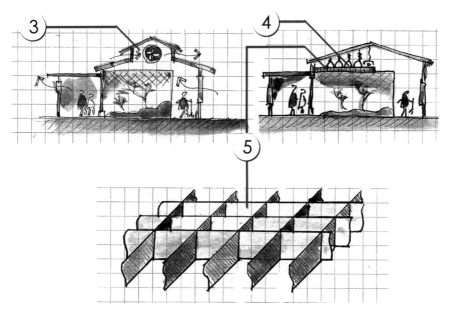

图 8-25　鸟馆室内展示采光设计图解

1—老式鸟舍屋顶，缺乏采光和通风　　　3—屋顶建造采光、通风天井；
　　条件；　　　　　　　　　　　　　　4—人工光源灯口下部安装铝合金吊顶格栅，
2—动物活动区域局部采用亚克力采　　　　减少散射光干扰游客视线；
　　光井。允许紫外线 UVB 射入；　　　　5—铝合金吊顶格栅。

采用生态垫材的必要设施保障。

　　9. 温湿度控制：饲养小型热带鸟类的鸟舍室内适温范围要在 22℃～26℃，不能低于 18℃。可以使用定时喷雾器防止鸟舍内过分干燥，并通过有效通风设计调整室内过高的湿度。

　　10. 便于清扫：每天清扫鸟舍可以使鸟保持良好的健康和外观状态，定期对鸟舍进行全面的清扫或者彻底改变，增加新的植物、栖架、新的丰容措施、石块等对鸟类的饲养展示来说也非常重要。由于多数情况下饲养员会进入鸟舍操作，与鸟同处一室，所以每天的清扫要迅速而彻底，减少清扫操作过程给鸟类带来的应激（图 8-26，图 8-27）。

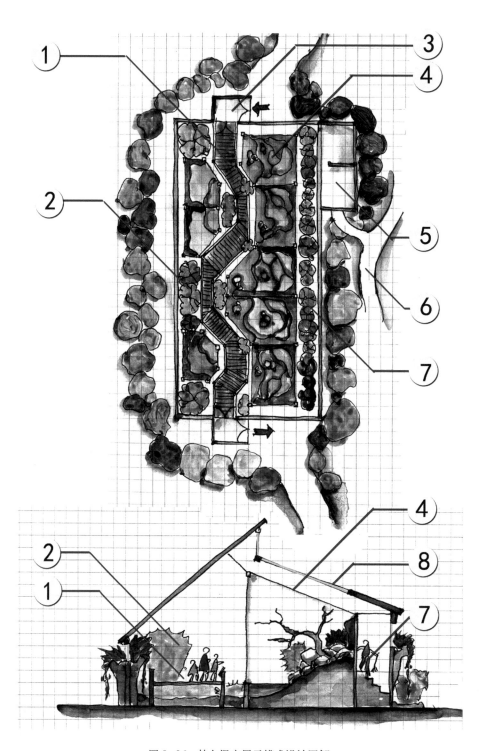

图 8-26　林鸟温室展示模式设计图解

1—游客参观栈道；　　　5—操作间；
2—室内绿化；　　　　　6—工作管理通道；
3—游客参观出入口；　　7—背景绿化、饲养管理操作通道；
4—室内展笼；　　　　　8—鸟类展区采光屋顶。

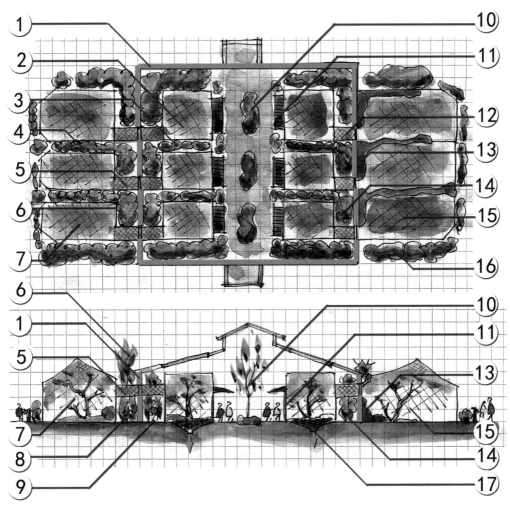

图 8-27　鸟馆展示模式图解

1—鸟馆保温墙体；
2—室内展笼；
3—室内展笼间的绿化隔离；
4—室外展笼间的绿化隔离；
5—室外笼道；
6—室外展笼背景绿化；
7—室外展笼；
8—室外操作通道；
9—室内操作通道；
10—温室内绿化；

11—室内展示参观面；
12—室内笼道；
13—展示背景墙，适用于多种鹦鹉或自然行为与
　　岩壁、土壤断层密切相关的种类；
14—室内展笼绿化背景；
15—室外展笼内丰容设计；
16—室外展笼外侧绿化隔离带，形成参观区视觉
　　屏障；
17—室内展笼丰容设计，特别需要注重自然材料
　　垫层的应用和展区排水设计。

## 二、雉鸡饲养展示模式

　　动物园中的雉鸡类，指鸡形目雉科的多种鸟类。中国是雉鸡类分布资源最丰富的国家之一，但是遗憾的是鲜有动物园能够成功饲养、展示和繁育这些美丽瑰宝。

雉鸡类分布于多种生境中，食性变化多样，大多以杂食为主。范围广泛的食性，凸显出饲养展示环境中地表垫材和植被的重要性：自然的垫材可以保持动物的自然觅食行为，高低错落的灌丛不仅提供饲料，同时也是动物的隐蔽所。除了虹雉以外的绝大多数雉鸡均在地面营巢，展示环境中必须保证足够的土壤或沙土面积，并在地面摆放人工巢穴或引导动物筑巢的隐蔽所。

同其他鸟类饲养展示环境一样，动物园中的雉鸡展示，特别需要防止有害生物入侵，还需要防止游客的惊吓。几乎所有的雉鸡类都是胆怯和害羞的动物，过度地暴露于游客视线之下会因应激而影响繁殖甚至导致动物死亡。雉鸡的饲养展示需要大量的绿化遮蔽，相邻展舍中的动物应该相互不可见。由于部分雉鸡容易因饲养操作或其他惊扰而飞行、冲撞，雉鸡笼舍均应采用不锈钢编织网，这种软质网可以在动物撞击时缓解冲击力，减少对动物的伤害。为了提高展示效果，可以将不锈钢网进行钝化处理，处理成黑色或深棕色，以减少对游客参观的视觉干扰。之所以这样强调，是因为在雉鸡展示中，禁止使用玻璃橱窗或玻璃幕墙（图8-28，图8-29）。

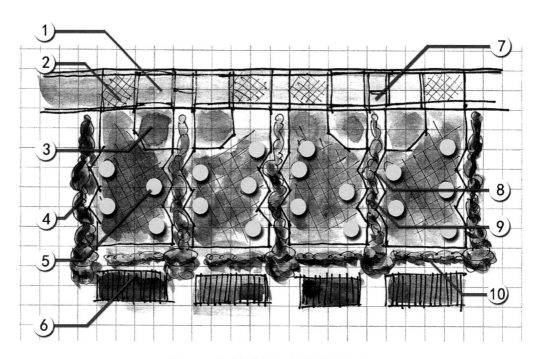

图8-28 雉鸡饲养展示平面布局设计图解

| | |
|---|---|
| 1—室内棚屋； | 6—参观面与网笼间距不少于1.5m； |
| 2—饲养员操作区，双层隔门； | 7—串门； |
| 3—木制平台，平台下面空间形成视觉隔离和庇护所； | 8—网笼侧壁折角，形成有效的庇护所； |
| 4—展区外围绿化隔离带； | 9—网笼间绿化隔离带，避免相邻笼舍间动物之间产生视觉压力； |
| 5—展区内绿化，以灌木为主，结合网笼折角形成庇护所； | 10—参观面绿化隔离带，宽度不少于1.5m。 |

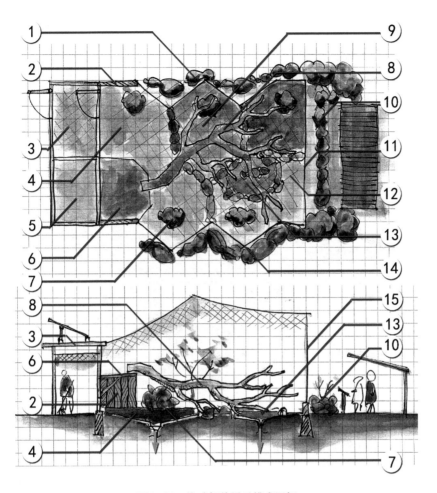

图 8-29　雉鸡饲养展示模式图解

1—展示笼外侧绿化隔离；
2—视觉隔障挡板；
3—饲养员操作区；
4—自然材质垫材，往往需要单独
　　的排水设计；
5—棚屋，在极端天气为动物提供
　　庇护所；
6—木质平台，上下同时提供活动
　　空间，下部形成视觉隔离区域；
7—展笼内灌丛绿化；
8—展区丰容，提高环境复杂程度；

9—地表绿化；
10—参观区绿化隔离带；
11—展示面不锈钢编织软网经钝化处
　　理成深色可以提高展示效果；
12—沙土地面；
13—水池，需要单独的排水设计；
14—网笼侧壁折角设计，与灌丛种植
　　一道形成庇护所；
15—网笼材料选择不锈钢编织软网，
　　需要钝化处理，以减少对参观视
　　线的干扰。

# 三、游禽饲养展示模式

　　动物园中所说的游禽主要指雁形目、鹲鹏目和鹈形目鸟类。游禽类种类繁多，颜色、体型变化丰富，无论是游泳还是潜水，都是引人关注的展示内容。游禽几乎都是迁徙鸟类，具有卓越的飞行能力，为了保持这种能力，同时也作为行为展示，游禽的最佳饲养展示模式为大型鸟罩棚。罩棚顶网使用不锈钢绳网，棚内水面面积与陆地面积接近 1 ∶ 1，并栽植大量植被（图 8-30，图 8-31）。

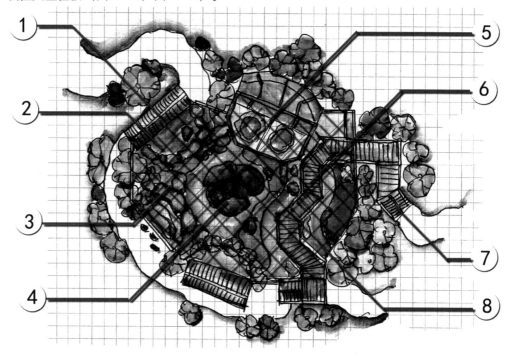

图 8-30　游禽罩棚饲养展示平面模式图解

1—水截面游禽水下活动展示；　　　　　　　5—后备养殖空间；
2—水下活动展示池；　　　　　　　　　　　6—游客进入罩棚的栈桥参观道；
3—不同部分水体间围堰，同时提供陆地活动场所；　7—台阶；
4—中央岛屿；　　　　　　　　　　　　　　8—水面活动动物展示；

## 四、涉禽饲养展示模式

动物园中的涉禽主要指鹳形目和鹤形目鸟类。同游禽一样，涉禽也多为迁徙鸟类，最佳的饲养展示模式也为大型鸟罩棚。在大型鸟罩棚中，可以将游禽和涉禽混养。在目前国内鸟类饲养管理水平较低的现状下，这是唯一能接受的鸟类混养罩棚展示方式（图 8-32）。

在动物园中，还经常采用飞行限制手段，削弱水禽的飞行能力以实现开敞式展示。国内动物园中绝大多数水禽湖的设计建设可能都参考了古代神话传说或者传统园林的造园手法，总之在设计之初几乎没有考虑过动物的自然史知识和环境需求，最典型的错误就是湖岸的堆砌方法（图 8-33）。

尽管这种展示方式无法传递正确的保护教育信息，但受传统园林文化的影响，设计、建设水禽湖仍然是很多动物园的计划。如果不得已而为之，则水禽湖的驳岸设计注意事项如下（图 8-34 ~ 图 8-36）：

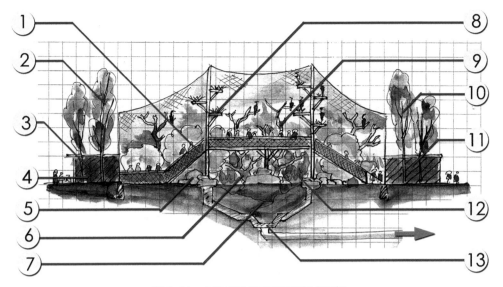

图 8-31　鸟罩棚饲养展示剖面模式图解

1—游客参观栈桥，严格限制游客活动范围；　　　6—绿化种植；
2、10—罩棚周边高大乔木，掩饰罩棚；　　　　7—水池；
3、11—罩棚出入口棚屋廊道，控制展示节奏，　　8—不同高度的巢位；
　　甚至使游客忽略罩棚建筑主体；　　　　　　9—高大栖架；
4—棚屋内展示信息突出保护教育主题；　　　　12—水生植物，模拟湿地生境；
5—罩棚内地面丰容，提高复杂程度；　　　　　13—水池排水。

图 8-32　火烈鸟开敞式展示设计模式图解

1—围网隔障；
2—绿化隔离带；
3、7—游客参观区和展区内设施景观功能元素一致；
4—深水区；
5—水下栏杆隔障；

6—浅水区，在展区内应该另建浅塘，供火烈
　　鸟作为进食区，防止隔障内水体被污染；
8—展示区非参观面围网隔障；
9—隐蔽处立营巢区；
10—展区内提供动物营巢需要的黏土。

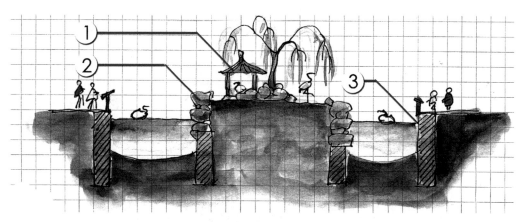

图 8-33　受传统园林文化影响而设计的水禽湖现状剖面

1—传统园林风格的景观设计；
2—传统园林水池驳岸的塑造方法，给动物在陆地和
　　水体间活动造成障碍；
3—水禽湖周边没有为动物提供栖身之地。

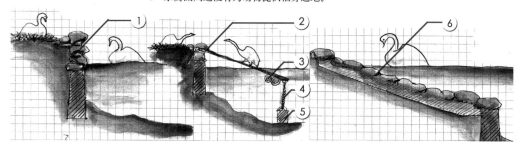

图 8-34　水禽湖驳岸设计图解

1—原有驳岸；　　　　　　　　　　4—浮板固定锚链；
2—增加斜面浮板，便于动物上下鸟岛；　5—浮板固定锚；
3—中空塑料桶或钢桶为浮板提供浮力；　6—将原有直立驳岸改造为便于水禽上下的斜坡。

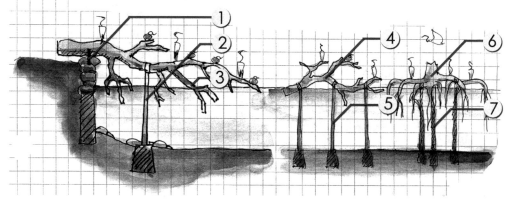

图 8-35　湖面增加水鸟栖息位点设计图解

1—在原有驳岸岩石上固定倒伏树干；　5—倒伏树干支撑柱；
2—倒伏树干支撑柱；　　　　　　　6—水面固定的半沉水树根，符合湿地景观
3—部分树枝位于水下；　　　　　　　　特点，为鸟类提供更多栖息位点；
4—湖面固定的倒伏树干；　　　　　7—树根水下支撑柱。

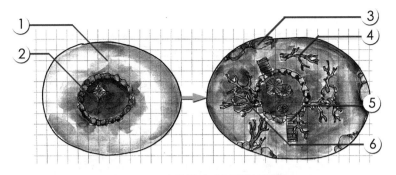

图 8-36　水禽湖平面布局设计图解

1—传统园林风格的水禽湖，缺乏动　　4—湖面增加栖息位点；
　物栖息位点；　　　　　　　　　　5—湖心岛设置斜面浮板，便于水鸟上下；
2—湖心岛，几乎只发挥景观作用；　6—水面增加分散小岛，结合倒伏树干为
3—水禽湖周边增加水鸟栖息位点；　　弱势个体提供栖息位点。

## 五、猛禽饲养展示模式

由于它们所需要的巨大空间难以满足，大多数猛禽不适合在综合动物园中饲养展示。动物园中饲养展示的猛禽应该以被救护个体为主，而不应从野外捕捉。之所以这样强调，是因为目前在大陆的动物园中猛禽人工繁育尚未积累足够的成功经验。

在它们生活的巨大的网笼中，应该设计不同高度的栖息位点，以保证动物通过占有优势位点而减少应激；所有猛禽笼都需要设计庇护所，以允许动物躲避游客视线；网笼侧壁至少有一半的面积为高大的实体墙、高大绿化隔离带或其他形式的遮蔽物；网笼内的地面必须以自然植被为主，同时保证安装适宜的木杠供其栖息；展区内必须保证清洁的饮水和必要的水域面积供其洗浴。绝大多数猛禽不适合混养，混养猛禽往往会造成巨大的伤害和损失，在这一点上有无数惨痛的教训；曾经认为"只要网笼够大，混养就不会出现问题"的臆想，已经断送了相当数量猛禽的生命。还有一点必须强调：猛禽饲养展示网笼，禁止在任何动物能够接触的位置使用玻璃橱窗或玻璃幕墙（图8-37，图8-38）。

## 六、走禽饲养展示模式

动物园中常见的走禽包括鸵鸟、鸸鹋、食火鸡和。除了食火鸡以外，另外三种大型走禽的栖息环境均为开阔的草原地带或稀树草原，展示设计模式可以参考多数有蹄动物。食火鸡的生活环境为热带雨林，其展示模式应保证饲养员的安全操作和行为管理需求，特别是动物安全转运需求，必须配置保定训练笼（图8-39）。

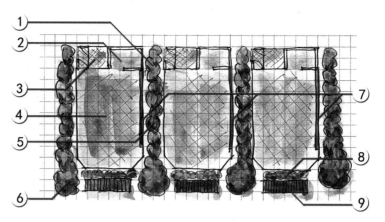

图 8-37 猛禽笼布局设计图解

1—网笼间绿化隔离带；
2—棚屋；
3—饲养员操作区，形成双层防护；
4—展示网笼，采用不锈钢丝编织网；
5—绿化带建议采用常绿树种，保证冬季视
　觉隔离效果；

6—外围绿化隔离带；
7—视觉屏障隔板；
8—展示面绿化隔离带；
9—参观区遮阳棚，高视点隐藏游客。

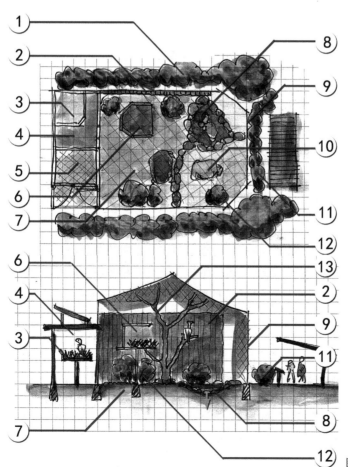

1—网笼间绿化隔离带；
2—视觉屏障挡板；
3—棚屋内巢箱；
4—棚屋；
5—饲养员操作区；
6—网笼内巢箱；
7—自然材质垫材；
8—水池；
9—网笼应用不锈钢丝编织网，
　禁止在动物能够接触的任何
　部位安装玻璃；
10—地表岩石平台；
11—参观面绿化隔离带；
12—网笼内绿化，提供庇护所；
13—栖架。

图 8-38　猛禽饲养展示模式图解

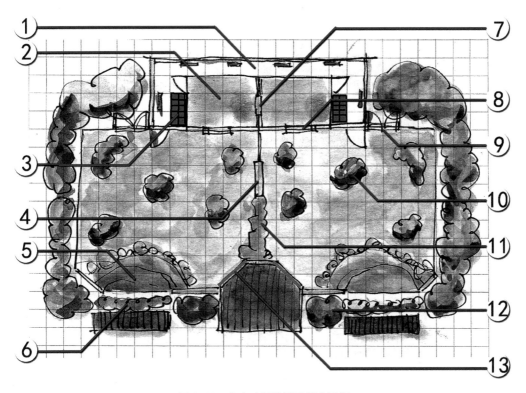

图 8-39  食火鸡饲养展示模式图解

1—操作通道；
2—室内兽舍；
3—训练笼，用于物理保定或动物转运；
4—室外展区间串门；
5—参观面壕沟隔障；
6—参观面绿化隔离带；
7—室内兽舍间串门；

8—室内外兽舍间串门；
9—转运门；
10—展区内绿化；
11—展区间视觉隔障；
12—参观区视觉屏障；
13—棚屋内的玻璃幕墙参观面。

# 七、企鹅饲养展示模式

目前国内大多数动物园中饲养展示的企鹅均来自南美的温带沿海地区，它们不仅需要大体量的水域，同时也需要足够的陆地栖息面积。对于这些企鹅来说，终日生活在仿造成极地风格的室内环境是一种残忍的展示方式。这种展示方式是一种误导，是对动物和游客的双重不负责任。温带企鹅需要室外活动空间、足够的巢位。用岩石围合起来的凹陷处往往是适宜的产卵地点，不仅可以保证产卵后不会因为个体间的争斗造成卵的破损，也能避免产卵后卵跌落水中。温带企鹅的饲养展示模式如下（图 8-40，图 8-41）：

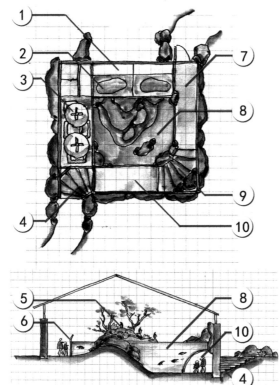

1—室内操作区；
2—展示后台饲养区；
3—水处理设备；
4—上行台阶；
5—企鹅陆上展示；
6—首层参观面；
7—首层参观区；
8—水下展示区；
9—下行台阶；
10—负一层水下参观区。

图 8-40  温带企鹅室内展示模式图解

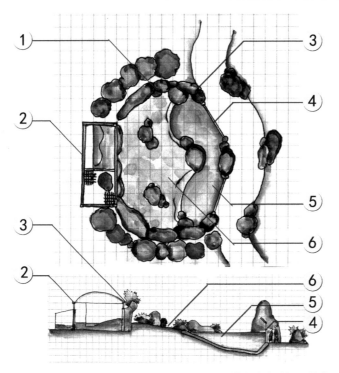

1—室外展区人工岩石隔障，作为展示
　　背景；
2—室内兽舍、水处理设备区；
3—人工岩石隔障顶部安装种植槽；
4—玻璃幕墙；
5—水下展示区；
6—陆上展示区。

图 8-41  温带企鹅室外展示模式图解

# 第六节　哺乳动物展示模式

哺乳动物是动物中进化程度最高的一类，它们几乎分布在地球的各个角落，适应几乎所有的生态类型。哺乳动物在动物园中也举足轻重，符合动物基本福利要求的哺乳动物饲养展示种类和数量，往往决定一个动物园的规模和吸引力。与其他类群的动物一致，哺乳动物的饲养展示模式设计依据，同样是物种自然史资料或参照相同生境或行为方式相近的物种自然史信息以及行为管理的需求。在所有参考资料中，最直接、最有效的设计依据就是《动物饲养管理指南》。

下面以目前国内动物园中常见的部分哺乳动物种类分别进行举例说明。

## 一、有袋类动物饲养展示模式

### 1. 袋鼠饲养展示模式

袋鼠种类很多，不同种类体形差异巨大，生活环境、行为方式也有所不同，但有些要求趋于一致：它们都需要大型室外运动场，运动场地表由土壤、植被、部分沙土、岩石平台、木屑等垫材组成，并具有良好的排水性能，以保持展区干燥（图8-42）。

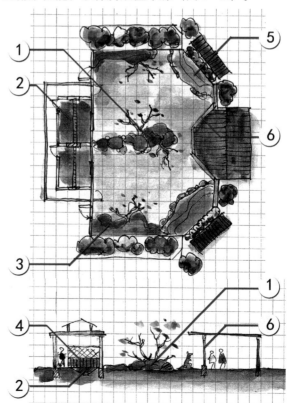

1—室外展区中的视觉隔障和庇护所；
2—室内兽舍，采用生态垫层铺装；
3—室外展区隔障，部分采用澳洲荒漠风格的人工岩石；
4—室内兽舍隔障墙采用方格网和木板组合墙体；
5—参观面壕沟隔障；
6—位于棚屋内的玻璃幕墙参观面。

图8-42　袋鼠饲养展示模式图解

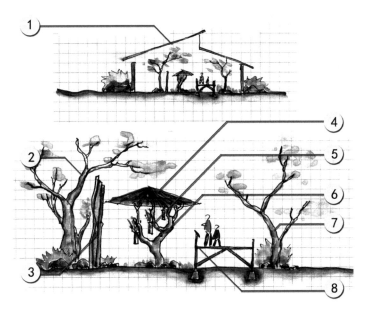

图 8-43　考拉、树懒饲养展示模式图解

1—温室；
2—背景绿化；
3—木板挡墙隔障；
4—遮阳棚；

5—新鲜树枝、树叶插桶，为了保持树叶新鲜，插桶内部可以装水；
6—栖架；
7—参观区绿化；
8—参观栈道，严格限制游客活动范围。

植被以草本植物为主，种植少量灌丛，植物种植与土丘、石块堆、本杰士堆等环境物理丰容设施相结合，点缀在运动场内，增加环境的复杂程度，为动物提供更多选择和隐蔽机会。不同种袋鼠混养时运动场内必须设计视觉屏障，这种设计可以为小型袋鼠提供保护。展区内所有植物需要确保对动物无害，因为袋鼠会吃落叶。不能种植针叶树，以免尖锐的落叶扎伤袋鼠皮肤造成溃烂。展区内需要提供足够的具备遮风挡雨功能的遮阳棚。小型袋鼠多数具有攀爬习性，在运动场中需要用岩石搭建高台以利其保持天然活力和增加自然行为的展示。北方动物园需要建造袋鼠室内圈舍，室内圈舍地面以部分混凝土地面和自然生态垫材为主，室内地面需要保持良好的排水性能。

运动场与游客间的隔离方式可以采用栏杆、竖墙或壕沟。特别需要设置绿化隔离带以防止游客直接投喂。除参观面以外的隔障方式，栏杆建议采用5cm×5cm的金属网，过大的空隙可能导致小型袋鼠被卡住。不建议采用室内展示的方式，尤其是大型袋鼠，即使天气很冷也应为他们提供到户外活动的机会。

### 2.考拉饲养展示模式

考拉惹人喜爱，但因为食性特殊造成饲养成本居高不下，使得大多数动物园望而却步。与高昂的饲料成本形成鲜明对比的是，考拉的饲养展示模式简单易行，建设成本不高。这种饲养展示模式也适用于树懒。需要注意的是，在考拉展区中，应保证每个动物个体都有单独的隔离、休息空间（图8-43）。

## 二、水獭饲养展示模式

水獭的展示环境要求丰富多变，在展区内需要有多个庇护所供动物选择，还应该通过大型树干、岩石搭建框架牢固的本杰土堆，为动物提供自己营巢做窝的机会。水獭展区除了必须具备的清洁水环境以外，地表溪流和丰富多变的垫材也非常重要：干燥的沙土区、腐殖土区、木屑、岩石、倒伏的树枝、落叶等都会鼓励动物表达独具吸引力的自然行为（图 8-44）。

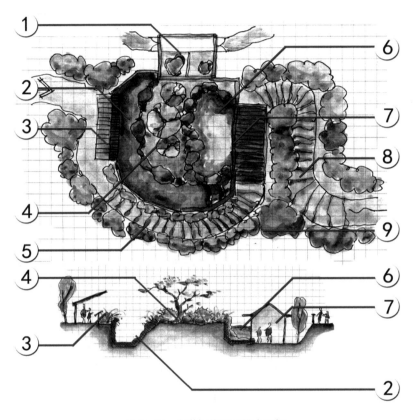

图 8-44　水獭饲养展示模式图解

1—室内兽舍；　　　　　6—水下活动展示；
2—参观面隔离壕沟；　　7—水下活动参观区；
3—参观面遮阳棚；　　　8—上行台阶；
4—陆上活动展示；　　　9—墙体隔障。
5—下行台阶；

## 三、细尾獴饲养展示模式

细尾獴分布于非洲南部开阔的平原地区，生态环境干燥、昼夜温差大、植被稀疏，只有通过群体的团结和协作才能在如此恶劣的环境中存活。细尾獴一般会以十几只甚至几十只的群体共同生活，群体之间可能发生惨烈的争斗。即使在一个群中也会因为争夺繁育资源而发生屠杀，所以展区设计必须足够大、环境足够复杂、设置多处庇护所。有效的设施设计是将一个大展示空间按照动物种群结构的变化需求很便捷地分隔成不同区域，以保证不同繁育组合的空间需求。另一项重要的设计内容就是展区排水，避免雨水在展区内沉积和大量连续降水导致的巢穴坍塌引起动物伤亡。有趣的群体防御自然行为展示和可以实现的多种参观形式，使得细尾獴在各个动物园都成为明星（图8-45，图8-46）。

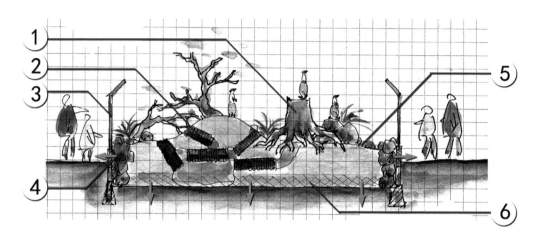

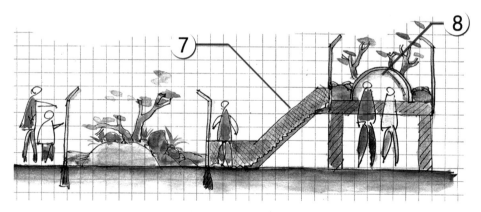

图8-45　细尾獴展示模式设计剖面图解

1—展区内放置高低错落的树桩、岩石，为动物提供展示自然行为的机会；
2—埋设塑胶管道，防止洞穴坍塌；
3—展示面玻璃幕墙，玻璃幕墙底部设置排水隔栅；
4—玻璃幕墙内侧四周大块岩石围挡，保证雨水从玻璃幕墙底部排水隔栅排出，避免游客投喂；

5—展区内设置多个庇护所；
6—展区底部不锈钢方格网衬底，防止逃逸；
7—分配通道；
8—近距离全景展示。

## 四、河马室内展示模式图解

河马馆的展示亮点是动物的水下活动，这一点在室内展馆更容易实现，因为室内的水

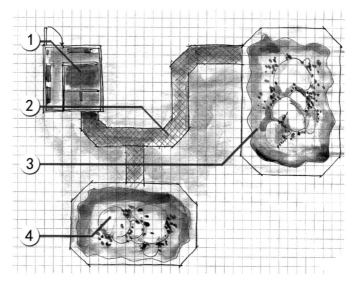

1—室内保温巢穴；
2—分配通道；
3—室外展区；
4—室外展区。

图 8-46　利用分配通道保证北方动物园冬季展出细尾獴的布局图解

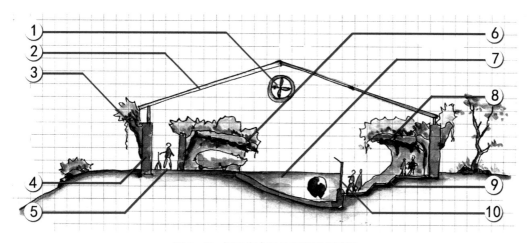

图 8-47　河马室内展示剖面模式图解

1—通风设施；
2—温室采光屋顶；
3—外墙通过高种植槽实现建筑隐藏；
4—保温墙体；
5—操作通道；
6—室内展区背景隔障——尼罗河流域
　　被河水侵蚀的河岸；

7—水下展示区；
8—游客参观区环境布置——尼
　　罗河流域被河水侵蚀的河岸，
　　沉浸式展示设计的应用；
9—室内参观区台阶；
10—水下参观玻璃幕墙。

体相对较小，容易实现对温度和水质的控制。设计动物水下展示的河马馆，必须有水处理方面的专家参与，并且必须保证足够的资金和空间用于水处理系统的设计建设和运行。

　　水体和玻璃幕墙本身就是带有展示功能的参观面隔障，其他部分的隔障最好采用少量栏杆、大量墙体的方式，墙体本身设计成高种植槽，表面处理成尼罗河两岸受到河水侵蚀的河岸，游客参观区亦是如此。这是沉浸展示设计的应用范例（图 8-47）。

## 五、高山食草动物展示模式

高山食草动物的展示魅力不仅在于其俊美的外观,更在于它们令人惊叹的在陡峭山崖上的"飞檐走壁"。在平缓地势上展示这种行为,需要人工堆砌高大的石山,这些高大的石山常作为哈根贝克式全景展示设计中最远端的展区(图8-48)。

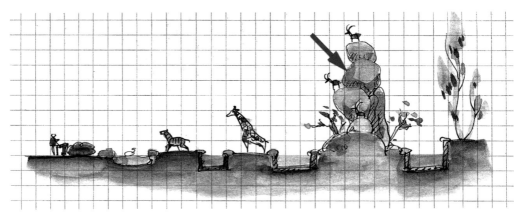

图8-48 平地堆山展示高山食草动物模式,高山动物区位置位于景观远端

山地或坡地建设的动物园,具有展示高山食草动物的天然优势(图8-49)。

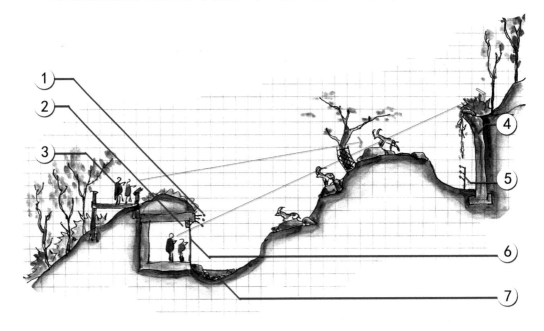

图8-49 利用坡地展示高山食草动物的设计模式

1—参观面隔障电网;
2—低视点隐蔽处参观区,从这里看不
　到背景隔障;
3—高视点参观区;
4—背景隔障;
5—电网;
6—低视点参观玻璃幕墙;
7—展示面丰容设计,水池。

使用不锈钢绳网封闭网笼进行高山动物展示，能够用更少的场地资源换来动物更多的自然行为展示，这是一种新型的展示设计模式，适用于地形单一的平坦地形动物园（图8-50）。

1—不锈钢绳网封顶；
2—动物不能接触到的玻璃幕墙；
3—人工搭建山体；
4—室内兽舍；
5—非展示隔离区

图8-50　新兴高山食草动物展示模式图解

# 六、灵长类动物展示模式

灵长类动物展示设计更加需要丰容方面的考虑，无论是伟岸的大猩猩还是精巧的毛狨，尽管在展示形式上存在巨大的差异，但从丰容方面的要求几乎是一致的。然而仅仅依靠环境物理丰容设计还远远不足以实现高水平的展示效果，饲养管理水平、日常操作模式、展示种群结构等多种综合因素结合的行为管理手段对灵长类动物的展示效果往往起到决定作用。

1. 经典模式（图8-51）
2. 沉浸模式（图8-52）
3. 孤岛式展示模式（图8-53）

# 七、长颈鹿展示模式

长颈鹿是分布在热带非洲的动物，其高大的体型、优雅的姿态，甚至长长的睫毛都是令游客着迷的展示亮点。展示设计的主要任务是将这些亮点通过安全的方式向游客展示，突出动物的特殊魅力，例如在参观区设计架高平台（Touch Tank），允许游客近距离欣赏动物之美。

长颈鹿为热带分布的大型食草动物，可以短时间耐受45℃的高温，但是必须通过高大植物或遮阳棚提供阴凉，以躲避阳光直晒。在室外气温长时间低于4℃时需要转移到室内饲养。长颈鹿和大象一样，蹄子的护理非常重要，有必要为它们建造单独的保定训练

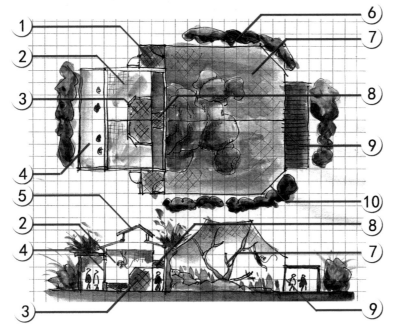

1—物料运输门，双层隔离；
2—室内展示笼；
3—管理隔间；
4—室内参观厅；
5—动物展区采光屋顶、通风天井；
6—展区外围绿化隔离带；
7—室外展笼，丰容是设计重点；
8—笼道；
9—位于棚屋内的玻璃幕墙参观面；
10—网笼侧壁采用硬质方格网。

图 8-51　经典模式灵长类动物展示模式图解

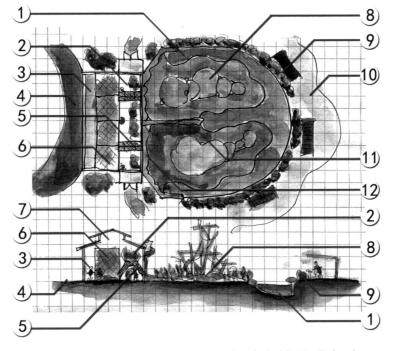

1—室外展区隔离壕沟；
2—室内参观区；
3—操作通道；
4—工作管理通道；
5—连接室内外展区的分配通道；
6—室内展示笼；
7—温室；
8—室外展区丰容设计；
9—参观面绿化隔离带；
10—室外参观道；
11—室外展区之间的隔障墙；
12—室外展区内非参观面高墙隔障，顶部塑石形成反扣和种植槽。

图 8-52　沉浸式灵长类动物展示模式图解

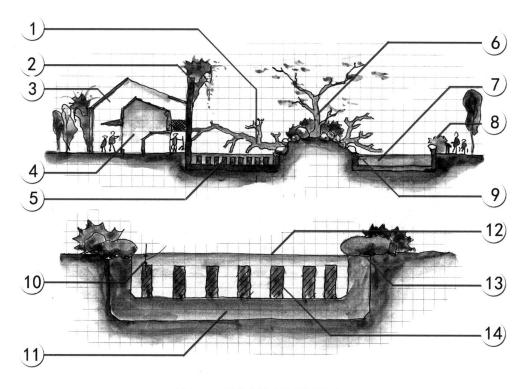

图 8-53　狐猴岛展示模式设计图解

1—连接室内外展区跨过隔离水体的倒伏树干；
2—高墙隔障，顶部种植槽；
3—室内参观区；
4—室内展笼；
5—饲养员进岛操作水下通道，弯曲排列的混凝土矮桩；
6—展示区丰容；
7—水体隔障；
8—参观面绿化隔离带；

9—防落水护栏；
10—混凝土矮桩顶端距水面 15cm；
11—隔离水体基底；
12—隔离水体水面需要通过入水口、溢水口和泄水口保持恒定；
13—隔障水体驳岸装饰；
14—混凝土矮桩。狐猴不会踏足水中，因此饲养员可以由此通道进入湖心岛，而不必担心狐猴由此路出逃。

笼，以便于蹄甲护理或其他医疗处理；在室内活动空间和室外展区之间需要设置缓冲区；长颈鹿使用的分配通道可以是双侧栏杆或矮墙构成的通道，也可以是直接在地表挖掘一道沟槽（图 8-54）。

## 八、大象展示模式

在这部分文字里没有区分非洲象和亚洲象（统称大象），尽管两种动物分布区域和习性、生活环境都相差甚远，但饲养展示需求方面还是存在很多共性。尽管如此，在具体到非洲象和亚洲象单一物种时，还应该参考物种的自然史信息区别对待。例如成年亚

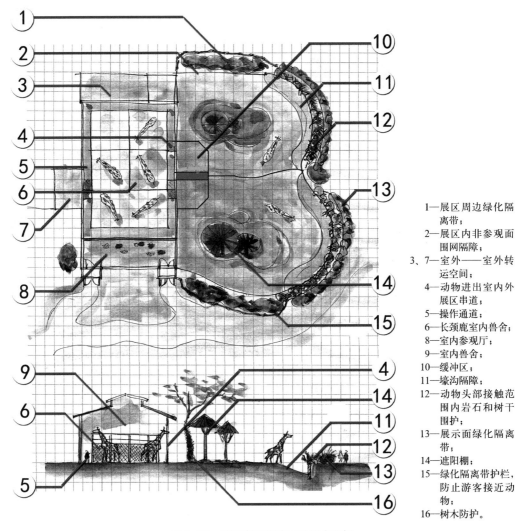

1—展区周边绿化隔
离带；
2—展区内非参观面
围网隔障；
3、7—室外——室外转
运空间；
4—动物进出室内外
展区串道；
5—操作通道；
6—长颈鹿室内兽舍；
8—室内参观厅；
9—室内兽舍；
10—缓冲区；
11—壕沟隔障；
12—动物头部接触范
围内岩石和树干
围护；
13—展示面绿化隔离
带；
14—遮阳棚；
15—绿化隔离带护栏，
防止游客接近动
物；
16—树木防护。

图 8-54　长颈鹿馆饲养展示模式图解

洲象往往需要将成年公象与母象群分开饲养，而非洲公象往往可以与母象群混养；非洲公象比亚洲公象能翻越更高的隔障，所以在隔障高度设计上也有所不同。在动物园中，在保证动物福利、保证操作人员的安全、保证游客安全的前提下实现高水平的大象展示，需要特别遵循以下设计要求：

大象室内饲养空间最低标准为每只动物40m²，对于长有长牙或怀孕、哺乳幼子的大象，这一面积不应低于60m²。屋顶高度最低处不能低于6.1m。两排相邻的栏杆之间的安全距离为3.5m，这个距离同样应用于动物和动物之间或动物和游客之间。大象的室外活动场面积不得低于170m²/只。每增加一只成年个体，室外面积需要增加50%。

大象室外运动场必须保证良好的排水性能，随时保证一片干燥地面用于喂食或提供休息场所，同时也要保证水池的合理应用，水深的最低要求是成年个体舒适的侧躺在里面时，一半以上的躯干部分可以被水淹没。有条件的动物园，应建造可以没过大象头顶的大型水池或人工湖（图8-55）。

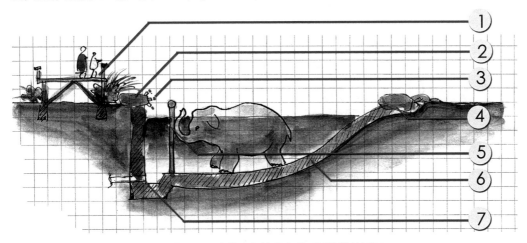

图8-55 栈道、平台结合湿壕沟参观面隔障设计图解

1—参观道采用栈道形式，严格控制游客活动范围；
2—湿壕沟挡墙装饰；
3—电网，防止动物破坏隔离带植被；
4—水池外沿装饰、视觉警示；
5—水池内侧防护栏杆；
6—混凝土池底，保证坡度和摩擦力，保证大象轻松出入水池；
7—水池沉淀池和排水口。

除了提供干燥地面、水池以外，松软的沙土、泥浴坑、遮阳棚也十分必要。作为厚皮动物，大象运动场内或室内饲养空间都需要结实的树桩、土崖壁、岩石等相对坚硬的表面来摩擦皮肤以摆脱寄生虫或其他不适，例如在兽舍内墙壁和栏杆上用铁链绑定一些粗木桩。在运动场内，也需要埋置一些粗树桩，树桩高度从140cm到350cm不等（图8-56，图8-57）。

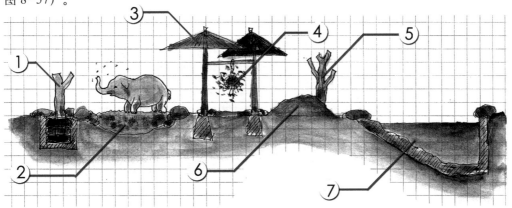

图8-56 大象室外活动场丰容设施设计图示

1—轮胎池中竖立粗大树干，提供动物蹭痒和对抗机会；
2—沙土坑、垫料坑；
3—遮阳棚；
4—食物丰容；
5—固定树桩，为动物提供蹭痒条件和冲突庇护；
6—沙土、垫料堆积；
7—水池。

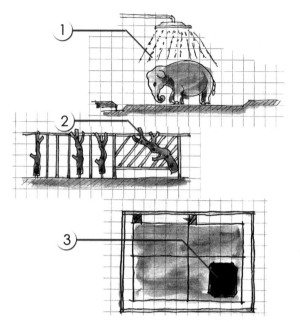

1—淋浴；
2—固定在栏杆上的蹭痒树干；
3—至少一块软质地面。

图 8-57　大象室内兽舍丰容设施设计图示

　　任何结实、安全的材料都可以作为大象的隔离栏杆，栏杆的高度与结构设计有关。有资料记录大象可以翻越 2.1m 的围栏，如果围栏设计成像竖立的梯子一样的形式，大象可能翻越更高的隔障。竖立栏杆或成一定角度斜向排列的栏杆应用广泛，在栏杆隔障的某些部位，为了保证操作安全，竖立栏杆间距应该保持在 40cm，以便于饲养员及时躲避大象有意或无意的伤害（图 8-58 ~ 图 8-61）。

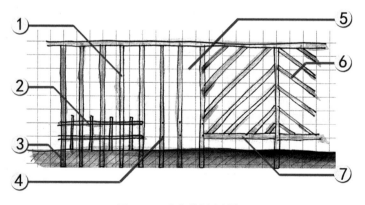

图 8-58　大象的隔离栏杆

1—竖立栏杆；
2—栏杆临时加密，用于防止幼年大象逃逸；
3—竖立栏杆基础深入混凝土 50cm；
4—竖立栏杆上面的打孔，提供增加临时加密栏杆时的螺栓固定位置；

5—竖立栏杆间距 40cm，便于饲养员迅速出入展区，免于动物伤害；
6—斜向紧密排列栏杆，用于非操作面隔障；
7—斜向栏杆横梁下沿距离地面 40cm，并预留加密栏杆螺栓固定孔。

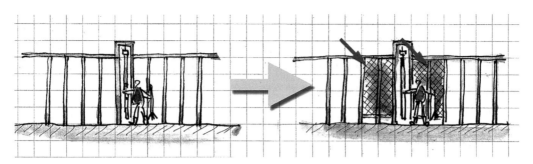

图 8-59 在推拉门等操作位点，必须增加操作面防护

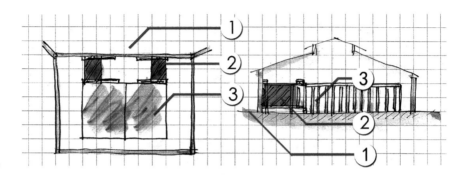

1—室外；
2—训练笼；
3—室内兽舍。

图 8-60 室内训练笼位置图解

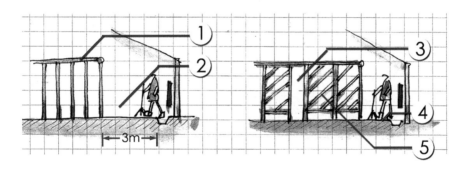

图 8-61 操作通道设计图示

1—竖向隔离栏杆，便于饲养员进出兽舍，　　3—采用斜向栏杆时，饲养员出入兽舍快捷通道；
　躲避大象攻击；　　　　　　　　　　　　4—操作宽度不足 4m 时，则必须改变栏杆形式；
2—采用竖向栏杆，操作道宽度应保持 4m 　5—采用斜向紧密排列栏杆，避免伤害饲养员。
　以上，排水明沟位置距离栏杆 3m 以上；

　　大象展舍地面需要进行特殊表面处理，常用的就是在水泥凝固之前用毛刷处理，既要保证足够平整，又要保证在潮湿状态下大象不会滑倒。地面过于粗糙会导致大象蹄子损伤，而且不利于打扫和冲刷。无论室内硬质地面设计得多么完美，应该允许大象在每天都有机会到自然材质地面活动几个小时，以减轻硬质地面对动物的伤害，新建象馆应增加室内沙池，作为大象产房的地面应做成排水性能良好的沙池，并保证沙土层厚度不低于 50cm。

第八章 动物展示模式

279

大象室内温度不得低于16℃，对于病弱、怀孕或哺乳的个体，温度不得低于21℃。室内饲养环境照明以自然光照为主，必要的时候可以用日光灯管进行补充。需要特别注意的是人工照明设计，必须保证在任何状态下提供充足的照明，以保证饲养员的操作安全。所有照明设备或其他设备、电线、管线都必须远离大象活动范围4m以外，屋顶设备和管线高度不得低于6.3m；照明设备启动或关闭时需要延时电路设计实现照度渐变过渡，以免突然的明暗变化对动物造成应激。

随着国内动物园越来越多地从东南亚和非洲引进大象，动物园中的大象福利问题正在演变成一场灾难。为了减轻大象在圈养条件下承受的痛苦，在大象展区设计中最重要的两个设施设计缺一不可：L形大象训练墙和训练笼道（图8-62）。关于大象训练墙的设计和应用原理，请参考《动物园野生动物行为管理》。

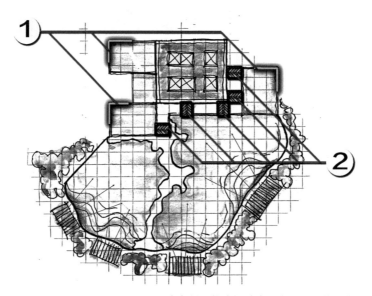

1—L形大象训练墙；
2—训练笼道；

图8-62　大象展区模式设计中两个最关键的要素

虽然上述介绍对大象场馆的展示模式做了基础描述，但作为陆地最大的哺乳动物，大象对展区面积和温湿度的需求以及它发达的智力所带来的对复杂生活内容的需求、加之其很多尚未被人类获知的需求，都使得大象这一物种被圈养在动物园中显得格外残忍。圈养条件下大象的寿命很少能达到野外寿命。因此，除非出于保育目的，并拥有完备的饲养条件，否则不建议在动物园，特别是冬季漫长的北方动物园中饲养大象。

## 九、中型有蹄类展示设计概要

有蹄类动物展示一直是动物园中的常青树，这类动物包括多种奇蹄目和偶蹄目物种，其中不乏长颈鹿、犀牛、河马等大型物种，除了这些巨无霸，大多数中型有蹄类动物的展示模式都要满足一些共性的设计要求。

这一类动物总的来说对温度不是十分敏感，但当气温接近38℃时，运动场内必须提供足够的遮阳棚以保证每个个体能够躲避阳光的直射；在这种高温情况下要提供足够的饮水点，以避免个体间的争斗。对于非洲羚羊类，当室外环境在0℃以下时，则需要为动物提供室内保温兽舍。在北方地区，动物可能需要长期生活在室内，室温应控制在10～26℃。在这些羚羊中，长颈羚羊对温度变化最敏感，如果室外温度低于15℃时，则需要转移到室内保温环境饲养。这类动物在人工饲养条件下没有对光线的特殊需求，基本保证每天12小时的照明时间即可。

长期生活在室内的动物可能需要补充照明，因为在高纬度地区冬季的日照时间不足。人工光照仅仅应该作为自然光照的补充，食草动物的室内饲养环境应该设计成自然光照充足的建筑形式。北方冬季漫长，室内动物场馆需要良好的保温与通风设计。换气扇应该安装在兽舍顶部，保证每小时室内空气最少更新四次。更加有效的换气方式是利用建筑的"烟囱效应"，即建筑物低处设置进风口、在屋顶设置通风天井，这种设计不仅利于空气的自然流通，也是对室内采光有效的补充（图8-63）。

图8-63 有蹄类动物室内圈舍的通风采光天井设计剖面示意图

有蹄类动物展区设计需要考虑临时隔间，以备特殊生理时期或治疗隔离需要。由于这类动物往往采用混养展示的方式，所以室外活动场的设计需要满足所有种类和个体的福利需要，遮阳棚、庇护所、喂食点必须保证足够的数量和分散程度。展示面隔障方式也必须保证所有物种的安全。展区设计的重点是保证行为管理各项组件的运用，否则无法实现以保证动物福利为前提的混养展示（图8-64）。

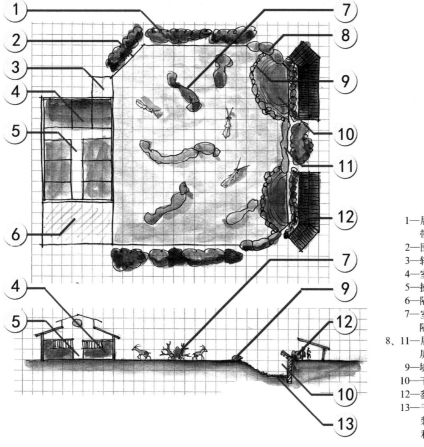

1—展区外围绿化隔离
带；
2—围网隔障；
3—转运空间；
4—室内兽舍；
5—操作通道；
6—隔离区；
7—室外展区内的视觉
隔障；
8、11—展区非参观面视觉
屏障；
9—壕沟警示；
10—干壕沟隔障；
12—参观面绿化隔离带；
13—干壕沟底部碎石铺
装，防止杂草滋生
和动物驻留。

图 8-64　以羚羊为例图解有蹄类动物展示模式

　　这类动物面临的最大威胁往往是来自游客的肆意投喂，解决这一问题除了加强游客行为引导和管理以外，必须依靠参观面隔障设计的改善（图 8-65）。

　　同样，来自非洲的斑马、美洲的原驼等有蹄类物种，也可以采用类似的展示模式。

图 8-65　以鹿科动物为例图解有蹄类动物展示防投喂隔障设计模式

# 十、犀牛展示设计模式

作为一种大型食草动物，犀牛往往可以适应宽泛的温度范围。在没有雨雪的天气里，即使气温降到 0℃，犀牛也可以短时间到室外活动。但是日平均气温低于 10℃ 时，则必须考虑室内空间供暖。室内平均温度应保持在 12℃ 以上，室外运动场的棚屋在寒冷多风的季节能够避风遮雨；在炎热的夏季，运动场内除了提供足够的遮阳、避雨设施外，还应提供泥浴坑，使动物有机会泥浴降温。

犀牛是厚皮动物，需要结实的树桩、土崖壁、岩石等相对坚硬的表面来摩擦皮肤以摆脱寄生虫或其他不适，这就需要在兽舍内墙壁和栏杆上安置一些带树皮的粗木，直径 30cm 左右（将圆木一分为二，平的一面固定在墙面或栏杆上）。在运动场内，也需要埋植一些粗树桩，树桩高度从 40cm 到 150cm 不等。这些树桩同时也会成为犀牛领地标记的场所。研究表明，这样的丰容设施对减轻犀牛的心理压力有显著作用。

在犀牛展舍隔离材料的选择和应用过程中，特别需要注意材料的毒性。任何经过沥青、桐油等防腐处理过的木材都不能使用。因为犀牛会啃食这些木材（图 8-66）。

1—转运空间；
2—操作区；
3—室内展示区；
4—室内参观区玻璃幕墙参观面；
5—室内参观区；
6—室内展区与玻璃幕墙之间的立桩隔障；
7—串道、训练通道；
8—室外展区；
9—室内非展示兽舍；
10—室内兽舍与室外活动场间串道；
11—壕沟警示；
12—室外展区间串门；
13—室外展区间墙体隔障；
14—壕沟隔障；
15—展区非参观面墙体隔障，顶部设置种植槽；
16—参观面绿化隔离带。

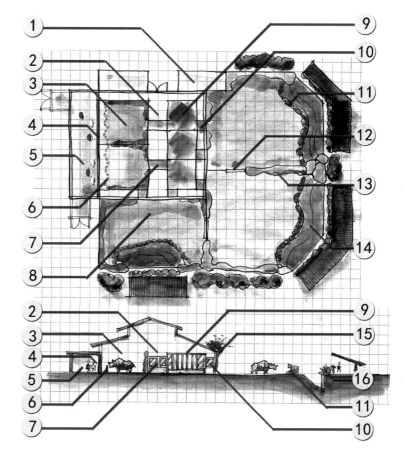

图 8-66　犀牛饲养展示模式图解

## 十一、猫科动物饲养展示模式设计

大型猫科动物地理分布广泛，对温度的适应也很宽泛。除了云豹等分布在热带丛林中的中小型猫科动物对低温敏感以外，多数动物没有特别的保温需求。但要注意的是在室内饲养的动物最高温度不得高于29℃，即使是像云豹这样的热带动物，也无法长期忍受室内的高温。大多数大型猫科动物白天都不活跃，所以人工饲养环境下只要动物能够到室外活动，则室内的光照设计不需要特殊的补充。

室内展区需要保证良好的通风条件，湿度控制在30%～70%之间。展示环境中必须保证随时提供清洁饮水，应给老虎和美洲虎提供可以全身浸泡的水池。

以上是一些共性的需求，下面根据物种自然史资料、生态特征和行为能力、饲养需求分别图解几种典型的猫科动物饲养展示模式。

### 1. 狮、虎饲养展示设计模式（图8-67，图8-68）

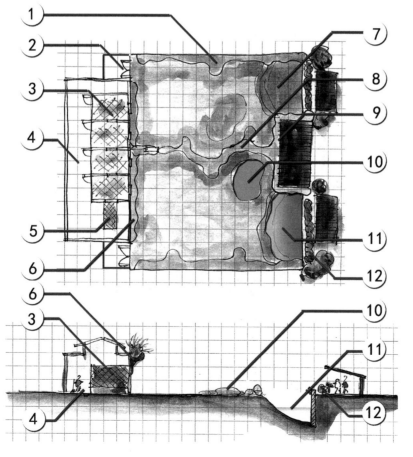

1—室外展区非参观面墙体隔障；
2—转运空间；
3—室内兽舍；
4—操作通道；
5—室内转运空间预留；
6—建筑遮挡，顶部种植槽结合屋顶绿化；
7—壕沟隔障；
8—展区间墙体隔障；
9—墙体结合位于棚屋内的玻璃幕墙参观面；
10—室外活动场丰容；
11—湿壕沟隔障；
12—参观面绿化隔离带。

图8-67　狮、虎饲养展示模式设计图解

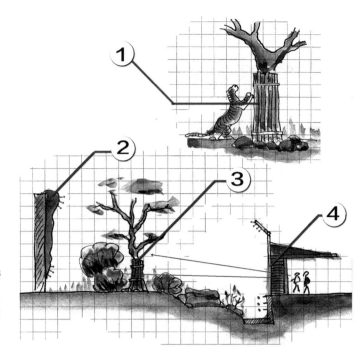

1—树木围护的木板，为动物提供磨
　爪的机会；
2—展区背景高墙隔障；
3—展区内树木保护措施——木板围
　护；
4—位于棚屋内的玻璃幕墙参观面。

图 8-68　狮、虎展示中重要节点设计图解

## 2. 豹饲养展示设计模式

在绝大多数情况下，豹都会单独或成对被饲养在有封顶的展示环境中。对于这类动物来说，展舍面积的意义不如其复杂程度更重要，尽管如此，一个被很好"丰容"过的展舍，也不应小于 $100m^2$，每增加一只成年个体（如在繁殖季节），展舍面积增加 50%。这类动物都极善于攀爬，所以封顶的展舍高度不应低于 5m，而且上层空间必须为动物提供攀爬和休息的设施，使动物所栖息的位置高于游客视线，以减少来自游客的视觉压力（图 8-69）。

## 3. 猎豹饲养展示设计模式

相对于其他大型猫科动物，猎豹的攀爬能力已经让位于其卓越的奔跑能力，可以采用壕沟隔离，有效隔障高度为 3m，隔障顶部设计"反扣"，反扣为高 1m、内倾角为 45°的平滑钢板。

单只动物最小展舍面积为 20m×20m。对于成对饲养的猎豹来说，这一面积应该加倍。展舍内虽然不必提供攀爬设施，但必须提供高出地面约 1m 左右的休息平台。平台面积为 1m×2m/ 只。展区丰容是设计重点，展示出动物的奔跑速度才是真正的亮点（图 8-70）。

## 4. 中小型猫科动物饲养展示设计模式

这类动物基本上都是"胆怯、孤僻"的独居动物，应单独饲养展示，展舍之间必须设置视觉屏障，如板墙或密植绿化带。展示空间的安排应保证安全的个体引见，如交配

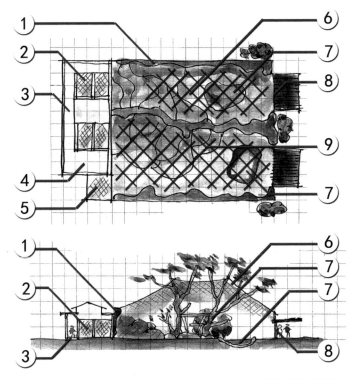

1—室外展区非参观面墙体结合围
网(下部墙体、上部围网)隔障；
2—室内兽舍；
3—操作通道；
4—转运空间预留；
5—操作门双层隔障；
6—室外展区采用不锈钢丝编织网
形成封闭网笼；
7—室外展区丰容；
8—位于棚屋内的玻璃幕墙参观面；
9—展区间墙体隔障，禁止动物直
接接触和避免相互间产生的视
觉压力。

图 8-69　豹饲养展示模式图解

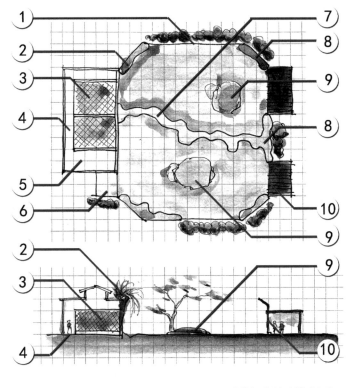

1—室外展区非展示面围网隔障，
外围结合绿化背景；
2—展区背景墙体隔障；
3—室内兽舍；
4—操作通道；
5—转运空间预留；
6—操作门双层隔障；
7—室外展区间墙体隔障；
8—参观区视觉屏障；
9—展区丰容——岩石平台；
10—围网结合位于棚屋内的玻璃幕
墙参观面。

图 8-70　猎豹饲养展示模式图解

前的交流和安全的自然交配。这类动物必须采用封顶的网笼展示模式。当不得不采取多
个展示单元进行组合时，需要尽量增加展示单元间的距离和对声音、气味、视觉的隔离；
不同的展示单元中的物种不能同处于一个室内展舍中，以减少环境干扰对动物造成的压
力。遗憾的是这一点至今在中小型猫科动物展示设计中没有引起人们的重视。粗暴的、
不负责任的设计后果就是动物的死亡率升高和无法繁育后代。

对于展示设计来说，虽然可以给出这样一个词汇："中小型猫科动物"，但很难以
更科学的方式归纳它们的需求。这类动物的展示设计是一项复杂的工作，往往需要学习
更多的动物自然史知识和参考该物种的《饲养管理指南》。必须强调"丰容"的重要性，
通过丰容来丰富动物的生活、减少动物承受过多的压力是成功设计的关键。无论是室内
还是室外的展示空间都必须提供足够的"复杂性"，例如足够的隐蔽场所和高于游客视
线的休息位点。由于它们天生"害羞"，所以必须保证环境的安静。在这类动物的展示场所，
应该提供相关说明，以减少游客看不到动物时的"失望"或对动物的骚扰。将游客置于
较低和相对黑暗的参观环境下，可以减少对动物造成的压力，增加其表达自然行为的机
会（图 8-71，图 8-72）。

# 十二、犬科动物展示设计模式

这类群居动物不仅善于跳跃，更善于挖掘，在围栏底部必须安置深 1m 和向隔障内部
水平延伸 1.2m 的坚固金属网，以防止动物挖掘逃逸。在室外展舍内安放足够的巢箱也是
减少动物挖掘的有效途径。为待产雌兽预备好室内产箱不仅便于管理，也可避免动物逃逸。

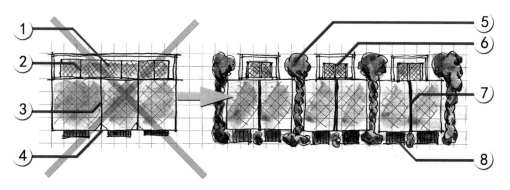

图 8-71 中小型猫科动物饲养展示布局图解

1—原始动物园饲养猫科动物，不同种动物的室内兽舍位
于同一个封闭空间内，给动物带来巨大的压力，使动
物长期处于应激状态，存活时间短，更不可能繁育；
2—原始动物园饲养猫科动物，笼舍间单层栏杆或围网隔
障，导致严重的肢体伤害；
3—室外兽舍间单层栏杆或围网，导致动物之间无法消除
视觉压力和肢体伤害；

4—操作位点位于游客参观区；
5—室外笼舍之间应种植高大绿化隔离带；
6—某一物种或繁殖组合必须单独饲养于一个封闭室内空
间内；
7—相邻展示区间必须全部采用全封闭墙体隔障；
8—参观面采用位于棚屋内的玻璃幕墙，减少游客对动物
的干扰。

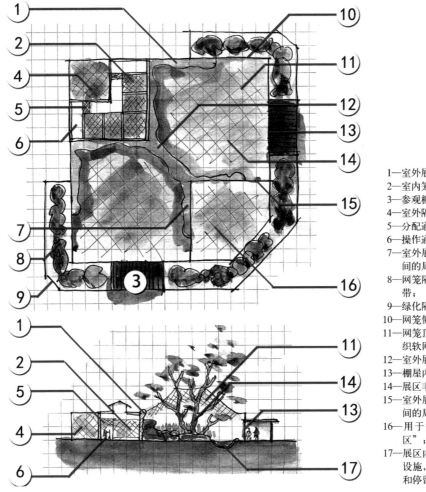

1—室外展区墙体隔障;
2—室内笼舍;
3—参观棚屋;
4—室外隔离区;
5—分配通道;
6—操作通道;
7—室外展区与"引见区"之间的局部墙体隔障;
8—网笼隔障外围的绿化隔离带;
9—绿化隔离带护栏;
10—网笼侧壁采用硬质网;
11—网笼顶网采用不锈钢丝编织软网;
12—室外展区间墙体隔障;
13—棚屋内的玻璃幕墙;
14—展区丰容设计;
15—室外展区与"引见区"之间的局部围网隔障;
16—用于安全交配的"引见区";
17—展区内最佳参观位点丰容设施,吸引动物在此出现和停留。

图 8-72　中小型猫科动物饲养展示模式图解

室外开敞展示环境的围墙之间的夹角不得低于 90°, 以避免动物奔跑借力攀高。

小型犬科动物的展示设计以丰容设计为主, 多种丰容项目的综合运行会大大提高展示效果。有案例证明乌鸦或其他肉食性鸟类可能会对它们的幼崽构成威胁, 在展区中设计足够的隐蔽空间至关重要 (图 8-73)。

豺善于借助竖向隔障夹角"飞檐走壁"。对于大多数城市动物园相对狭小的空间来说, 都建议采用不锈钢绳网封顶的展示设计模式 (图 8-74)。

多数犬科动物善于挖掘, 为了避免他们打洞逃逸, 需要进行特别的设施设计。

## 十三、熊科动物展示设计模式

所有的熊科动物都很聪明, 在保证安全的前提下, 设计重点应该集中在丰容设计方面。

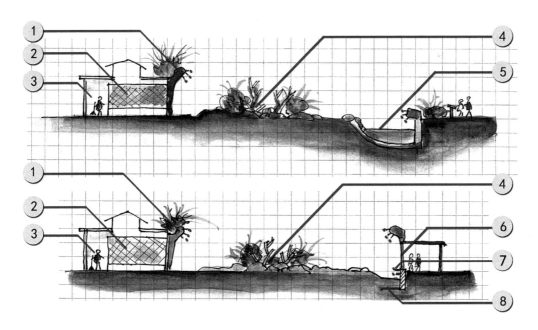

图 8-73　犬科动物开敞展示模式剖面图解

1—展区背景墙体隔障，顶部设置种植槽；　　　5—适用于南方的湿壕沟参观面隔障；
2—室内兽舍；　　　　　　　　　　　　　　　6—适用于北方的墙体或围网结合玻璃幕墙参观面隔障；
3—操作通道；　　　　　　　　　　　　　　　7—电网避免动物接近墙体或围网基础；
4—展区丰容；　　　　　　　　　　　　　　　8—防逃逸钢网埋设。

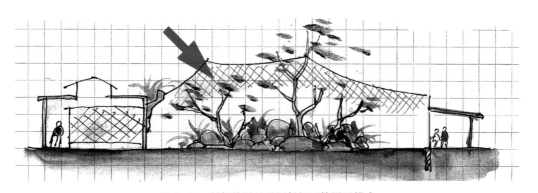

图 8-74　豺饲养展示采用封闭网笼展示模式

在展示设计阶段，必须考虑展区内的物理环境丰容设计，特别是地表铺垫物的丰富多变。整个展区的排水设计也非常重要，有效排水是展示环境应用自然地表垫材的重要保障（图8-76）。

1. 黑熊、棕熊饲养展示模式设计（图 8-77）。
2. 北极熊饲养展示模式设计（图 8-78）。

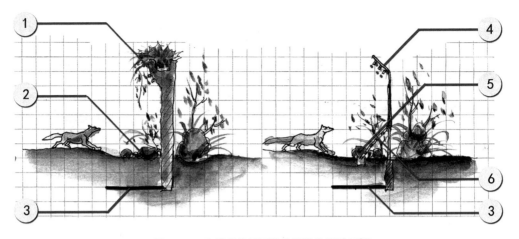

图 8-75　犬科动物展区防挖掘逃逸设计图解

1—墙体隔障，顶部反扣结合电网；　　　　　4—围网隔障，顶部反扣结合电网；
2—墙体基础外围大块岩石围护；　　　　　　5—电网基础外围大块岩石围护；
3—地表以下伸入隔障内部120cm的硬质钢网；6—隔障内侧电网，防止动物接近围网基础。

图 8-76　熊展区结合参观面增加自然材质垫材丰容设计图解

1—围网隔障；　　　　4—电网；
2—遮阳棚或棚屋；　　5—垫料池。
3—玻璃幕墙；

## 十四、大熊猫饲养展示模式设计（图 8-79）

　　大熊猫的自然栖息地分布于海拔 1500m ～ 4000m 的高山峡谷林地：生境气候温凉、雨量充沛，植被茂密；空气湿度稳定维持在 70% ～ 90%，年均气温 8℃ 左右。大熊猫不

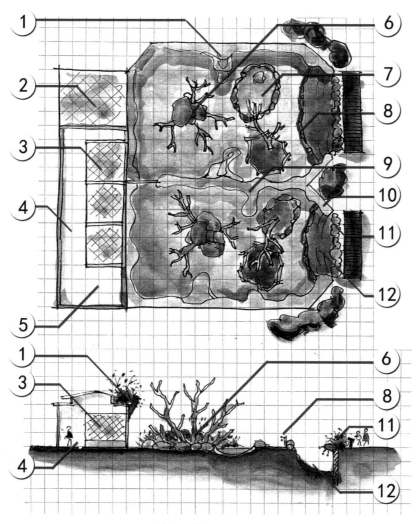

图 8-77　黑熊、棕熊饲养展示模式平面图解

1—室外展区墙体隔障；　　　7—水池；
2—室外隔离网笼；　　　　　8—壕沟边缘电网；
3—室内兽舍；　　　　　　　9—展区间隔障墙；
4—操作通道；　　　　　　　10—参观区视觉隔障；
5—预留转运空间；　　　　　11—参观面绿化隔离带；
6—室外展区丰容；　　　　　12—壕沟隔障。

畏寒冷但惧怕炎热，饲养展示环境温度不应超过 25℃。

　　在非繁殖季节，大熊猫单独活动，具备卓越的攀爬能力，爬上高大的树木也是它们躲避危险的主要手段。雌性大熊猫繁殖时会选择枯朽的树洞、岩穴和山洞作为产子育幼的场所，产子前会从洞外衔入一些干、鲜树枝以及竹枝叶、藤条和苔藓等材料铺垫成浅盘状巢。动物园中的大熊猫的饲养展出，需要满足圈养大熊猫生存、繁衍、科学研究、展出和开展保护教育的功能需要。

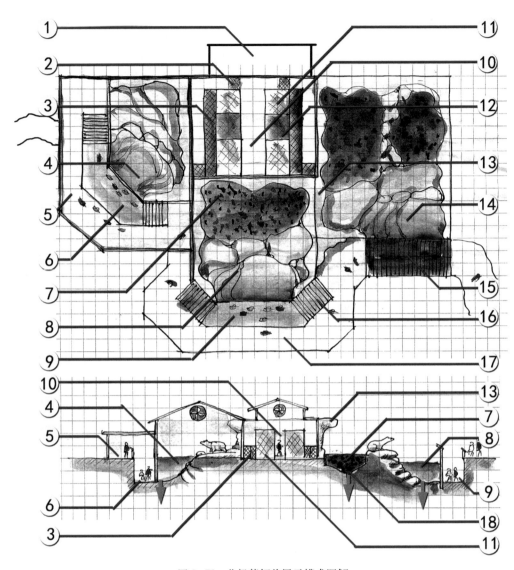

图 8-78　北极熊饲养展示模式图解

1—室外转运区；
2—转运笼道；
3—分配通道；
4—室内展区；
5—室内参观区；
6—室内水下展示参观区；
7—室外生态垫层；
8—室外水池；
9—室外水下展示参观区；

10—操作通道；
11—室内笼舍；
12—室内兽舍水池；
13—展区非展示面背景隔障墙；
14—室外水池；
15—玻璃幕墙结合棚屋参观面；
16—上下行台阶；
17—室外北极熊陆上活动展示区参观通道；
18—生态垫层有效排水设计。

## 十五、浣熊科动物饲养展示模式设计（图 8-80）

所有的浣熊科动物都具有卓越的攀爬能力，除了蜜熊以外，都能耐受环境低温，小

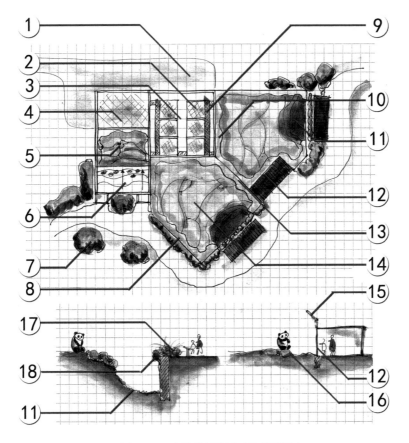

图 8-79 大熊猫饲养展示模式图解

1—操作后台、管理通道，与游客参观活动区域 相隔离；
2—室内笼舍；
3—操作通道；
4—隔离笼舍；
5—室内展区；
6—室内参观厅；
7—展区周边植物，以各种竹子为主；
8—室外展区背景墙体隔障；
9—分配通道；

10—建筑墙体自然化处理、结合屋顶种植或种植槽，掩饰 人工建筑痕迹；
11—壕沟隔障，壕沟底部铺设碎石，减少动物驻留；
12—位于棚屋内的玻璃幕墙隔障参观面；
13—展区间墙体隔障；
14—室外展区，注重丰容设计；
15—围网反扣；
16—展示面丰容；
17—参观面绿化隔离带；
18—壕沟直立挡土墙装饰形成反扣。

熊猫不能耐受环境高温。浣熊科动物展示模式分为开敞型展示和封闭网笼展示两种，各有利弊。开敞展示不仅要求设计能力，也对施工工艺有更高的要求。浣熊从开敞展区攀爬逃逸事件屡见不鲜，由于他们具有顽强的生命力和对环境和食物的广泛适应，有些浣熊逃逸后成为当地本土鸟类和其他小动物的残酷杀手，造成不可挽回的损失。

在设计和施工水平都难以保障的情况下，强烈建议采用封闭网笼饲养展示各类浣熊。这不仅处于安全考虑，同时也有助于保障动物福利。

空间拓展设计应用于浣熊展示，会产生更具吸引力的展示效果，同时也为行为管理创造了更多操作位点（图 8-81）。

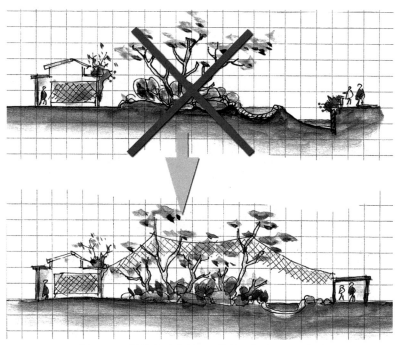

图 8-80　浣熊科动物封闭网笼展示模式剖面图解

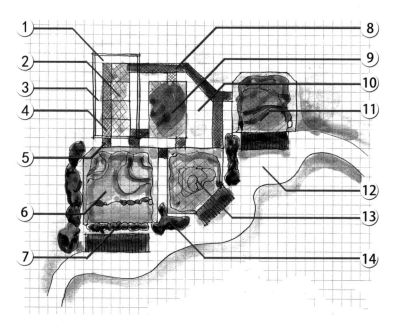

图 8-81　浣熊科动物应用分配通道，实现灵活的空间布局和提高空间利用率设计图解

1—兽舍建筑，夜间为动物提供庇护所或应对极端天气；
2—室内兽舍；
3—操作通道；
4—分配通道；
5—室内兽舍与室外展区间的连接笼道；
6—室外展区；
7—参观面绿化隔离；

8—分配通道；
9—室外隔离笼舍；
10—室外操作、训练区；
11、13—室外展示网笼；
12—室外参观通道，与管理通道隔离；
14—参观区视觉屏障，由于展区分散，为创造自然景观创造了条件。

## 第七节　通用模式图解

通用模式指一种能够应用于大多数灵猫科、猫科、犬科、灵长目等哺乳动物展示设计的展示设计模式，这种模式甚至能够应用于部分鸟类的饲养展示。采用通用模式的同时应该根据不同动物的自然史资料、生态特点、行为特点、社群特点和行为管理需求等不同因素进行调整，特别是环境物理丰容设计，应尽量满足不同种动物的差异性需求。

**1.简易型通用模式**（图 8-82）

**2.传统型通用模式**（图 8-83）

**3.改进型通用模式**（图 8-84）

所有的饲养展示模式都是动物园展示设计应当遵循的最基础要求。先进动物园的先进之处，就是体现在饲养展示模式的应用和变化、提高方面。动物园设计，没有一成不变的模式，这里介绍的每种模式，在结合各个动物园的实际条件时，都应做出相应调整。遗憾的是，近些年在国内动物园设计建设中出现了大量不遵循饲养展示模式的所谓"创新"，这些不负责任的调整最终都导致了悲剧。

为了避免悲剧的发生，除了应用本书中介绍的多项技术细节以外，学习和掌握展示物种的行为管理知识同样非常重要。所有设计师都应牢记：圈养野生动物行为管理是一

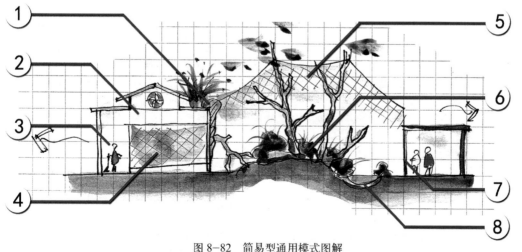

图 8-82　简易型通用模式图解

1—展区非参观面墙体隔障，　　　　4—室内笼舍；
　顶部种植槽掩饰人工建筑　　　　5—室外展区为封闭网笼；
　痕迹，创造自然展示背景；　　　6—展区丰容；
2—兽舍建筑；　　　　　　　　　　7—位于棚屋内的玻璃幕墙参观面；
3—操作通道；　　　　　　　　　　8—参观面丰容。

套完备的保障动物福利和操作人员、游客需求的工作体系，同动物物种自然史信息一样，是动物园设计建设的终极依据。

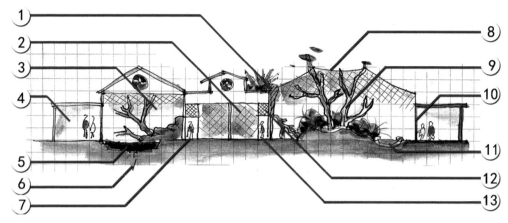

图 8-83　传统型通用模式图解

1—展区非参观面墙体隔障，顶部种植槽掩饰
　　人工建筑痕迹，创造自然展示背景；
2—室内兽舍；
3—室内展示笼；
4—室内展示参观区；
5—室内展区生态垫层；
6—生态垫层排水；

7—操作通道；
8—室外展区为封闭网笼；
9—展区丰容；
10—位于棚屋内的玻璃幕墙参观面；
11—展示面丰容；
12—笼道；
13—操作通道。

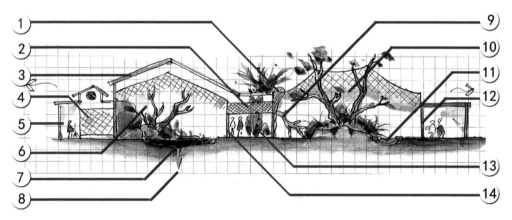

图 8-84　改进型通用模式图解

1—展区非参观面墙体隔障，顶部种植槽掩
　　饰人工建筑痕迹，创造自然展示背景；
2—位于游客室内参观区内的封闭型分配通
　　道；
3—展览温室屋顶采光；
4—非展示室内兽舍；
5—操作通道；
6—室内展示笼；

7—室内展区生态垫层；
8—生态垫层排水；
9—倒伏树干作为动物进出室内的通道；
10—展区丰容设计；
11—展示面丰容；
12—位于棚屋内的玻璃幕墙参观面；
13—室内参观区室内绿化；
14—室内参观区玻璃幕墙参观面。

# 第九章　保护教育设计

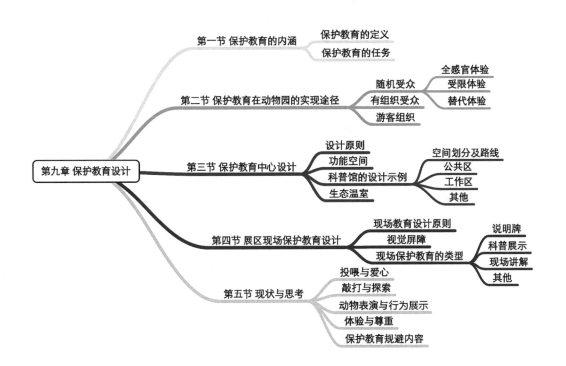

第九章 保护教育设计
- 第一节 保护教育的内涵
  - 保护教育的定义
  - 保护教育的任务
- 第二节 保护教育在动物园的实现途径
  - 随机受众
    - 全感官体验
    - 受限体验
    - 替代体验
  - 有组织受众
  - 游客组织
- 第三节 保护教育中心设计
  - 设计原则
  - 功能空间
  - 科普馆的设计示例
    - 空间划分及路线
    - 公共区
    - 工作区
    - 其他
  - 生态温室
- 第四节 展区现场保护教育设计
  - 现场教育设计原则
  - 视觉屏障
  - 现场保护教育的类型
    - 说明牌
    - 科普展示
    - 现场讲解
    - 其他
- 第五节 现状与思考
  - 投喂与爱心
  - 敲打与探索
  - 动物表演与行为展示
  - 体验与尊重
  - 保护教育规避内容

动物园是连接城市与大自然的桥梁，保护教育则是一种沟通媒介：把自然界的信息传过来，把城市人群对野外保护的支持带过去。它使得野生世界不再是与城市人群无关的遥远国度，保护野生动物也不再只是专家学者、研究人员的事，转而成为以不同的途径和方式的人人可为之事（图9-1）。

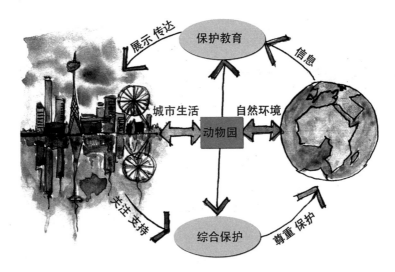

图9-1　保护教育的作用

动物园展出的每一只野生动物，所携带的基本保护信息包括：物种独特的基因多样性、自然史知识、它所展示的自然行为的含义、该物种在生态系统中扮演的角色、其所在的生态系统对全球环境的意义，等等。"保护教育"作为现代动物园的与"综合保护"相齐的另一重要职能，它的实施必然要体现在动物园设计当中，保护教育信息的表达需要在动物园设计阶段预先安排，甚至直接参与制定展示线索；而动物园设计元素能使保护教育信息向游客的传递变得生动、直观和具有互动性（图9-2）。

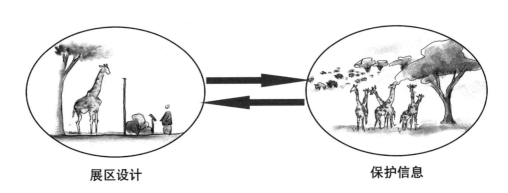

展区设计　　　　　　　　　　　　保护信息

图9-2　保护教育与展示设计互为表里，旨在通过展出的单个物种引申
至野外栖息地保护的所有方面

想要让保护教育成为动物园日常工作的一部分并确保项目拥有活力，需要体系的保障。以下标准是欧洲动物园和水族馆协会（EAZA）于2001年9月制定的。其他地区性协会也为会员机构制定了教育标准。这些标准将促使会员提高专业水准，并携手合作持续提高教育的水平和效能。

欧洲动物园和水族馆协会（EAZA）2001年教育标准概要：

在动物园的宗旨使命中需明确提出其在教育方面的职责。

动物园必须制定书面的教育方针，明确教育要点，并针对不同的游客人群设定达到这些要点的方法。动物园的教育对象应是所有游客，而不仅仅是学校。

动物园必须通过具体的项目、游客数据、评估过程和研究来证明其教育方针得以贯彻。

机构应指派最少一名员工专门负责执行教育方针。

展馆里动物的信息必须清楚正确。濒危物种和有地区、国家及全球合作繁殖项目的动物必须在解说牌上突出显示。

动物示范或表演必须包含教育或保护信息。

为了教育计划的成功，动物园在展示动物时必须尽可能地为其提供最好的条件，使动物尽可能居住在自然条件下，表现出自然行为。

讲解和教育应该是动物展览不可缺少的一部分，教育工作者应该参与展览规划和设计。

应为员工建立、维持一个与动物园规模和特性相称的参考书刊阅览室，如有可能也对游客开放。

在动物园里展示相关资料和教育信息，包括宣传册子、指南、教师手册、资料和动物信息折页等，并方便公众和游客获取。

——《世界动物园和水族馆保护策略2005》

对一个现代动物园来说，动物饲养部门有责任确保展出的动物拥有最高的福利、良好的状态、健康的行为；动物展区设计有责任为以提高动物福利为目的的行为管理运作提供基础设施保障；而保护教育工作者有责任确保展区教育展示设计、互动教育项目内容传递的信息正确、易于被受众接受，藉此形成一个能够相互印证的闭环。"综合保护"和"保护教育"的实施必然需要多部门协作，因此每个动物园都应该建立本园特有的教育计划并使每个部门和员工对此认可，促进内部职工的保护意识、行为、态度的改善也许是保护教育工作人员首先要做的，因为游客对信息的接受需要通过整个参观过程不断得到强化，如果教育项目内容与游园体验相左，保护信息将变得不可信。

# 第一节　保护教育的内涵

如今的保护教育，其变革之处在于将教育方向从以灌输为手段的知识传播转向以体验为手段的行为改善。这一务实的改变，使得对教育效果的衡量不再是我们传达了多少，而是受众接受了多少、改变了多少。

# 一、保护教育的定义

1. 保护教育所涉及的内容十分广泛，很难给出一个全面的定义，这里列举两个：

通过受众的参与来积极影响人们对野生动物和野外环境的认知、态度、情感和行为的过程。

帮助人们了解自然资源的价值以促使对其加强管理，调查环境健康所受的威胁并减少人们对环境资源的无休止索取。

从对保护教育的描述上，清楚地表达了它影响人们行为的递进方式——培养情感、建立联系、促进行动（图9–3～图9–7）。

行为管理：通过行为管理使动物表现出尽可能多的自然行为。

展示设计：通过展示设计保证动物福利，满足动物需求，使动物健康、活跃。

保护教育：介绍动物在生态系统中的角色和位置。

展示设计：使动物生活和展示环境体现出原栖息地风貌。

沉浸／体验：让游客感受到动物在野外的生存现状。

保护教育：通过教育手段让游客了解动物的困境。

沉浸／体验：让游客感受到动物的困境与人类活动的关系。

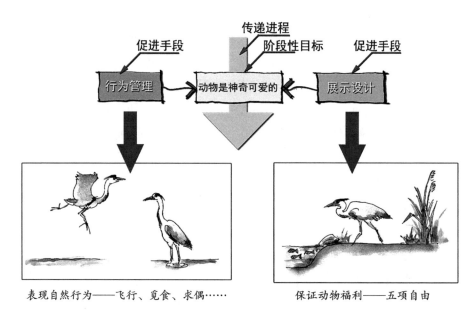

图9-3　动物是神奇、可爱的

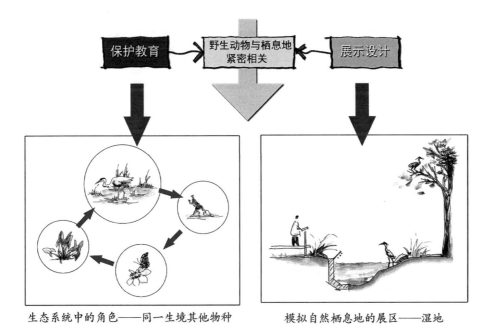

生态系统中的角色——同一生境其他物种　　　　　　模拟自然栖息地的展区——湿地

图 9-4　野生动物与栖息地紧密相关

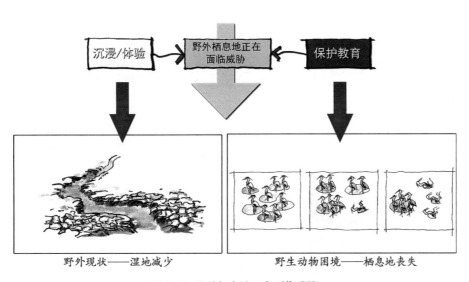

野外现状——湿地减少　　　　　　　野生动物困境——栖息地丧失

图 9-5　野外栖息地正在面临威胁

保护教育：通过教育手段让游客明白人类对环境负有责任。

整体示范：动物园带给游客的整体形象使所传达的保护信息令人信服。

保护教育：通过多种教育手段让游客在离开动物园时带走的是对环境的责任感。

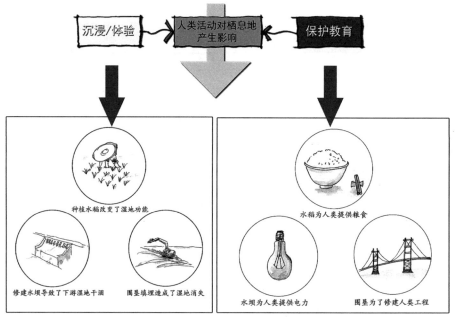

图 9-6　人类活动对栖息地产生影响

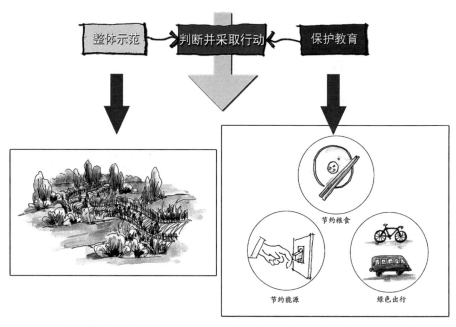

图 9-7　判断并采取行动

**2. 在动物园中，保护教育的核心内容包括：**

培养对动物的喜爱；

介绍动物园为动物福利所做的努力；

提供可改善人类日常行为的建议。

## 二、保护教育的任务

保护教育的终极目的是促进公众改善行为。世界动物园和水族馆保护协会（WAZA）已经把动物园要传达给受众的保护信息从濒危物种保护和圈养繁殖转向更加重要的拯救栖息地方面。保护的最终目的是为了野外种群的延续，这是全球动物园的发展方向。发达国家的保护教育已经关注引导游客"应该的行为"——我们应该为野生动物做什么；而目前国内动物园的保护教育需要关注的是引导游客在参观时"规范的行为"——我们不要对野生动物做什么：拒绝娱乐性动物表演、不投喂动物、不戏弄动物、不使用闪光灯、不拍打玻璃，等等。虽然我们推荐的只是一些很小的细节行为，但这是进一步开展教育活动的基础，这些行为促进人们对动物的尊重，其目的最终会指向野外保护。

"如果没有转化成动物、植物在野生环境的延续生存，多少努力最终都是没有意义的"（《世界动物园保育策略2005》）。在这一目的框架下，动物园在不同阶段、针对不同保护目标有不同的工作重心，每一个工作面都能开发出相关的保护教育项目（图9-8）。

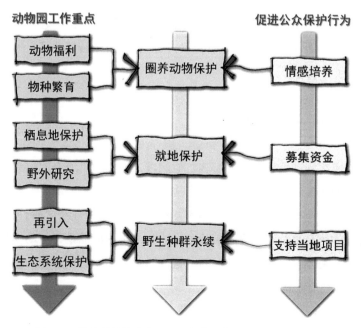

图9-8 综合保护的方向及不同保护目标下的保护教育任务

综上可知，动物园中开展的保护教育应该通过建立普通大众与野生世界的联系，为公众提供直接或间接参与综合保护的机会，把保护变成一件人人可为的事。它是为实现"综合保护"而开展的"保护教育"，一个动物园在综合保护上所做的工作越多，它可开展的保护教育内容也越多，可信度也越强；反之，在综合保护上没有建树，而期望以保护教育者的形象来影响大众，其言行不一的反差会使保护教育信息的传递缺乏公信力。

# 第二节　保护教育在动物园的实现途径

保护教育希望改变人们的情感、知识、行为，影响人们对环境的态度，虽然很少有游客是为了学习而造访动物园，但动物园可以通过情绪、气氛、角色的营造，影响游客的参观心理，激发他们参与保护的意愿。这意味着动物园需要将保护信息分解、诠释在游览过程的所有环节，让游客从有形或无形的体验中获得感悟。

保护教育的有效开展，很大程度上有赖于展示设计和行为管理。虽然单纯的动物信息介绍也可以作为保护教育的一项内容，但若动物表现的行为、展区呈现的氛围，以及游客在参观中的感受与所介绍的动物信息毫无关联甚至相差甚远，信息必然只停留在单向灌输的低效传达层面上。好的保护教育设计应该能够使游客在参观动物园的所有过程中都能被"唤醒"去关注环境。从拿到参观门票，到入口环境、动物展区、园区景观、休闲场所……甚至是卫生设施，都能体现动物园方对其身体力行保护信息的承诺，保护教育工作应该融入所有这些环节。

有了为动物提供的良好的福利，营造了自然风貌的展区，让游客行走在"动物应该出现"的场所，看到动物展现出的自然行为，保护教育的开展就有了立足之本，保护信息的传达就具备了实现途径。

## 一、随机受众——综合体验

随机受众指所有到动物园参观的游客，他们进入动物园，所有的行为都可以被"设计"所影响，比如在参观券背面有没有附上文明参观的承诺语？展区内有没有提供动物的生活信息和自然行为描述？动物园为动物福利所做的工作有没有得到正确的解释？景观植被设计传递的栖息地信息有没有被清晰描述？出售的商品是否与动物及原住民文化有关？设施设备是否体现节能功效？等等。这些明示与暗示共同营造的参观体验，使保护信息潜移默化地被受众认可并接受。

### 1. 全感官体验

保护教育的内容有的可以用明确的文字、图像、展品让游客看到，如说明牌、保护教育展示空间设计；有的可能通过保护教育人员的解说让游客了解到，如训练讲解、丰容讲解；有的则是从设计上表达动物园的态度，约束游客自觉规范行为，如参观路线区域控制、视线设计等，遍及游客所达之处，所见、所听、所感，都能印证保护教育信息传达的内容，这种综合体验是最有效的方式。

## 2. 受限体验——约束自己的行为

陈列式展览带给游客的体验是：动物是展品，它应该待在那里随时等候游客的检视，因此你会听到这样的抱怨："怎么没看见动物？""怎么只有一只？""怎么动物看起来很脏？"或许游客会像要求货架上的商品一样要求动物——当然，允许摸一摸才能体现出商家的诚意。这样的展示会降低游客对动物的价值预期，不利于产生欣赏、尊重的情感（图9-9）。

图9-9　不同的展示带来迥异的参观体验

1—传统动物园的陈列式展出方式，游客的体验是在参观展品；
2—现代动物园的沉浸式展出方式，游客的体验是到动物家中作客。

沉浸式展览带给游客的体验是：我们是闯入者，要耐心地去寻找动物的踪迹，不要被动物发现，你将会听到这样的感叹："动物会隐藏在哪里？""我发现了一只！""它好像很开心地在泥里打滚呢！"

在游线设计上，比起让游客在展区外可随意行进的开放式设计，将他们的行为严格限制在参观道内具有以下作用：

1）把动物园有限的面积尽可能多的留给动物展区。

2）暗示前方"可能会有动物出现"，提醒游客作为"造访者"要约束自己的行为。

3）便于动物园进行游客组织，设计最优参观顺序、安排最佳参观视点，"指定参观路线"暗示这是"黄金路线"，令游客以最少时间看到最多和最佳的动物表现。

4）不能一览无余，要带给游客期待（图9-10）。

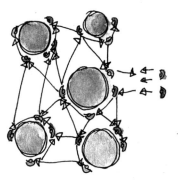

暗示动物被囚禁，人可以为所欲为　　　　　暗示人要控制、约束自己，去探索、寻找动物

图 9-10　"限制动物"与"限制游客"所带来的不同暗示

### 3. 替代体验

　　游客造访动物园，他们预期的重要目标必然包括：看到动物在活动、与动物合影、与动物互动。动物园有义务为游客达成这些目标，在保障动物福利的前提下，通过保护教育设计来寻求替代项目具有特殊优势。

　　1) 满足游客需求：利用动物模型代替"与野生动物合影"项目；用模型或标本代替"零距离接触"项目，或者让饲养员分享他们与动物接触的体验；为游客讲解动物展现出的自然行为所代表的独特含义，使人们不再用人类的思想来解释动物的行为意图，以此来代替"动物表演"项目，等等（图 9-11）。

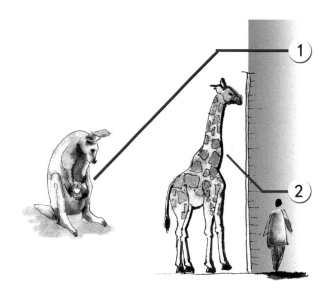

1—可供儿童钻入合影的袋鼠雕塑；
2—与真实长颈鹿等高的图板可供游客对比
身高。

图 9-11　保护教育设计项目满足游客的需求

　　2) 传达保护信息：利用替代品与游客产生互动的另一个好处是，它既不需要限定游客互动的时间，又不会产生与真实动物接触时的给动物造成的窘迫、压力和安全隐患，

图解动物园设计（第二版）

能以放松的心情去关注保护信息的内容，这些保护信息才是动物园希望游客带走的，而不仅仅是一张照片。

3）情感导向：如果动物园能够坚定地表达自己"不以牺牲动物福利为代价来满足游客要求"的原则，这本身就传达了一个信息：保护不是占有，而是尊重。

## 二、有组织受众——特殊体验

针对有组织受众开展的教育活动有以下特点：

· 参与人数和群体构成可控；

· 活动地点、时间可控；

· 参与者有主观诉求。

这类活动包括：话题类项目如讲座、沙龙；互动类项目如夏令营、一日游、主题课堂等。参与者期望了解一般游客所看不到的幕后内容，能够与动物园有更密切的关系，动物园需要为他们提供的是特殊体验。这些体验可能包括通过亲身劳动为动物提供服务、了解动物个体故事，以及衍生的环境议题讨论等。特殊体验由于可控性强，有必要设立专门的体验场所，教育中心即是选项之一。

## 三、游客组织

尽管动物园的主角是动物，尽管动物园要依靠管理者来运营，要依靠员工的工作来保障，但动物园是为了人——即"游客"这一群体而存在的。游客来到动物园，他们的感受、情绪、态度甚至思想都可以因动物园的设计而被影响。动物园可以"设计"游客的参观体验：他们在什么样的环境中游览，可以获得怎样的感受；什么时候看到动物出现，能看到什么状态下的动物；什么时候不会看到动物，这时他们可以感受些什么；他们在哪里停留，在这些停留点能接收到什么信息……用"设计"可以控制游客的流动，用"设计"可以规划游客的参观节奏，用"设计"可以影响游客的意识行为，用"设计"可以引导游客的心理活动，"设计"可以为游客组织起一次张弛有度、充满惊喜的探索之旅，并能留给游客无限遐想、期待重游的回味（图9-12）。

图9-12　动物园的四项基本因素，保护教育影响的对象主要是游客，但对本园员工传播动物福利和生态理念也应成为保护教育工作的一部分

越来越多的公众开始关注动物园的动物福利，动物园必将以开放透明的管理迎接游客的体验和监督，开展保护教育工作需要有综合的动物园设计作为基础，在游客能够接触到的所有领域内契合保护信息。任何保护教育内容都只能对想要了解它的人群产生影响，如何让游客有意愿去深入了解野生动物，需要用缜密的设计将游客"带入情境"。

## 第三节　保护教育中心设计

保护教育中心，或者按照目前通常的叫法——科普馆，它的核心任务是策划、筹备、运行各项保护教育项目。一个功能完备的科普馆既能够承担灵活多样的教育任务，同时也可以为有组织受众提供一套完整的体验式教育课程。

## 一、设计原则

### 1. 实用为主，控制规模

科普馆是动物园策划、筹备、运行保护教育项目的场所，它的规模依各动物园的自身条件而定，以能够实现上述功能为目的，并能兼顾运作小型集会活动的功能即可。过分注重建筑体量则耗费资源且华而不实。大型科普馆必定会用大量展陈设计来填充空间，保护教育活动有灵活性、时效性高的特点，太多的长期性固定展览既需要维护投入，又不能适应多样化的活动主题设计，反而成为动物园的经济负担。

### 2. 实现功能多样化，资源全园共享

科普馆不能建设成为独立、封闭的建筑和机构。它在运作上应该同时能满足园内和社会需求，既能协助园内开展小型培训，也要加入社会教育网络，为参与学校正规教育和社区教育提供环境课程合作项目。

### 3. 科普馆设计建设、保护教育人员培训和展馆运营规划同时开展

由于科普馆所肩负的使命，使它成为动物园的一个重要的职能部门，因此必须有专职的从业人员，在设计之初便要考虑保护教育人员的培养及日常运作需求。从事保护教育的人员要懂得教育学、生态学知识，对园内动物及饲养工作充分了解，有动手操作能力，掌握设计、执行项目的技能，最重要的是理解并认可保护教育理念，具有使命感。

展馆以何种方式运营，完全开放或针对有组织人群开放？哪些是科普馆自主工作，哪些是配合园内工作？可承载的活动规模，项目的运行规划？这些都要在科普馆早期规划时予以考虑。

### 4. 展示内容体现本园特征，避免面面俱到，千篇一律

每个动物园都有自己的展示物种特色及本地生态热点，科普馆展示设计以"对园内

其他动物展示内容的补充"为主，不能做成放大的教科书或缩小的博物馆。

科普馆应为游客提供在园内游览所获信息以外的内容，例如更深入的游客体验、生态环境教育，等等。把既有的书本知识放大成展板，或是仅仅陈列动物展品以供参观与动物园应有的生动鲜活的教育方式不符。

### 5. 作为开展园内展区现场教育活动的组织策划场所

科普馆不仅要承担在馆内开展的保护教育活动，更应该把目光投向丰富的园内动物展示资源。在展区开展现场讲解是保护教育首选的重要内容，大量的随机游客是动物园不应放弃的教育对象，现场讲解更能有针对性的传达保护信息，它是动物园的保护教育灵魂所在，科普馆是组织策划这些园内项目的大本营。

## 二、功能空间

科普馆的功能应该包括：

·聚集空间——能容纳一定数量的人群在一个遮蔽空间里举办活动，如讲座、展览、培训、观影等。

·学习空间——可以接纳小型会议、观影、阅览图书、查阅资料的空间。

·生态教育空间——建造一个或几个不同类型的生态系统模拟景观，用来配合生物多样性教育课程，受面积所限造成的多样性不足可通过少量人为干预来维护其可持续发展。

·项目动物空间——项目动物是保护教育项目中用来与游客近距离接触，并使游客籍此体会保护信息的特殊动物，它们是动物园工作的浓缩展示。因此需要建造一个真实的、功能完备的动物饲养空间，开放地展示、饲养项目动物。

·办公空间——除了常规的办公空间外，还应包括保障项目运行的工作坊和库房。

·室外生态空间——可以运行户外项目的场所。

·其他空间——设备间及卫生间（图 9-13，图 9-14）。

## 三、科普馆的设计示例

只对专向人群开放的活动场所设计思路：

1）科普馆作为封闭场馆，只对有组织受众开放；

2）单向参观，保护教育活动按行进过程开展，不走回头路，在有限时间内可同时接纳多组群体；

3）部分区域采用临时隔断分割，大小可随活动内容、参加人数而随时调整，使空间利用增加灵活性。

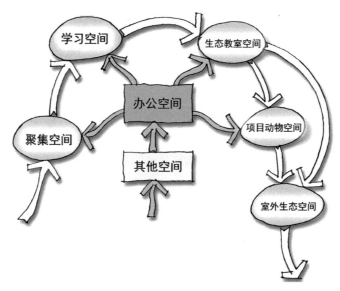

图 9-13 保护教育中心功能概念图

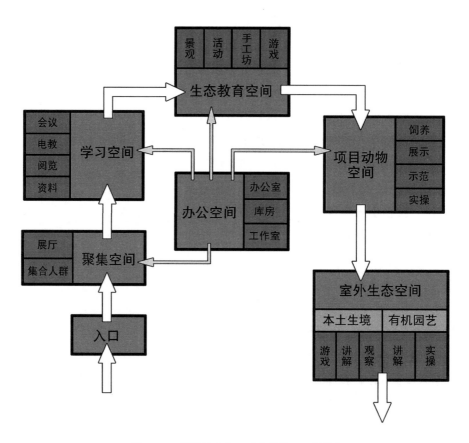

图 9-14 保护教育中心功能模块及运作流程

## 1. 空间划分及路线

精减、合并功能空间，利用单向参观的优势，通过对活动时间的控制设计，以分批、间隔进入的方式，在有限时间内可以接纳多组游客顺序参与活动（图9-15，图9-16）。

1—生态教室；
2—本土生态环境区；
3—学习区，电教室；
4—卫生间、服务区；
5—有机园艺示范区；
6—项目动物饲养展示区；
7—办公区、库房；
8—集散区。

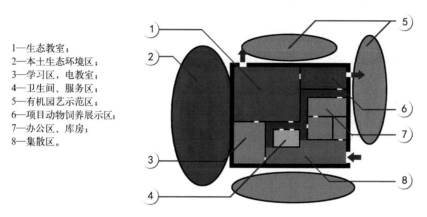

图9-15 保护教育中心（科普馆） 空间划分

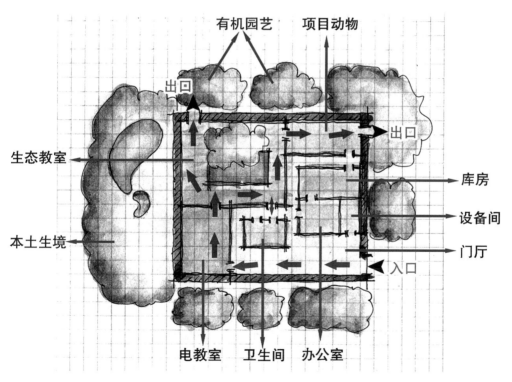

图9-16 主要功能空间及参观路线

## 2. 公共区（按参观顺序）

小型展厅、阅览室、生态教室、项目动物区、室外绿地（图9-17～图9-20）。

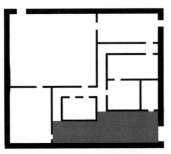

图 9-17 集散空间

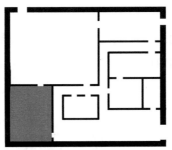

图 9-18 学习空间

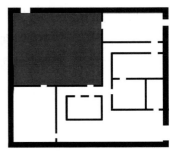

图 9-19 生态教室

入口的门厅为集散空间，兼作展厅。科普馆不需要举办大型展览，门厅的空间足以支持小型临时展览，无展览期间可以摆放活动时的学生作品。

电教室主要用于读书活动、查找资料、非活动人员休息场所；对园内和社会可以开展讲座、小型培训、观看生态影片等。

生态教室是科普馆的重要功能空间。无论地处南方北方，在室内的活动教室营造一处生态景区都是有必要的，它可以在气候条件异常时提供一个室内开展活动的场所，其本身也可以承担自然探索课程的环节。生态教室兼具植物展区、教学区、活动区的功能，还可以留有非活动人员（如家长）的休息区。由于活动项目的需要，教室内要设有洗手池。

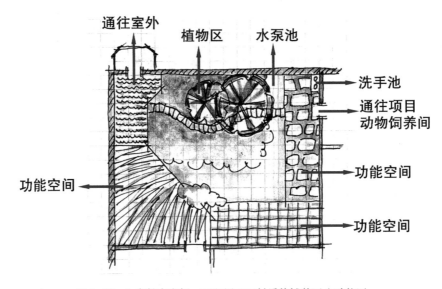

图 9-20 生态教育空间：可以用不同材质的铺装区分功能区

　　生态教室如果设有水池，由于水面面积不会很大，因此必须使用水循环系统，使水体流动以保持水质，避免频繁换水，能促进水生生物的繁衍；需要泥土生长的水生植物要种在花盆里，减少水体污油（图 9-21）。

　　水泵需设置在水池最低点，防止无水空转（图 9-22，图 9-23）。

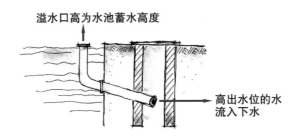

图 9-21　溢水口

控制水面高度，防止水池里的水溢出池岸。注水过多时从溢水口流入下水管。

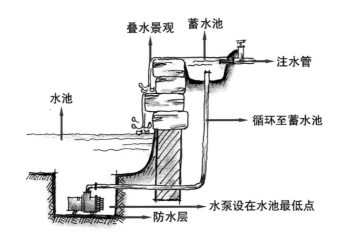

图 9-22　循环水泵

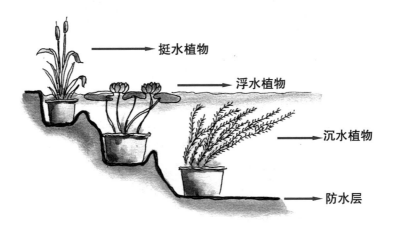

图 9-23　水生植物

挺水植物、浮水植物、沉水植物使用种植盆栽培，可以避免整池使用泥土，减少水体污浊。

x

项目动物区（图9-24）。

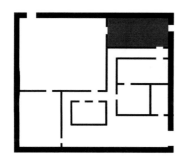

既是动物展区也是饲养操作区，学生直接进入操作间，饲养员日常工作就在其中，学生参观展箱、接触动物、参与后台操作都在此空间内。项目动物有两个来源，一是从园内展区运到科普馆，活动完成后再送回；二是在科普馆内饲养的参与保护教育项目的动物。完全开放的操作空间可以让参观者看到饲养员真实的每日工作，如果活动中有饲养实操的内容，参与者能够像真正的饲养员一样，体验饲养工作的各项内容，而不是临时的"作秀"。

图9-24 项目动物空间

室外绿地（图9-25～图9-28）。

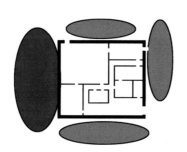

可以分为数块，主要用途分为有机园艺和本土生境示范。有机园艺为学生提供种植实践，可种植蔬菜、饲草等，收获用于支持饲养动物的植物饲料、丰容材料等。本土生境示范区可模拟本地物种生境建造一处绿地，吸引本地鸟类、昆虫、小型哺乳类来访，成为生动的自然课堂，建成后除必要的维护外，应尽量减少人工干预。绿地额外的功能是作为景观遮挡科普馆建筑。

图9-25 室外生态空间

图9-26 本土生境——本杰士堆

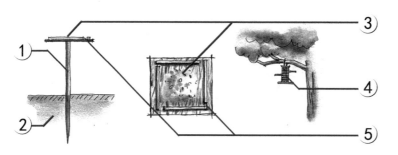

1—喂食台支撑柱表面光滑，防止蛇、鼠攀爬；
2—土壤；
3—喂食台台面；
4—野鸟喂食器；
5—饲喂台台面四边的围护预留空隙，在集中饲料的同时防止积水。

图9-27 本土生境——饲喂台及喂食器（吸引鸟类来访）

图 9-28　室外种植攀援植物作为建筑遮挡

在建筑周边建造种植池，种植本土攀缘植物不仅可以掩饰建筑的人工线条，还可以为本土昆虫等小动物创造生活空间。

## 3. 工作区（办公室、库房）（图 9-29）

库房足够大才能支持日常保护教育项目使用；办公室用于工作人员日常办公、讨论项目。库房与办公室兼有工作室的功能，用于制作活动用品、教具及丰容物品。这一区域的隔离墙可采用临时隔断，可以根据活动规模灵活的增加或压缩空间。

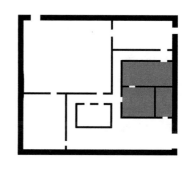

图 9-29　办公空间示意

## 四、生态温室

　　生态温室是科普馆未来的发展方向之一，它代表着动物园把保护教育作为支撑其社会职能的主体机构形象。再现一个或多个完整的生态系统，不仅彰显动物园在技术、科研和运作上的能力，更能体现动物园肩负桥梁任务的使命感。生态温室打破了普通的参观、讲解、游戏等学习方式，可以承载更加接近野外研究的体验。它的功能及优势如下：

　　生态温室营造的是田野工作的气氛，针对不同教育水平的人群可以开展不同的调查、研究、实验、观察等活动；

　　从一个生态系统到另一个生态系统，让受众真切地体会生物多样性的意义；

符合低碳原则的设计，如屋顶绿化、太阳能、雨水收集系统等，以实现绿色设计为社会作出榜样。

以上只是对保护教育中心的理想设计之一，针对本园资源进行有效利用，因地制宜、合理安排教育场馆功能，不断开发有吸引游客的项目才是保护教育中心的最佳设计。

## 第四节　展区现场保护教育设计

现场保护教育指在动物展区周边开展的教育内容，包括说明牌、科普展示、动物栖息地人文展示，以及保护教育人员对游客进行的现场讲解等。

来自不同生态系统的活生生的野生动物是动物园得天独厚的教育素材，与电视节目、图书画册相比，它具有无可替代的优势——感官冲击，它们的颜色、气味、叫声、体型以及行为，甚至包括在工作人员带领下的限制性接触，都是其他媒介所不能带给受众的独特体验。

### 一、现场教育设计原则

1. 传递的保护信息必须正确；
2. 采用多种手段吸引受众；
3. 沉浸式教育，使游客产生共鸣；
4. 作为一种适当满足游客体验需求的方式，替代动物表演、动物合影、零距离接触等有损动物福利的活动形式。

### 二、视觉屏障：积极空间与消极空间的布局

游客来到动物园是想观看鲜活的野生动物，他们是否会关注动物背后的故事——那些我们希望让游客了解的、建立动物与人类之间关联的信息——需要用设计语言来引导游客的参观行程，"安排"他们在保护教育区域驻足（图9-30，图9-31）。

参观面游客驻留的位置为积极空间，在这里游客可以在视野内欣赏到动物展区；游客不会停留的位置为消极空间，如进入参观点前或走出参观点后的一段通道，作为视觉间隙的围挡，展区拐角，等等，这一区域游客基本看不到动物。在参观面的消极空间所对应的位置，是保护教育展示的适合区域，游客看不到展区的动物，可以放松心情，转而关注保护教育的内容，同时，这里也应该建造让游客可以停留的设施，使它成为游客休息的场所，从而让游客有充足的时间参与互动体验。

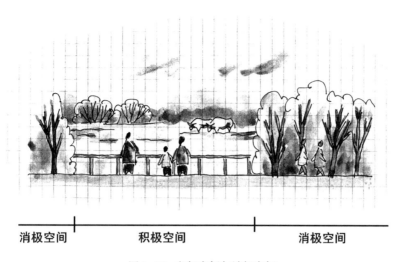

图 9-30　积极空间与消极空间

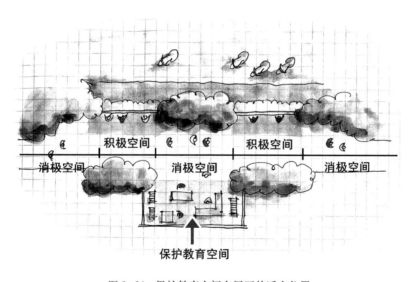

图 9-31　保护教育空间在展区的适合位置

　　由于动物园在规划时各展区占用的面积大小不同，有些地方难免空间局促，因此保护教育空间也可能因地制宜地穿插在展示面的空当或展区一角，或是在室内展区的墙面位置。但保护教育区的位置都应保证在一个放松、舒适的场所，且与游客聚集的参观点有一定距离，说明牌和地域性装饰除外。

## 三、现场保护教育的类型

### 1. 说明牌

说明牌一般处于参观面，便于游客对照展出动物辨识。无论哪种形式的动物说明牌，必须注意以下事项：

1）必要的物种信息；

2）濒危物种、本土特有物种和参与合作保护项目的物种需要特别标注；

3）牌示的颜色、材质与周围环境契合，避免过于突兀（图9-32）。

图9-32　利用细节设计增加参观趣味

1—传统牌示设置方式，大人和儿童同时观看；
2—有些牌示可以设计不同的高度，低处的便于儿童观看，高处的只有成人能看到，上面的内容更加详细，
　　这样可以鼓励成年人为儿童讲解，提升父母在孩子心目中的形象，也提高了参观的乐趣。

### 2. 科普展示

在保护教育空间的科普展示可以采用多种手段，并加强互动性。通常的内容包括：

1）展区动物的自然史知识；

2）动物园在保障动物福利方面所做的工作，如丰容、训练、饲养趣闻、展出动物的个体信息、动物的饮食，等等；

3）告知游客他们可以在日常生活中采取的保护行为，以及这些行为能给展出动物的原栖息地野生同类带来的帮助；

4）原栖息地的人文地貌等信息。

"自然风格永不过时。"展框、展台或展架尽量选择接近自然的材质，使之拥有原始气息。在保护教育区的展览，无论是平面图板、标本台或是互动展品及展架，都应尽量采用天然材质，如木材、竹材、石材等，或者铁艺、砖墙等，使用人工材料时表面应模拟自然材质。如同自然风格的展区设计一样，自然化的材料会给人亲切、质朴的感觉。

### 3. 现场讲解

野生动物来到动物园生活，必然会引来动物保护者的争议，动物园管理者必须直面

这些争议，表达自身的态度——我们为照顾动物所做的努力。很多幕后工作不为人知，很多在动物展区精心设计的细节不为游客关注，现场讲解正是为游客揭示这些背后付出的窗口（图9-33）。

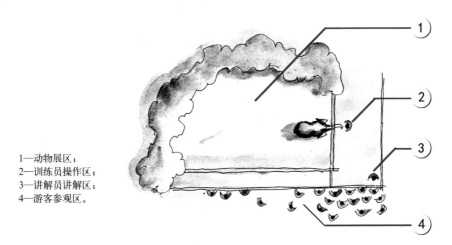

1—动物展区；
2—训练员操作区；
3—讲解员讲解区；
4—游客参观区。

图9-33　展区中开展训练讲解的位置

· 与行为管理的关系：

保护教育的有效开展，很大程度上依赖着行为管理。动物园开展的丰容、训练目的是提升动物福利，其中包含的动物行为、正向训练方式、饲养员对动物的情感等细节，只有通过现场讲解才能让游客了解，同时它也是最能引发游客兴趣的部分（图9-34）。

图9-34　利用福利设施和丰容物放置的位置，吸引动物在游客参观点附近停留

· 与展区设计的关系：

"讲解和教育应该是动物展览不可缺少的一部分，教育工作者应该参与展览规划和设计。"在展区设计之初就应该让教育工作者参与进来，作为讲故事的人，规划展示线索、

图9-35　利用讲解台使讲解员便于组织游客及吸引目光

图9-36　以动物展示制造教育效果——透明展箱展示地下活动的动物生活

特别参观点的展示方式，将教育信息融进展区景观，在参观区预留讲解空间或设立讲解台，目的是从设计上有助于教育工作的开展，或者从展览方式上表达教育信息（图9-35，图9-36）。

　　·沉浸式教育场景：展区元素的延伸

　　现代展区设计努力营造展出动物原有栖息环境的风貌；饲养员的工作为动物福利提供保障；游客看到的是健康、活跃的野生动物，保护教育的工作是建立起人、动物、环境三者之间的关系，最真实的体验是让游客身处其中，以"来到动物家中作客"的情绪，产生想要了解动物更多信息的心理。

　　将展区中的重要元素（环境特征、动物痕迹、特殊植被等）有选择地提取出来，展示在游客参观面的延伸区域内，这就是与"沉浸式展览"相得益彰的、容易使游客产生共鸣的"沉浸式教育"（图9-37）。

　　选择展区中的某些元素安放在保护教育区，形成展区景观的延伸感，使游客在这一区域停留时仍能置身于动物展区的环境中，营造保护教育情绪（图9-38）。

图 9-37  沉浸式教育场景：动物展区景观的延伸

1—树干；2—灌木；3—草丛； 4—乔木；5—岩石。

图 9-38  沉浸展示示例——非洲狮展示

一辆越野车一半处于展区，一半处于游客参观区，以坡璃屏墙为隔障，形成游客与动物同处一地的感觉。（场景见于澳大利亚维多利亚野生动物园，2004年开放）

#### 4. 其他

· 展区地标及导向设施：

现代动物园一个主要的展区规划方式是主题式展区。在其入口处设置地标物，可以快速将游客带入情境，地标物可以是展区内重要物种雕塑，也可以是原栖息地的代表性人文景物（图9-39）。

图9-39　代表栖息地人文风貌的地标（北美风格）

· 流动讲解车：

现场讲解的特点是游客群结构多样，流动性大，因此讲解时间必须简短，以最少的时间谈论一个小的话题。开发多种现场讲解项目，针对不同展区的动物、适应不同游客的兴趣，并以多场次、多场所运行，是保护教育的重要工作。讲解活动中需要使用一些小道具、纪念品等，携带这些东西在园里四处移动当然不方便，这时就需要一个或多个可轻便移动的讲解车（图9-40）。

小型讲解车非常适宜在各展区间移动。体积小、可折叠、轻便实用是讲解车的重要特征，过于繁琐的外表会因为体量巨大和沉重增加使用者的额外负担，降低讲解者使用的积极性。

· 警示牌：

规范游客的行为，体现对环境的尊重，以及必要的安全防范，都需要设立警示牌。禁止性的牌示必须明确、醒目。

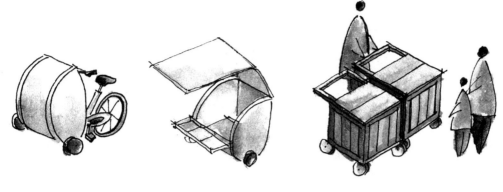

图 9-40　流动讲解车

·临时牌示：

对动物的照顾体现在多样化上，动物园的日常工作不应是周而复始、一成不变的，对即时变化的工作提前告知是对游客的尊重，也是动物园吸引游客重复访问的一项技巧，如讲解时间表、动物今日饲料表、新展区即将开放的通知，等等。

# 第五节　现状与思考

保护教育是有趣的，旨在以轻松愉悦的方式与受众交流、探讨，当中受益的不只是游客，也有教育者本身；同时，它又是严肃的，它能影响人们的意识形态、价值观念乃至生活方式，因此它必须有节操。

保护教育在游客进入动物园大门的一刻就开始了，并体现在整个参观过程中，目标始终一致——动物园作为保护机构遵循的观念和操守：是否以维护动物福利为原则；是否以实现野外种群永续为终极目标；是否以促进公众保护意识为己任。国内动物园中普遍存在的诸多问题，究其根源大多可以追溯为动物园并不知道保护机构应该坚持的和拒绝的是什么，将一切原因推于游客素质恰恰说明动物园既没有履行教育职责，也不想承担教育义务。

## 1. 投喂与爱心

投喂动物是国内动物园最为多见的问题，它对动物的危害不能即刻显现，因而动物园对待这一现象总是处理得犹疑不定：规定上禁止，执行上默许，甚至是鼓励，宣传上则把责任推脱为游客素质。探究游客投喂动物的心理，大多出于表达爱心、鼓励孩子与动物接触的需求。从动物管理的要求上，无论出于动物健康或游客安全的考量，投喂都是必须被禁止的，允许投喂是动物园无视动物健康的表现，不能以"满足游客意愿"来粉饰，那是对自身职能的亵渎。

拒绝投喂可以从多种途径来实现，但首先动物园应该将"拒绝"的态度明确传递给游客，比如以各种形式（制度条文、广播提醒、警示牌、巡视劝阻等）将不允许投喂动物的诉求告知游客；增加隔障复杂程度造成投喂困难；以现场讲解的方式解释原因；以参与丰容的方式提供间接饲喂体验，等等。

投喂动物是难以消除的游客愿望，禁投是一项长期工作，时松时严必然导致游客的投机心理。只有有效杜绝投喂机会，才会逐渐在游客心中形成"动物园不是随意投喂的场所"的意识，也只有严格执行禁投的动物园，才能传递给游客一个清楚的信息——动物园是对动物负责的管理者，在关乎动物健康的问题上不会妥协。这种看似与公众意愿对立的管理，本质上与游客出于爱心的投喂目标一致——让动物生活得更好，它反而会提升动物园的公信力和专业形象。

### 2. 敲打与探索

敲打玻璃是另一种常见现象，当游客看到不喜欢运动或是休息状态下的动物时，往往用拍打玻璃、大声喊叫甚至抛掷杂物的方式试图将其唤醒。想看到活跃的动物、想观察动物的生活状况，这是人类的探索心理需要。要满足游客这种心理，需要饲养员和保护教育者共同努力，饲养员需要利用丰容训练让动物尽可能多地在游客面前"动"起来，保护教育者的工作则是告诉游客动物的"动"与"不动"皆有原因，并且制造话题和机会引领游客去探索。

还有一种解决途径：让游客知道动物何时活跃。比如将部分定时的食物丰容、训练时间公示，这如同与游客发出一个约会邀请，告诉游客"在这个时间你肯定会看到活跃的动物"。有此愿望的游客会等在那里，错过时间的游客也会知道是自己的原因而没能看到活跃的动物。

### 3. 动物表演与行为展示

动物园将动物介绍给游客时，必须符合三个条件：不迫使动物表现人类行为；不以营利为主要目的；过程中包含保护信息。目前国内动物园中所有的动物表演，无论表演内容、训练手段、经营方式都明显违背上述条件，应该取缔。动物园对此的理由不外乎"游客喜闻乐见、表演场地外租非园方经营"，冠冕一点的理由美其名曰"动物行为展示、开发动物能力、增加活动量……"

动物福利是对动物使用尺度的考量，在动物园中，动物的使命是承载保护信息而非其他，动物园是保护机构，动物只能用于饲养展出和公众教育，绝不能以马戏团的福利尺度作为标准，真正的动物表演是以自然行为为基础的、使用正强化操作性条件作用原理进行训练手段而完成的、包含保护信息内容的、能让人感叹动物神奇之处的行为演示。动物园管理者对动物表演的审视和认可程度，体现着他们心目中对动物福利的衡量准则。

对游客来说，他们希望看到动物在"表演"，也许他们只期待看到一场耳熟能详的马戏内容：钻火圈、走钢丝、踩单车……但动物园能提供的其实远多于此，野生动物行为动机的多样性是永远出乎游客意料的精彩展示，呈现出的恰恰是动物们令人惊叹的自然行为。动物历经千万年的演化形成各自的行为习性，每个自然行为都有其目的性——探察环境、获得食物、寻求伴侣、结交朋友、躲避敌人……动物行为所蕴含的意义和知识是保护教育源源不断的题材，把这些题材转变为教育项目，带领游客了解和欣赏，其深远意义是"动物表演"不可与之相提并论的。

### 4．体验与尊重

创造游客体验是动物园提高游客参观兴趣的方式。骑在老虎背上合影是一种体验，亲手为大熊猫种一棵竹子也是一种体验；走在一尘不染的柏油路上是一种体验，走在铺满落叶的木栈道上也是一种体验。哪种体验更高级呢？

动物需要丰容，游客也需要丰容，动物丰容的意义在于允许动物表现出正常行为和为之提供多种选择机会，同样，游客丰容的意义在于为他们创造"最优体验"。最优体验的定义是"当我们感受到自愿致力于一项艰难却值得为之付出的目标时的快感，并深深享受其中的那一段时间。（盖博和比克，1998）" 当人们拥有最优体验时，"他们觉得自己的生活变得丰富且意义深远（盖博和比克 1998）"。通直宽阔的大道，陈列两边、抬眼可见的动物，一览无余的视野，想停就停、想喂就喂，无需思考、无需在意动物和他人的感受，这样的体验看似一切以游客至上，但却是低级的、无法打动人心的。

体验的目的是建立联系，尊重因为理解而产生，将游客的兴趣与动物的内在价值以触动情感的方式结合，并让游客通过付出努力而获得感悟，这样的体验才是独特的、值得留存记忆的。

### 5．保护教育规避内容

动物园作为保护机构，有其必须遵循的价值取向。在保护教育的传播内容中，有些普遍存在的问题，虽然当下无法解决，但不能在保护教育内容中出现，因为这些现象与保护教育理念相悖。

· 不提及野生动物的经济价值，包括药用、食用、皮毛用等；

· 不鼓励将野生动物作为宠物饲养；

· 不使用与动物行为所表达的情绪意思相左的人格化描述，如"跳舞熊"其实是动物的刻板行为，黑猩猩所谓的"笑脸"其真实表达的情绪是恐惧；

· 不将人工育幼作大力宣传；

· 不展示以活体脊椎动物为诱饵诱导动物发生的攻击或捕食行为；

……

保护教育设施的设计服务于保护信息的传达，是开展日常保护教育工作的基础保障；

科普馆不能仅仅具有展览展示功能，更应该注重的是多样化的活动项目；现场保护教育不能仅仅依赖展品展板而一劳永逸，实时性、故事性内容能吸引游客多次造访。在教育设施的硬件支持下，开展多种多样生动的教育活动来促进公众对动物的了解和尊重，引导公众在游览中自觉规范行为，为那些有意愿但无法直接参与栖息地保护的公众提供间接参与保护的机会，是保护教育的职责所在。

# 第十章　现代动物园设计现状

　　现代动物园都一样，而传统动物园则各有各的不堪。判断某家动物园是否符合现代动物园的标准，最简单的方法就是评估该机构的实践和目标。在 2015 版《致力于物种保护——世界动物园和水族馆协会保护策略》中，对现代动物园给出了一个精炼的定义："现代动物园的核心目标是物种保护；核心行动是实现积极的动物福利。"所谓积极的福利状态，指"在生理和心理需求得到满足，并且环境能够不时为其提供有益的挑战或选择时，动物体验到的综合状态"。另一方面，当某个动物个体经受负面刺激，例如因为缺乏食物而饥饿、因为受伤而疼痛，因为受到威胁而恐惧等情形时，动物会努力摆脱这些消极体验，但当这些努力达不到预期结果，即动物通过努力无法摆脱负面刺激时，就被认为处于消极的，或较差的福利状态。

　　从传统动物园，进步到现代动物园，经过了 200 多年，而进步最快的阶段是近 20 年。促成进传统动物园转变为现代动物园的因素很多，但主要体现在以下三方面：

　　1. 日益严峻的环境问题和信息公开引起的普遍关注；

　　2. 行业协会对动物园自身社会职能的再认识，和对各动物园的引导；

　　3. 公众环境意识、动物福利意识的提高和对动物园的关注。

　　互联网使上述各种因素产生的作用迅速扩散、积累、加重，使动物园行业不再是"神秘的特殊行业"，而是与每个公众个体有关的机构。通过互联网，每个个体都有可能支持或鞭策动物园，这种局面，也已经在国内初步呈现。

　　已经有很多动物园步入了现代动物园的行列，这种进步，体现在方方面面，当然也体现于动物园设计方面。2015 年，在世界动物园和水族馆协会（WAZA）颁布的《关爱野生动物——世界动物园和水族馆动物福利策略》（以下简称 《WAZA 福利策略》）中，对动物园展示设计提出以下要求：

● 明确了解促进动物保持积极福利状态的特殊环境需要，并将其纳入设计和更新所有展区的基本标准之内；确保与展示物种相符的环境要素建立在最新的、基于科学的建议之上；

● 力图确保动物生理和行为需求得到满足；提供鼓励动物好奇心和参与互动的环境刺激，并为动物创造接触自然环境因素的机会，例如季节变换等；满足单独的动物个体或整个动物群体在不同时间、不同生长和生理阶段的不同需求；

● 确保在展区中按照行为管理的要求，为动物提供隔离和独处的空间，例如与群体其他成员的隔离空间和非展示笼舍；

● 确保工作人员能安全、便捷地进行展区设施维护、日常对动物的照顾和行为训练等行为管理操作；在这一过程中，动物和工作人员都无需承受强加的压力或对安全的担忧，以便让饲养员全心全意地为动物筹划丰富而充实的生活；

● 从全园各方面工作的角度对展区设计进行监测和质量评估；找出最有创意的解决方案并与其他机构分享；

● 在展区中讲解动物福利，介绍动物园为提高动物福利做出的各项努力；为游客提供提高动物福利的贡献机会；

● 根据物种的特殊需要，持续为动物提供环境因素选择和控制机会。

同样是 2015 年，在中国动物园协会的组织下，第一版《图解动物园设计》出版；同年 5 月，国际丰容大会（ICEE）在北京召开。短短几年过去，现代动物园展示设计取得了长足的进步。

# 第一节　动物福利

现代动物园，都必须采用经过验证的最新方法来管理野生动物，以达到动物福利最大化。这包括确保使用恰当的训练方法，如正强化行为训练等行为管理措施，以福利为核心的展示设计，聘用合格的经过培训的职工照顾动物，并将动物园在保障动物福利方面所做的努力向游客讲述。动物园采用连续的、透明的管理方式，监测评估动物福利，并将动物福利与物种保护进行直接的关联。这一点体现在所有的动物互动或动物展示，都应与物种保护的信息和动物的自然行为状态相关联，并且由受过培训的专业员工监管或管理，以确保达到积极的动物福利状态。

《WAZA 福利策略》建议广大动物园和水族馆采用"五域"模型评估本机构的动物福利状况。"五域"模型并非用于精确表现动物的身体健康和机能，其设计目的是促进对动物福利的理解和评估。这个模型概括了四个身体和机能性的领域，包括"营养""环境""身体健康"和"行为"领域，以及第五个领域，即动物的心理状况。动物的心理状况也被理解为动物的感知状态，这种内在的福利状态很难从表面准确评估，最有效的方法是将消极体验降到最低，并尽量创造积极体验。这一点，直接体现于展示设计和行为管理方面。关于"五域"模型的详细说明，请参考《动物园野生动物行为管理》。

在新的动物福利评估体系下，展区设计应着重考虑为动物提供一处安全、舒适的空间，而不再是优先考虑管理人员的操作方便和游客参观体验。成功的展区设计源于对该物种的自然史信息的了解和具体的圈养个体一生（出生、成长、成熟、繁育、衰老和死亡）的所有行为模式和行为需求。同时，好的设计也离不开对该物种的野外栖息地生态环境的认识和多领域专家的共同参与，这其中包括生物学家、动物福利学家、动物行为管理专家、就地保护专家等。另一方面，对展区设计的评估和总结、分享，也对全行业的发展起到了加速作用。尽管大家已经认识到，对于某些物种，三维空间的尺度和复杂性是实现积极福利状态的绝对先决条件，而对于有些物种来说，例如多数灵长类动物，适当的社会结构才是第一要素。但是，饲养员的日常操作，即行为管理水平，则会对所有物种的福利造成最大的影响，而展示环境设计，特别是功能性设施设计，又会直接影响行为管理工作的开展。因此，现代动物园的展示设计都包含以下基本功能：

● 可以通过灵活的机制进行环境丰容，以便实现日常环境元素多样化，提供多种、多样的环境刺激，给动物创造积极挑战的机会；

● 必要的直接服务于行为管理操作的设施设备一应俱全，包括通道、保定笼、体重秤、捕捉设施等；

● 无论动物体型大小或照顾方式的异同，均配备便于饲养员进行安全、高效的正强化行为训练的操作环境，如保护性接触训练设施、采血架等，使动物能够接受非损伤性的医疗护理等。

当所有现代动物园均对"动物福利是动物园一切运营活动的基础"这一点达成共识时，《WAZA福利策略》中关于展示与动物福利之间关系的要求就不再显得突兀和遥不可及了，这些要求包括：

1. 以支持物种特异性的良好的动物福利为目标来定义环境特性，并将上述目标作为所有展馆设计和更新的基本标准；确保在采取最新的、以科学为准的建议时，选择适合特定物种的设计。

2. 持续努力，以确保动物的健康和行为需求得到满足。为动物提供激励好奇心和参与意识的环境挑战，提供动物可以感受并作出选择的多变的环境因素，包括季节变化。同时还要考虑到动物个体或整个社群在不同时间、不同阶段的不同需求。

3. 确保动物展示场馆能够按照动物福利和行为管理的需求，可以给动物分开独处的机会。

4. 确保工作人员可以安全并轻易地进行展区清理、动物观察和行为训练，使动物生活更加丰富、充实，并免于承受不当压力和消极体验的伤害。

5. 实行机构监测以评估展馆的设计质量。寻求有创造性的方案并与同行分享。

6. 向游客讲解展馆的动物福利元素，鼓励游客参与到提高动物福利的实践中，并在此过程中提供指导、协助。

7. 致力于创造可持续为动物带来环境元素选择机会、控制机会的展示环境，同时该环境特点与展示物种的生态环境相符。

从以下新涌现出来的观念和展示设计实例，我们不难看出动物福利观念在展示设计中的位置日益凸显：

# 一、新的"五大自由"

2017 年 4 月，在波兰举办的世界动物园设计年会上，动物园展示设计界"教父"庄科（Jon Coe）（图 10-1）提出了新的"五大自由"。众所周知，1979 年开始应用于动物园的评估动物福利的"五大自由"包括：

- 免于饥渴的自由；
- 免于不适的自由；
- 免于疼痛、创伤和疾病的自由；
- 免于恐惧和压力的自由；
- 表达自然行为的自由。

新的五大自由并非是对原有内容的否定，而是对动物福利更深刻的理解和认识上的突破，具体内容是：

- 拥有体现生命价值的自由——有效实现正常的生命功能；

图 10-1　动物园展示设计"教父"：Jon Coe.（摄影 张恩权，2015）

- 拥有选择的自由——拥有选择的权利和能力；
- 拥有控制的自由——有能力影响事件进程；
- 拥有表达个性的自由——有能力坚持特立独行，免于单一标准的桎梏；
- 拥有处置复杂境况的自由——有能力应对错综复杂的生存境况。

如果用最简练的语言来概括上面的五个方面，就是"自由＝选择机会＋控制能力"。在展示设计中，创造丰富的、灵活的环境丰容运行条件，可以为实现新的五大自由提供最切实的保障。在此基础上，正强化行为训练，也会使动物拥有心理健康。

## 二、新的平衡——展示方式的"回归"：网笼替代壕沟

1993 年版的《世界动物园保护策略》中，按照机构性质、主题、运行项目、关注焦点和展示形式将动物园划分为三个阶段：笼舍式动物园、动物公园和保护中心。在此基础上，在后来几年中被国内动物园行业广泛认可的动物展示发展阶段分为：笼舍式→背景式→生态式→沉浸式。由此，各动物园都在努力消灭笼舍，并采用壕沟隔障方式，以期获得最佳游客参观体验，显然，利益的天平偏向了游客一方。2015 年以后，在一些面积有限的欧洲老牌动物园，人们逐渐开始放弃部分灵长类动物展区已经建成几十年的壕沟隔障，重新回到"笼舍时代"——采用不锈钢绳网封顶的大型网笼展示灵长类动物，这种展示模式的"回归"，对提高灵长类动物福利的作用是显而易见的：大型笼舍不仅创造了更多的活动空间，同时也更有条件构建复杂的动物生活环境。20 世纪初，瑞士巴塞尔动物园提出"新的平衡"理论，并在此理论指引下，重建了大型类人猿展区（图 10-2）。园方使用不锈钢绳网结合参观面玻璃幕墙替代掉原有的壕沟，将动物活动面积扩大了 4 倍，并创造了更灵活的、功能强大的丰容空间，获得举世瞩目。

图 10-2　瑞士巴塞尔动物园，新改造的大猿展区，追求新的利益平衡（摄影 张恩权，2013）

## 三、拓展、拓展、再拓展

　　动物分配通道的应用目的不仅在于克服园区场地限制，而是成为主动为动物拓展新奇活动领域的主要技术手段。这一发展过程可以明显地分为三个阶段：第一阶段是单独动物展馆中分配通道连接室内和室外空间，而且通道本身也作为动物活动区域甚至展示内容；第二阶段是统一展区中不同动物的兽舍和室外活动空间、后台管理共建都由分配通道连成一个局部的网络，这一阶段展区内的动物有机会到其他动物的领地进行探索，同时展区的展示内容也变得更加灵活，实现了在保证动物福利前提下游客参观体验的提升。第三阶段，整个动物园按照不同动物的体型大小和行为模式，通过不同类型的分配通道连成了一个整体网络。不同物种以自然栖息地生态位为依据，在动物互不相见的安全条件下，以气味、毛发、分泌物、粪便等标记物模拟"边界效应"，创造一个类似野外物种间信息集散地的"交流"场所。这不仅为每个动物个体都创造了更大、更新奇的活动空间，而且形成了一种新的参观模式：以往，动物静止在展区中，游客按照一定的路径参观展区内的动物，而现在，动物沿着布满全园的通道不断探索新的空间，即使游客站在原地不动，也会有不同的动物"围着游客转"，这就是美国费城动物园 ZOO360 项目的实质：遵照野生动物生态特点，模拟动物在野外与环境要素之间的互动模式，在有限的动物园场地条件下，不断拓展、再拓展它们的活动空间（图 10-3）。当然，这也是以 Jon Coe 为首的专业设计团队与动物园方合作共赢的杰作。

图 10-3　费城动物园，将整个园区连成一个整体网络的分配通道（摄影 李晓阳 2015）

## 四、争取更多公众认同——训练展示，参观面功能预留

动物园存在的意义，一直是一个争议性的话题。反对动物园圈养野生动物的人们认为动物在动物园中过着被囚禁的生活，动物福利状况无法接受。从 20 世纪末开始，行为管理逐渐成为动物园主动提高动物福利的有效手段，向游客展示动物园在提高动物福利方面进行的努力，成为动物园获得更广泛支持的重要展示内容。特别是在那些争议较大的物种的展区，例如北极熊、大象展区，都会在展示设计时，特别预留"行为管理展示空间"，其中最受欢迎的就是正强化行为训练展示。由于展示位置处于游客参观活动区域内，所以需要更灵活、更安全的设计创意。圣地亚哥动物园的北极熊展区就加入了行为训练展示功能，可以按照园内整体的展示安排，由"普通"的游客参观面，迅速变成训练操作展示区（图 10-4）。

图 10-4　美国圣地亚哥动物园北极熊展区行为训练展示设计（摄影　张恩权　2015）

## 第二节　致力于物种保护、生物多样性保护

2015 版的《致力于物种保护——世界动物园和水族馆保护策略》，已经将现代动物园的前进目标锁定在成为"保护行动中的领军"。并号召各个动物园必须发挥以行动为导向的带头作用。动物园机构必须制定可持续的经营策略以支持就地保护工作，同时促进人

们的行为向主持环保的方向转变，在这一过程中，动物园必须作出表率。鉴于此，各动物园在规划设计阶段和展区方案设计阶段都在作出调整。这些显而易见的调整体现在：

## 一、展示设计和空间预留

在展区内，更加注重保护目标物种的健康繁育需求，功能空间设计更加注重动物引见、社群构建和便捷的动物转运。同时，展区内选择的展示物种也向保护物种倾斜：在展示该物种的外观、行为基础上，现场保护教育设计更加注重围绕实地保护成果展开，向游客展示动物园在物种保护方面作出的贡献，但同时更鼓励游客也加入到保护行列中。在全园物种规划制定过程中，努力将展示个体与野外保护建立直接的关联，通过正面的、积极的信息传达，加强对游客的感染力，使游客获得使命感，并对自身加入环保行动充满信心（图10-5）。

图10-5　美国圣地亚哥动物园长臂猿展区动物引见设施设计（摄影 张恩权 2015）

## 二、展示物种选择

在有限的场地条件下，越来越多的现代动物园将展示重点从大型动物逐渐调整到小型物种上，但这些"小家伙"以往并不是动物园中常见的展示物种，但它们往往是维持健康生态系统的关键物种，往往也是最容易受到人类活动影响的物种。这种展示，不仅能够为这些小型动物提供相对更充裕的展示空间，同时也在传达生物多样性保护的理念。现代动物园选择的那些小动物，绝非生态价值不高的动物，在展示过程中，强调基础生态层级的重要性和与人类活动的直接相关性，鼓励游客的绿色行为和对生物多样性价值的认同，并对动物园主导的保护行动给予更多支持。在瑞士巴塞尔动物园中，有一座"能量循环"主题展馆，展示线索就是太阳能到达地球后逐级被生物利用、能量逐级在不同神态角色中传递，这一传递过程，也是保持地球健康生态的过程（图10-6）。在展区中，特别展示了蝗虫这种常见的昆虫，但通过展示线索设计和故事线的演绎，游客能够清晰地认识到这一物种在能量传递过程中所发挥的不可替代的作用。

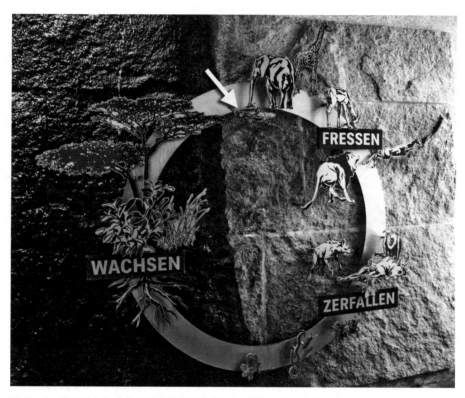

图 10-6　瑞士巴塞尔动物园"能量循环"展区，强调生物多样性价值（摄影 张恩权 2013）

## 三、园区空间再分配

　　成功的异地物种保护的前提，是在一定时期内，保持足够的基因多样性。达到这一目的，必须通过各动物园之间的协作。在这一背景下，几乎所有的现代动物园都加入了地区性或全球性物种繁育计划。每个动物园都在为某个或某几个物种的永续保存作出自己的努力，这种努力体现在园区整体空间的再分配——在保证一定水平的展示空间的同时，将更多的空间分配给本园承担的保护物种的繁育需求。空间不足是建立长期可持续种群的最大障碍，动物园之间必须相互配合，并将尽可能多的空间用于管理种群的居住和繁殖，这是种群可持续发展的基本要求。

法国保瓦尔动物园将园区内巨大的场地资源都分配给非洲象的保护性繁育计划。为了节约有限的场地资源，园方决定不饲养雄性非洲象，因为成年雄性非洲象会占用很多资源，甚至挤占雌象和幼年象的生活空间。在高水平的行为管理技术保障下，动物园可以准确监测雌象的激素水平，并精准实施人工授精。高质量的精液直接从非洲野外获得，这种运作模式在保证繁育后代基因多样性的同时，节约出大量空间和设施设备的投入，用于雌象和幼象的群体需求（图10-7）。

图10-7　保瓦尔动物园内巨大的非洲象繁育场地（摄影 张恩权 2011）

## 四、园区本土生态保护

　　与国内动物园尚存争议的"本土物种"的概念相反，"本土"在现代动物园中有更切实的体现——本土，可大可小，甚至就体现于动物园围墙之内。园内的健康生物群落，是几乎与展示物种同样具有生态教育价值的展示资源，对这一点，所有现代动物园均达成以下共识：动物园可以成为有生命的实验室，让游客见到一个为物种保护而设计的世界。园内所有建筑都应尽量符合绿色标准，采用可持续的建设方法，并主要体现于减少二氧化碳的排放量。现代动物园应注重生态景观的营造，为当地野生动物和本土植物保留和创造自然栖息地、改善城市空气质量和水质、在大的生态化的园区景观中宣传环保教育知识，扩展动物园的影响力。园区内的本土物种保护设计，时时处处发挥生态健康的示范作用，强调生物多样性的价值、拉近游客与"野外生态环境"之间的距离，为保护教育创造更直接的工作平台。动物园生态园区的管理方式，应该参照生态学基本原理，首先在本土调查的基础上，剔除入侵物种，然后与生态专家协作，合理布局园区场地功能，安排诸如本杰士堆、昆虫屋等设施的密度和位置，为本土植物自然生长创造条件，在降低管理成本的同时，维系健康的生态功能（图10-8）。本土植物包括乔木、灌木和地被植物，选择物种的依据还包括对植物群落自然演替规律的调查研究。对于已经死亡的或接近死亡的树木，在保证不会对游客造成伤害的前提下应予以保留，不应该作为"不整洁因素"而马上清除。已经死亡的和濒死的树木仍然在野生动物生境中发挥重要的作用。园区中大段倒伏的树木，为许多昆虫和真菌提供食物来源。昆虫是鸟类的重要食物，鸟类会控制昆虫的数量保持在一定水平，从而避免暴发虫灾。腐朽的树段，尤其是中空的树干，为许多动物提供了栖身之所，甚至是繁育空间。

动物园中的本土生态保护建设成果，可能会导致部分游客的误解，认为动物园的园林景观不够精致，管理粗放。为了避免这样的误解，应该在生态景观，例如本杰士堆和昆虫屋周边设置说明牌示，向公众宣传解释动物园园区生态化建设的意义，并努力提高公众对大自然的审美水平。另一方面，还要注意充分利用本土生态保护形成的生物多样性保护成果，在生态景观周边组织保护教育活动，如组织学生认识和了解本土植物、组织观鸟活动，甚至开展园内生态景观演替规律的观测研究。

图10-8　美国圣地亚哥动物园中用于保护本土蜜蜂的昆虫屋（摄影　李晓阳　2016）

## 第三节　科研和技术协作，共同受益

多数现代动物园的起源，都与启蒙运动和博物学浪潮有关，所以与生俱来带有"科学"的基因。在动物园中开展科学研究具有不可替代的优势。在野外对动物进行科学研究尽管拥有浪漫的光环，但事实往往超乎寻常的困难，高昂的资金投入只是原因之一，不便之处还体现在野外研究对象的不可控、甚至不可见。研究人员在野外遇到的困难是超乎想象的，这更加凸显出在动物园中开展研究的便利之处，这也使得动物园中的动物学研究始终得以延续，并成为多个研究机构和高等学府的研究基地。在向社会提供研究机会的同时，现代动物园更加注重广泛吸收社会各界的科学研究成果，并逐步摆脱所谓的"行业特殊性"，融入全社会的科技进步中，不断将新材料、新理念、新技术应用于园内的展示设计建设中。在欧美的一些现代动物园中，动物园有时甚至成为最新科技成果的应用示范地。

# 一、保护研究与规划相关联

与传统的在动物园中进行的生物学研究不同，现代动物园已经将研究方向转向"保护研究"。对保护研究的简要描述，就是应用于提高保护成果的一切研究。这是一种实用性研究，其内容突破了原有的研究范畴，涵盖多个相互关联的学科，从生物学、兽医学到社会科学、保护心理学，以及教育学和通信科学。因此，现代动物园在进行规划调整时，已经将保护研究的需求纳入基础设施及空间的规划，或者作为丰容的选项，例如高科技含量的自动监测行为观察设备、实验性的喂食器，安全有效的动物样本收集设施设备，以及展区内的保定笼等（图10-9）。

图 10-9 美国华盛顿国家动物园内两栖动物保护研究实验室展示（摄影 张恩权 2016）

## 二、园内可持续发展新技术的应用

建筑业的发展日新月异，动物园建筑设计已经成为一门新型专业学科，这一学科的产生就伴随着新工艺、新材料的最新成果和与动物园自身社会职能相符的环保理念。动物园内建筑采用最新的环保技术，例如太阳能利用、雨水收集、发酵床、可再生建筑材料、符合绿色节能标准的建筑形式，等等，这种选择本身就是一种示范：向公众表达本机构在环境保护方面的承诺和努力。在本书第一章中着重介绍的荷兰鹿特丹动物园新建造的长颈鹿馆，就是这种新技术应用的最佳典范：整体建筑除了符合绿色建筑的节能环保标准外，还有一项创举，就是几乎所有的建筑材料都是可降解的天然材料（图10-10）。

图10-10　荷兰鹿特丹动物园使用可降解材料建设的长颈鹿馆（摄影 张恩权 2018）

## 三、温室技术的普遍应用

随着现代动物园展示线索的不断具体化、科学化，生态主题越来越多应用于展示设计中。前文中这一展示主题的进步性已经进行了说明，但生态主题的表达，往往需要对环境因素，特别是温度、湿度、光照、通风等方面进行精准地控制。实现这种控制，往往需要依靠采用多种集成监测和自动控制技术和设施设备的现代化温室。现代化温室不仅能够更完整地表达生态系统的本质、生物多样性的价值，同时也能创造出"反季节"

参观亮点，特别是在北半球，可以在冬季室外展区相对萧索的几个月中吸引大量的游客到访。

新型建筑材料和环境控制技术的进步，使在动物园中存在多年的梦想得以实现：瑞士苏黎世动物园建造了一座巨大的温室，用于保证在冬季为亚洲象创造足够的活动空间；而德国莱比锡动物园，则运用最先进的技术成果，建造了一座欧洲最大的热带雨林温室——"冈瓦纳大陆"（图10-11）。这座占地面积1.65公顷、饲养展出超过40种热带丛林野生动物和1万7千多株热带植物的"伊甸园"集成了当今最先进的建筑技术和环境控制技术，采用了西门子公司的"全集成能源管理（TIP）理念"，这是一种将中压和低压设备集成运行的新型可靠技术。这种技术的应用，不仅可以减少设施设备的占用空间，而且完全符合安全标准，最令人惊叹的是，所有关键设备都有一套备用系统，以保证温室的正常运行。

图 10-11　德国莱比锡动物园冈瓦纳主题展示温室内景（摄影 张恩权 2018）

## 四、全社会参与动物园设施设备研发

当国内设计师还在纠结于动物园特有设施设备的机能和构造时，多数国外现代动物园，已经与多家设备制造商联合开发园内的特有设施了。这些开发商将最新的材料、工艺与动物园的特殊需求相结合，逐渐开发出系统的商用动物园设施设备，这类设备可以直接在动物园中应用，或者在成熟的模块化成品的基础上按照动物园的特殊需要灵活调整。有些公司，甚至可以按照不同动物的需求提供兽舍的整体设计和建造解决方案（图10-12）。

图10-12　法国保瓦尔动物园非洲羚羊兽舍一体化解决方案（摄影　张恩权　2011）

## 第四节　展示设计新趋势

随着现代动物园运营目标集中指向物种保护，在动物园中推出的新展区都更加强调"将展示个体与野外保护直接关联"。这种关联的建立往往通过环环相扣的展示线索，而将这种信息传达的结果转化为感悟和行动，则往往需要令人印象深刻的故事。现代动物园一致认为："信息本身并不能带来改变，保护文化需要体验和参与来有效传达"。

## 一、展示线索比展示个体更重要

为了使展示设计更加可信、更具感染力，新型展区设计中最重要的已经不再是展示物种的选择，而是强调展示线索的完整表达。当将改变游客的行为作为展示的最终目的时，从多方面强化展示线索的完成性和连贯性的重要作用就已经超越了展示个体本身。更多的图像、模型和虚拟技术不断应用于展示线索的呈现，甚至原本"看似无关"的物种也被用来加强信息传递的可信度。美国圣地亚哥动物园中的奥德赛展区，就是一个典型的实例。整个展区由多条线索交织、互证，逐层展开，有北美地区气候和物种的变迁、大象的神奇之旅、人类活动对自然的影响等方面，在展区中有很多看似"不相干"的展示物种，但当游客参观完整个展区之后，会获得一种完整的、深刻的领悟：对大自然的神奇之处的敬仰和对自身行为的约束（图10-13）。

图10-13 美国圣地亚哥动物园奥德赛展区中的展品（摄影 张恩权 2016）

## 二、保护文化的建立和传播

2015版《世界动物园和水族馆保护策略》中强调了建立"物种保护文化"的重要性。这一概念将对未来动物园的展示设计产生深远影响，或者说，"物种保护文化"重新定义了"展示"的概念。保护文化的建立分为三个层级，也可以理解成三个群体：动物园内部员工和管理部门、动物园游客和更广泛的社会群体。保护文化最初由第一层级，也是最少数的群体（动物园内部员工和管理部门）建立，并通过展示传达给第二层级（动物园游客），并最终由这一层级受到保护文化感染的群体在离开动物园后去影响更广泛的社会群体。这一过程始于动物园内部人员和管理部门全心全意的投入自然保护工作之中，以激励他人的共同参与。当内部保护文化稳固建立之后，应该将注意力转移到游客身上。现代动物园展示的目的不仅是让游客获得愉悦，即当游客结束动物园的参观时，除了带着愉快的心情，还应带走责任感和正确的抉择。游客应当学到知识，并且受到启发。达到这样的目标，仅仅依靠信息传递是不够的，还必须大量运用一门新兴学科——保护心理学的知识与展示相结合。保护心理学帮助设计师改善展示设计，同时也帮助展区故事线的展开，使游客得到清晰的信息，自觉地作出决策，并对将要发生的行为变化的方式和意义了然于心。这就需要打动游客的内心，而不仅是让游客理解。展区设计必须结

图解动物园设计（第二版）

合员工或志愿者的故事讲述，将动物园与野外保护项目衔接起来。这些故事可以用于激发游客对物种保护和保护成果的热情，鼓励他们在日常生活中采取直接的行动。

游客在参观时，应该能够感受到现代动物园机构对物种保护的决心，在动物园中亲身体验及以后在生活中可以重复实践的保护行动。在参观游览过程中，游客应该可以毫不费力地将垃圾分类丢弃，能够选择来源合乎动物伦理和符合可持续原则的食物，也可以在为物种保护捐赠的商店中购物，明确地知道自己的消费行为对野外物种保护的支持力度，从而产生成就感，这一点类似于获得"正强化"。由此可见，保护心理学的实质，就是将游客的绿色行为当作期望行为，并通过各种途径鼓励和强化游客绿色行为的表达。

这些措施，都被列入"展示"的新范畴，也是建立物种保护文化的必要手段。这种融入了新的保护心理学理论的新型展示，帮助游客从微小的保护行动做起，并逐渐发展成长期、稳定的行为改变。这种展示，将游客与野外直接联系起来，并为它们创造出大量的直接贡献的机会（图10-14）。

图10-14　美国圣地亚哥野生动物园工作人员讲述非洲环境保护故事——图中饲养员用塑胶蛇诱导蛇鹫演示其典型的捕食行为（摄影 张恩权 2016）

## 三、对游客正面需求的释放

现代动物园为游客提供的互动体验逐年增长，这种变化旨在利用人类和动物的相似之处鼓励游客采取行动保护野生动物。从过去只是向游客展示动物到通过各种方法和动物近距离相处，可以有效地吸引游客，从而创造更好的教育机会以增进游客对动物和野生生物保护的了解。

　　游客与动物之间的互动体验究竟会对野生动物造成多大的影响仍需进行大量的研究，即使是同一物种，不同的动物个体对与游客互动的反应也可能大相径庭。鉴于此，多数现代动物园使用家畜，如绵羊、山羊、猪、兔子或半家养动物，例如羊驼等物种与游客互动。这些动物基本不会产生不良反应，尽管如此，在"互动区"设计时，需要为动物提供自主远离与人类接触的机会，并且在不与游客接触的情况下，仍然可以获得食物、饮水、庇护所和适宜的温度空间。鉴于以上原因，许多现代动物园中都有一座"儿童动物园"或"小小牧场"，这一区域成为释放游客"亲密接触动物愿望"的场所，但对于所有参与"互动"项目的动物，《WAZA 福利策略》均提出了严格的福利评估要求，以确保高标准的动物福利（图 10-15）。

图 10-15　美国纽约中央公园动物园儿童动物园（摄影 张恩权 2016）

## 第五节　成功的设计，始于学习

　　这一节的内容放在本书的最后，既是现代动物园展示设计现状介绍，也可以作为本书的结束语。随着世界动物和水族馆协会不断强调动物园在环境保护中的作用，各动物园的展示设计水平逐年提高、精彩纷呈。在 1993 年版《策略》中，强调的是动物园的四项主要社会职能：保护、娱乐、研究和科普，在这个阶段，动物园展示设计的重点在于突出动物本身承载的生物学特性，展示物种种类是各动物园的追求目标；2005版的《策略》强调了动物园已经与许多伙伴一道，融入和全球环境保护行动中，这阶段的展示设计重点是开始注重将生态线索融入展区，强调动物与环境因素之间的联系，同时，各动物园开始重新调整收集计划，动物物种数量不再是追求目标，在园内建立可持续种群成为空间资源再分配的主要依据；2015版的《策略》号召各动物园成为环境保护行动的"领军者"，这是一项更高的要求，目前也仅仅在少数现代动物园中初步实现，在这些动物园中，与其说是在展示野生动物，不如说是在展示一种观念，这一观念几乎包罗万象，但也可以用一句话概括，那就是"生物多样性保护就是人类的未来"。这一理念也称为"生物多样性是人类之本"（Biodiversity is US），强调的是人与人之间、人与动物之间、人与环境元素之间无处不在的紧密联系。与此相应的，动物园的设计产生的相应变化表现在：

1．动物园团队发挥作用越来越大——只有称职的动物园管理团队，才真正了解动物园自身的行业追求，并能够将这一追求落实到对设计细节的明确要求。成为合格的动物园人，要从不断的学习开始；

2．设计师具有专业背景——越来越发达便捷的教育体系，让每个人都拥有平等的受教育机会。所有的从事动物园设计的成功设计师，都有动物园相关科学的专业背景，这些学科包括：基础生物学、动物学、畜牧学、兽医学、动物行为学、生态学，等等。可见，成功的设计，同样始于学习；

3．设计团队固定，并注重长期积累——只有以积累作为进步阶梯，才可能达到更高的设计水平。正是由于动物园自身的进步，才有可能对设计方提出的更高要求，迫使设计人员广泛学习，并不断积累，从自身的经历中汲取宝贵经验。尽管当下资讯、技术唾手可得，但如果缺乏实践经验，任何一个设计机构都不可能完成符合现代动物园要求的设计任务。不断积累、持续学习，必须成为动物园设计团队的座右铭；

4．动物园设计成为一门科学——正是由于现代动物园展示主题的包罗万象，使得动物园设计逐渐吸取各个专业领域的知识和思维方式，不断扩增自身的知识结构，当保护心理学开始应用于动物园展示设计时，也标志着动物园设计成为一项专门的学问。这个年轻的学科，此时最需要的，仍然是学习。

成功的设计，始于学习。